U0004381

超性愛指導手冊

sex步驟的190種建議

辰見拓郎X三井京子◎著
劉又菘◎譯

晨星出版

前言之一

本書是由我（辰見拓郎）與同為性愛作家的三井京子共同著作的。與三井京子共同著作的作品已經出版幾本了，在《女人真心話》的部份也觸動了男性讀者的性中樞神經，三井好像也收到許多粉絲的來信。有些信裡的內容也會露骨到讓三井京子的私處濕成一片，雖然不知道她有沒有回信，不過三井倒是還蠻興奮的，想必內容一定很精彩吧。這些來信好像很多都表明想和三井京子上床，信封裡甚至會附上一些下流的照片。

與三井京子合著的《性愛步驟指導手冊》中除了在你約女友來家裡時，教你如何營造氣氛、親吻的時機以及巧妙地脫去女友衣服的方法之外，還解說如何用手、腳、陰莖等在插入之前進行良好的前戲，並掌握其中的細節。

我也收到了許多讀者的來信。但和三井京子不同，幾乎都是匿名來信詢問有關男性特有的煩惱。信裡頭提到就一些關於陰莖以及性愛結合時的煩惱。

三井京子告訴過我，有位匿名讀者跟她提到：關於愛撫的指導手冊雖然很多，但卻沒有一本屬於性愛交合時該如何進行的指導手冊；我也藉此機會再次與三井有了共同著作的機會。

身為女性的三井京子常說性愛是包含百分之八十的愛撫、前戲以及百分之二十的交合過程。只要仔細充分地進行愛撫和前戲，女性肯定很快就能有百分之五十的高潮感。而剩下的百分之二十只要實踐本書內容的話，彼此就可望獲得至高無上的高潮了。

陰道最敏感的地方絕大部分會在陰道口處，所以龜頭在陰道裡面所帶來的感覺其實不大，反而陰道會被陰莖的莖部擦弄感到舒服。藉由莖部摩擦陰道口的感覺來進行的話，整個性運動當然就會與眾不同了。

辰見拓郎敬上

前言之二

從各位粉絲讀者收到許多色情的來信，我的私處都感動到喜極而泣，而我也收到很多來信裡說：「我也有照這樣在做愛」、「好想讀這類色情的書」等參考意見，實在感動萬分。我也從辰見老師那兒得知讀者們的寶貴意見。愛撫的指導手冊雖然多見，但專談性結合的指導手冊卻一本難求。於是我和辰見老師一起攜手集結出一本最強的１９０種性愛結合指導手冊。

性運動不只是活塞運動

第一章會介紹、解說如果只有活塞運動就不算是性運動的原因。身為女性的我和實際體驗採訪的女性所說出真心話中，也會透過圖片詳盡解說關於陰莖舒服的擺動方式，陰莖和陰道都會很舒服喔！

將陰莖插入陰道中之後，男人就會全神貫注於龜頭上，這對男人來說也是難免的，不過對女性而言，其實龜頭在陰道裡並無法帶來太多的感覺。對陰道而言，會讓它感到舒服的是陰莖的莖部。因為莖部擦弄陰道口，所以才能感到舒服。此外也會介紹各種性運動和複合運動，因此請利用你的莖部讓女友的陰道口獲得歡愉吧。

世界首創！手指添附交合的超快感

第二章是因為辰見老師在插入實際體驗採訪的女性時，為了刺激G點而將手指也插入陰道裡，因而撰寫出來的章節，這是世界首創！本章節將介紹、解說手指添附的交合法。這是指陰莖和手指同時插入的方法喔，很厲害吧。從放入一根手指、兩根手指、四根手指、到六根手指，都是經過辰見老師的實際體驗採訪。當然，我也和炮友進行了實際體驗採訪。這也會寫進書裡面。

辰見老師的實際體驗採訪對象是人妻熟女K子小姐，本書也會整理介紹關於當時歡愉的實際體驗採訪以及露骨的對話。手指添附交合的技巧與歡愉度也會詳盡地解說，請務必也嘗試看看。

能變成女友喜歡的陰莖？

第三章則會介紹一種能解救對陰莖自卑的男性，有如救世主一般的道具。透過這樣優越的道具讓陰莖從容地掌握女性的喜好，而我也實際透過採訪讓一對情侶嘗試使用，其中的效果也會予以介紹。透過如此淫蕩的採訪，當下自己的私處也濕漉漉地不知該如何是好？啊！辰見老師也在進行實際體驗採訪。

只要懂了或許就能「勃」得歡心

第四章中將依各項目分別介紹、解說關於「只要懂了或許就能『勃』得歡心」的相關資訊，你的陰莖就肯定能「勃」得歡心。其中分為「陰道鬆弛的話該怎麼辦」、「陰道口很緊很舒服」、「反而太過敏感的陰道」、「超粗陰莖與超狹小陰道」等四十二個項目。

因此，各位男性讀者請透過本書一起和陰莖獲得歡愉吧。各位女性讀者也請一起和陰道獲得歡愉吧。

三井京子敬上

第二章　世界首創！手指添附交合的超快感

第三章　能夠擁有女孩喜歡的陰莖？

第四章　只要懂了說不定就能「勃」得歡心

第一章

性運動不只是活塞運動而已

●三井京子揭露女人的性感帶

很可惜下面的私處插圖，並不是我（三井京子）的私處。

女性有時會拿小鏡子偷偷看一下自己的陰道，不過要她們把那裡的形狀畫成一張圖的話，卻大都畫不出來。因此，本書共同作者辰見老師接觸過多到難以估計的女性身體，他鑑賞、觀察過的私處好像也是多得不計其數。

下面的插圖是正確愛撫導引至興奮狀態的私處。陰蒂勃起至1.5倍的大小，花瓣（小陰唇）盛開、陰道外圍入口也是大開並溼潤無比，是處於一種渴望陰莖到無法自拔的狀態。請仔細觀看瞭解女性的性感帶。

正確愛撫導引至興奮狀態的私處

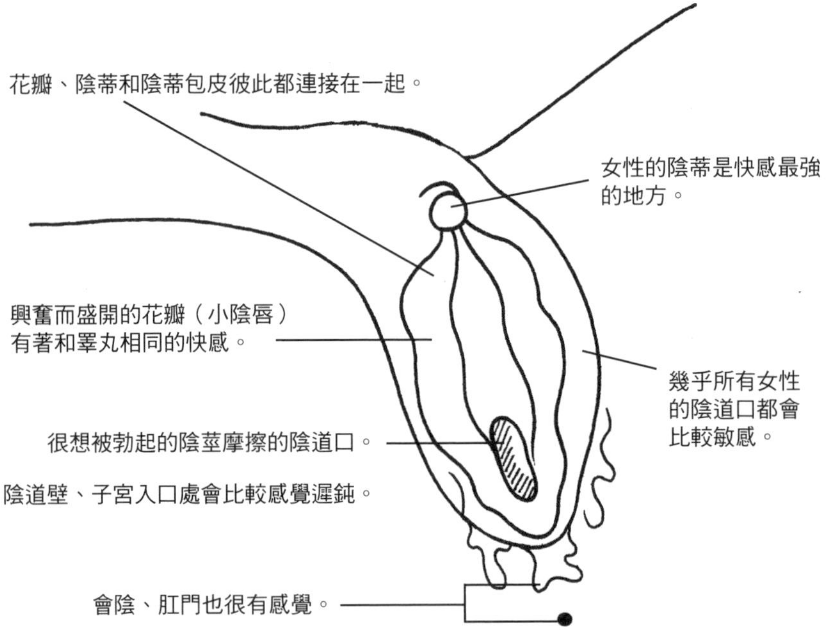

花瓣、陰蒂和陰蒂包皮彼此都連接在一起。
女性的陰蒂是快感最強的地方。
興奮而盛開的花瓣（小陰唇）有著和睪丸相同的快感。
幾乎所有女性的陰道口都會比較敏感。
很想被勃起的陰莖摩擦的陰道口。
陰道壁、子宮入口處會比較感覺遲鈍。
會陰、肛門也很有感覺。

※被愛撫而處於興奮狀態的私處，胯股之間也會整個被唾液和愛液浸濕。

●幾乎所有女性都是入口派

陰蒂被男性龜頭刺激時最舒服。在插入的時候，包括我在內的所有女性幾乎都是入口派（譯註：陰道口比陰道深處更加敏感，反之則為深處派）。

陰道壁感覺遲鈍，即便被頂入也不會有快感，不過在勃起的陰莖插入時卻會有興奮的快感。

一直往深處猛烈突進直至子宮，龜頭會興奮而舒服，但是陰道卻意外地會冷感而毫無感覺。因此陰莖很快就會「沒凍頭」，而被女性嫌棄。

只要陰莖能透過外生殖器達到百分之百的快感，陰道也就可以透過外生殖器獲得百分之九十以上的快感了。但內生殖器的快感則會在百分之十以下；而G點的快感則不在此限。

●花瓣（小陰唇）和睪丸一樣

用手擦弄陰莖並予以口交，再一邊用手指撫弄睪丸就會很舒服吧。我認為花瓣應該也有一樣的快感。

陰蒂用手指一邊摩擦，一邊同時擦弄花瓣，或是一邊舔陰一邊擦弄、用舌頭舔弄摩擦後，也會感到非常舒服。此外，男生一邊觀賞私處一邊舔弄也會帶來興奮感。

看到右邊的插圖就能瞭解，花瓣、陰蒂和陰蒂包皮彼此都連接在一起。雖然不是要你非得面對面去觀看自己的私處，但你可以用自己的手指去感受並記憶。這與接下來要說的重點有關，所以請一定要好好牢記。這是京子我衷心的請求。

●活塞運動的誤解

各位男性讀者在插入的時候，就會陶醉在陰道的歡愉感並全神貫注於龜頭上面吧。在興奮狀態下往前頂進雖是在理所當然不過的事，但請多少考慮一下女性和陰道的心情吧。

先前已解說過：幾乎所有女性都是入口派，我也是入口派。尤其從陰道口周圍到陰道內二～三公分左右的區域都會很有感覺。

龜頭全神貫注的活塞運動是一種錯誤的方式。請浸淫於龜頭快感的同時也要有意識地去摩擦陰道口。雖然前面已提過，若只是一味地進行猛烈的活塞運動，那麼很快就得繳械投降了。請記住擦弄陰道口的感覺吧。

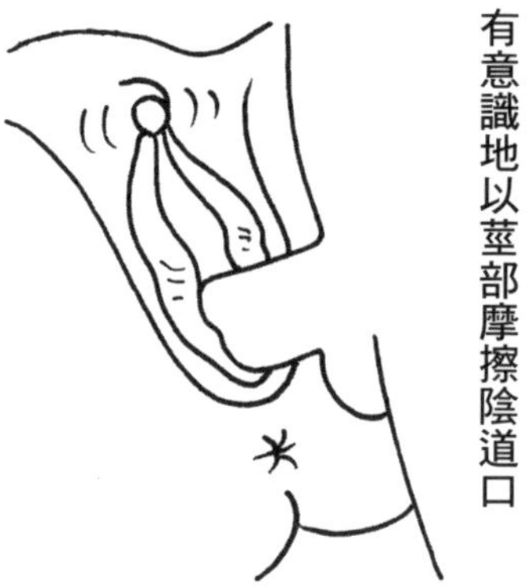
有意識地以莖部摩擦陰道口

花瓣會往內收，陰蒂也會被刺激到。

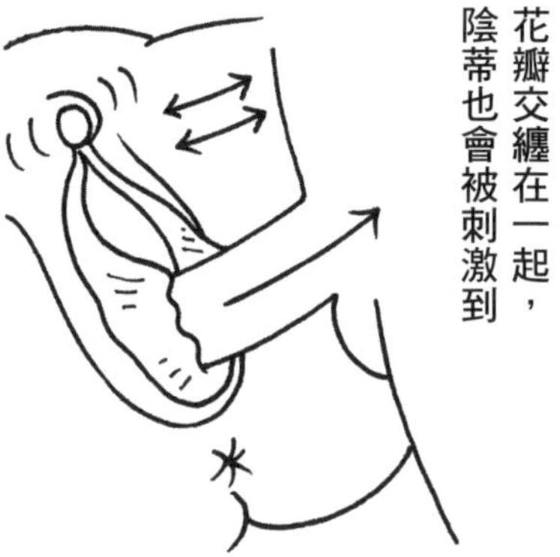
花瓣交纏在一起，陰蒂也會被刺激到

透過猛烈的活塞運動，一邊浸淫於快感中，一邊有意識地摩擦陰道口。

■辰見老師的叮嚀

我因為是性愛作家的關係，所以經驗也很豐富，也十分清楚瞭解如果只是活塞運動，那就不能算是性運動了。在興奮狀態下插入興奮的私處，然後進行猛烈運動，因而早一步精力耗盡——不得不說這樣的結果還是太嫩了。

■揉捏比活塞運動更有感覺

男人的能力決定於前戲，這句話說得一點也不差。不過，市面上的愛撫指導手冊層出不窮，而專談性愛最終目的——插入時的指導手冊卻只有本書了。

三井京子也是入口派，正如她說自己從陰道口周圍到陰道裡二～三公分的區域都會有感覺，比起活塞運動而言，揉捏陰道口的運動會更容易帶來快感，而且陰莖也會比較持久。

三井京子和我（辰見拓郎）將介紹許多讓女性舒服的性運動，不過對年輕的陰莖來說卻很容易會變成一插入馬上就進行猛烈的活塞運動。緩急的腰部使用會讓女友一邊歡愉地喘息，並同時渴望自在地浸淫於陰莖的快感中。

●仍有餘地可以同時擁有快感的愉悅

女性再怎麼好強，在性愛上陰莖還是位居主角的地位。女性即便透過愛撫而感到舒服，但如果一被插入就立刻射精的話那肯定會令所有女性輾轉難眠的吧。

女性如果能在性愛上真實地迎來高潮的話，那種舒服的感覺會讓她每晚都想要做愛。要和男性伴侶共享快感並從容享受歡愉，除了巧妙地給予愛撫之外，腰部的使用也是很重要的。在我喜極而泣地解說腰部使用之前，我們再多學習一點有關陰道的構造吧。

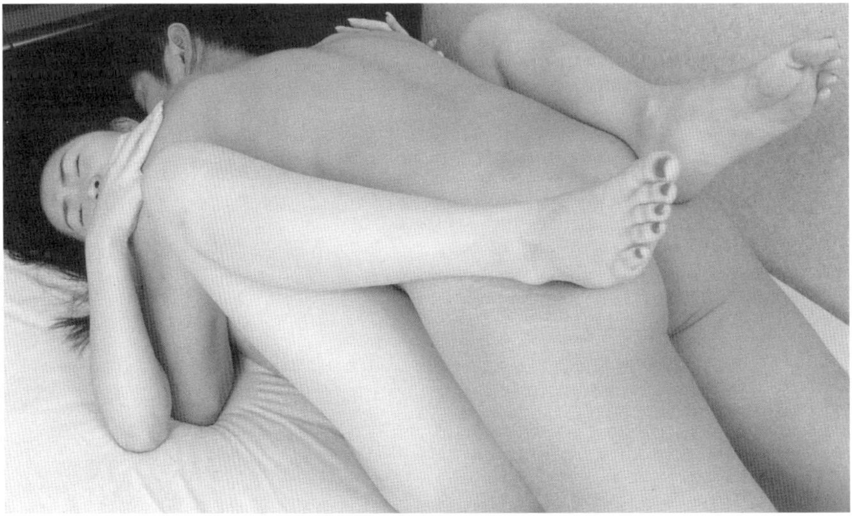

●花瓣（小陰唇）與陰蒂、包皮的密切關係

其實我並不想把小陰唇稱為花瓣，不過為了和辰見老師的文章內容一致，最後還是稱之為花瓣。

我用手也能確認出它的位置，花瓣和陰蒂、陰蒂包皮都互相連接在一起。雖然很害羞，但有好幾次我都會用兩手反覆拉扯左右兩邊的花瓣，而連接花瓣的陰蒂就能因此獲得快感。

只要透過性運動，陰道口、花瓣、陰蒂和整個胯股之間都會獲得麻痺般的快感。

請藉由下面的插圖來確認花瓣、陰蒂和陰道包皮的連接，並牢牢地記下來。

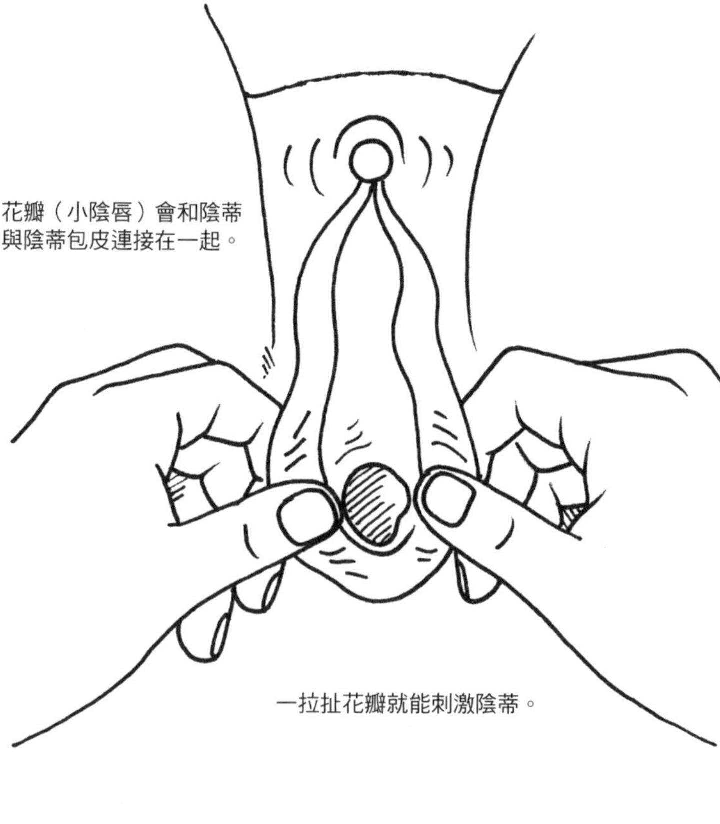

花瓣（小陰唇）會和陰蒂與陰蒂包皮連接在一起。
一拉扯花瓣就能刺激陰蒂。

●進入瞬間的超快感

確實地愛撫可讓女性處於渴望陰莖到無法自拔的狀態，當勃起的陰莖貼著並撐開陰道口長驅直入的瞬間快感，是身為女性最美好的時刻。真的很舒服。

比起大幅擺動的激烈活塞運動，小幅快速的活塞運動更能讓陰道口被摩擦而感覺舒服。直到整個神經都集中於陰道口之後，慢慢地就會舒服到呈酥麻的狀態。

而讓胸部大肆晃動般地撞擊腰部運動，這種往上頂進的作法，其實是難以讓陰道神經集中的。男性或許會覺得興奮，但是身體搖晃地被往上頂進時，陰道本身被撞擊的感覺也可能會很痛的。

■摩擦陰道口的腰部使用

當男性在猛烈的活塞運動，帶給女性快感之後，便立刻精力耗盡，而忘我地陶醉於龜頭的舒服感之中。

如果男性覺得舒服，女性也能真正感到舒服，那麼彼此就能共享兩人份的快感，享受好幾倍的性愛歡愉。

所以，當陰莖獲得快感的同時，也要有意識地去擺動腰部來摩擦陰道口，如此一來你就能理解如何擺動陰莖與使用腰部了。

粗魯地往上頂進雖然也會讓彼此感到興奮，但這將僅止於一種短暫的歡愉行為。

●比起激烈的活塞運動，更要注重小幅度迅速的活塞運動

激烈地往上頂進雖然會讓女性很興奮，但這種方式請不要持續太久。

請透過小幅度迅速的活塞運動，利用陰莖莖部來摩擦陰道口。因為莖部中間部位或是整根深入到根部時，莖部的摩擦都會讓女性感覺舒服。包括我（三井京子）在內，請別忘了幾乎所有女性都是入口派。

魯莽地往上頂進不僅效果不彰，還會讓陰莖不持久。而不持久卻又只是想要射精的男性可是會被討厭的。理想來說，小幅度且時而深長、時而淺短地反覆擺動，其陰道口所接受到的摩擦感就會讓女性獲得最棒的歡愉感。

接著深淺交替地摩擦陰道口，花瓣也會因此大幅擺動。

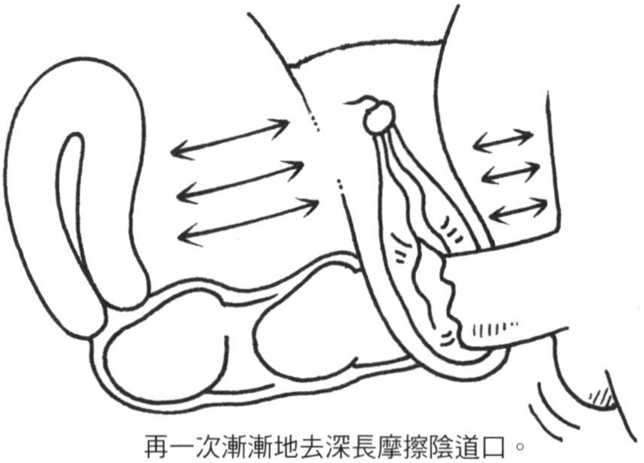
漸漸地深長摩擦陰道口，花瓣也會漸漸地擺動。

再一次漸漸地去深長摩擦陰道口。

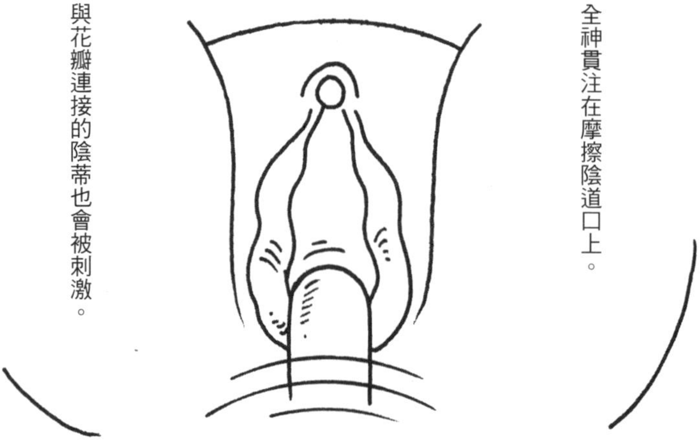

全神貫注在摩擦陰道口上。
與花瓣連接的陰蒂也會被刺激。

●腰部以畫圓的方式來擺動

請緊貼著讓腰部以畫圓的方式來擺動。有別於活塞運動，龜頭對於陰道壁的摩擦感會比較淺薄，陰莖也得以藉此休息。然而，女性卻能因此獲得至高無上的舒服感。

陰莖根部以畫圓的方式來刺激陰道口，花瓣也會因此被揉搓，而男性的恥骨此時則能給予陰蒂刺激。

使整個胯股之間溼潤無比。請將腰部以畫圓的方式來擺動吧！

右回轉、左回轉地擺動，藉以讓胯股之間的花瓣被強力地刺激。

緊貼著進行腰部畫圓運動

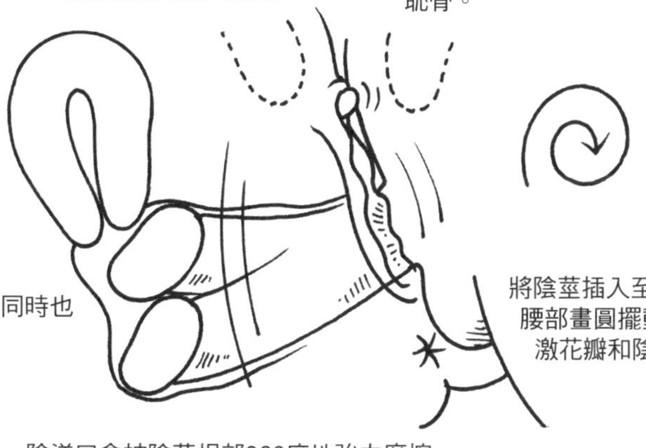
被揉搓的花瓣和陰蒂。
給予強烈快感的同時也能讓陰莖休息。
將陰莖插入至根部，讓腰部畫圓擺動以揉搓刺激花瓣和陰蒂。

陰道口會被陰莖根部360度地強力摩擦。

■透過複合運動來掌握女友的性感帶

到目前為止我們已充分瞭解活塞運動並不是性結合的全部。猛烈地往上頂進，女性就會歡愉地嬌喘——這樣的誤解如果已在你腦裡根深蒂固的話，是會被女性嫌棄的。

就如三井京子所說，男性插入雖然會讓龜頭感覺舒服，但對女性來說龜頭不是重點，女性是因為陰莖莖部擦弄陰道口才會感到舒服。

除龜頭擦弄陰道壁黏膜的快感之外，進行的過程中也要隨時注意讓陰莖莖部去擦弄陰道口，如此腰部的擺動方式自然也會有所不同。

大幅度的活塞運動後再小幅迅速地摩擦陰道口，重複進行這樣的動作之後，再以畫圓運動強力摩擦陰道口，並透過深入交合的緊貼運動來強力摩擦陰道口，同時揉搓花瓣和陰蒂。不管是什麼運動都會很舒服，只要進行複合運動，就能掌握女友最敏感的性感帶了。

順道一提，據說三井京子在達到最高潮時所感受到莖部對陰道的動作是上下強烈地摩擦入口。換句話說，陰莖的性運動中，包括左右強力摩擦陰道口，以及上下強力摩擦陰道口的動作。

下面的插圖是三井京子最舒服的方式——上下強力摩擦陰道口。透過複合運動讓舒服度到達無法自拔的地步之後，再改變陰莖的角度並上下強力摩擦陰道口，也能藉此獲得高潮。

●啊～那實在太舒服了！

雖然只是插圖，但一想到我的私處被刊載在書裡，還是覺得很害羞。複合運動之後就要讓陰莖角度

三井京子的陰道與性感帶

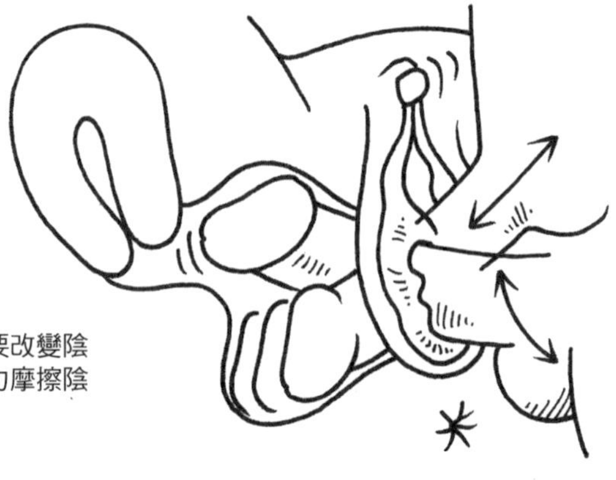

複合運動之後就要改變陰莖角度並上下強力摩擦陰道口來獲得高潮

陰道口，重點在上下

上斜，並上下強烈摩擦陰道口，這樣一來大約不到十秒就能快樂似神仙了。

複習一下，複合運動可分為：①大幅度動作的活塞運動、②循序漸進加速的摩擦運動、③用陰莖中段部位360度摩擦的畫圓運動、④緊貼進行的畫圓運動、⑤以陰道口為基點傾斜陰莖角度並透過上下運動來上下強烈摩擦陰道口、⑥以陰道口為基點傾斜陰莖並透過左右運動來左右強烈摩擦。

全部都進行過之後，女友就會說出：「啊，那樣好舒服！」而你也能藉此瞭解讓對方舒服的部了。

性愛複合運動

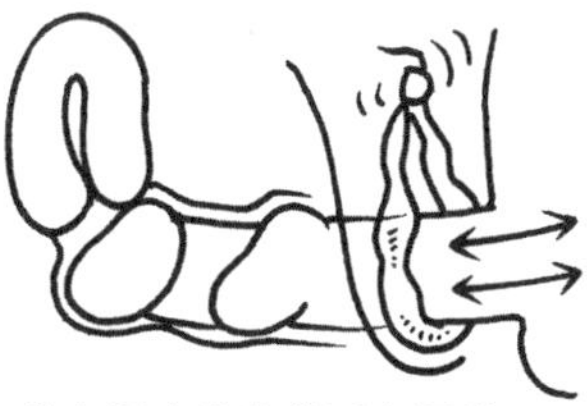

①大幅度動作的活塞運動。

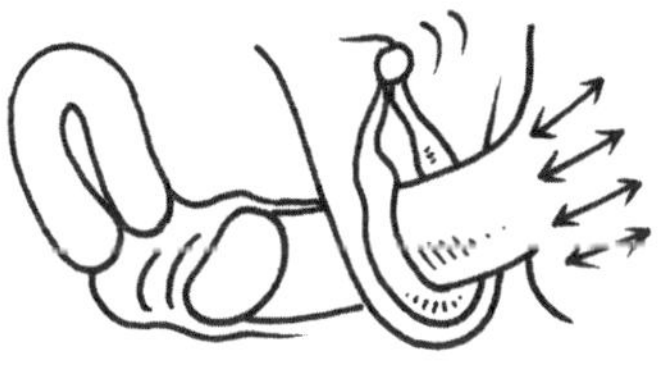

②循序漸進加速的摩擦運動。

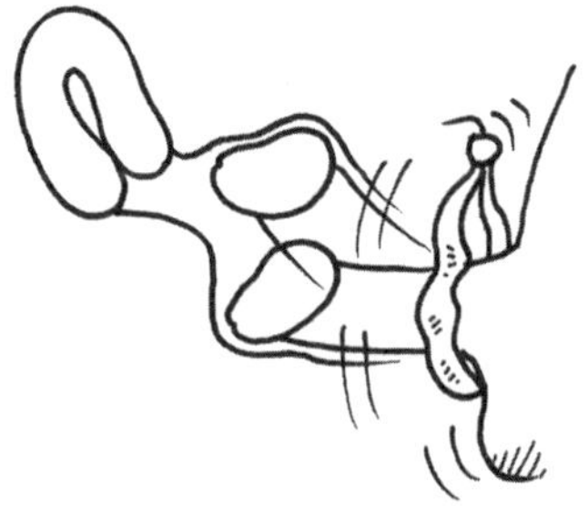

③用陰莖中段部位360度摩擦的畫圓運動（右回轉、左回轉）。

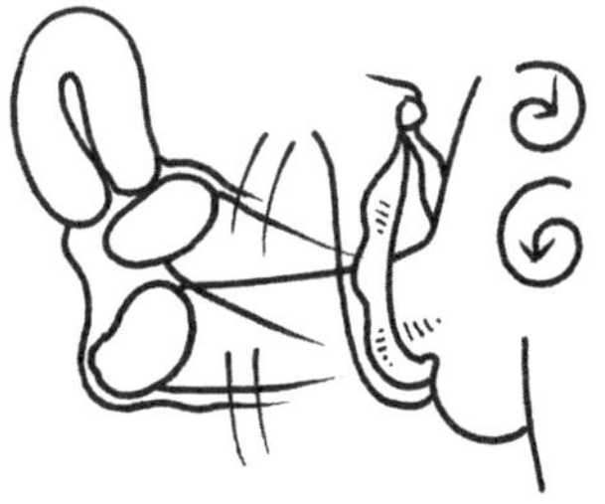

④緊貼進行的畫圓運動（右回轉、左回轉）。

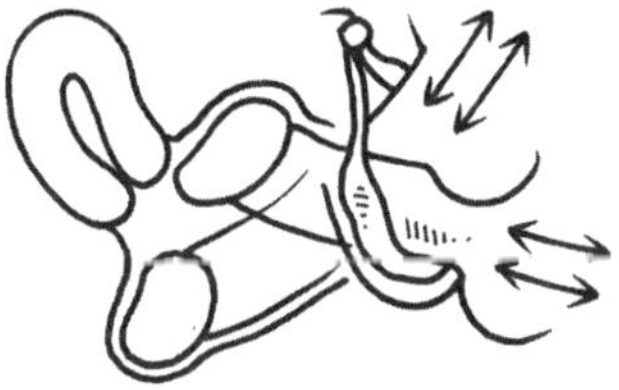

⑤以陰道口為基點傾斜陰莖角度並透過上下運動來上下強烈摩擦陰道口。

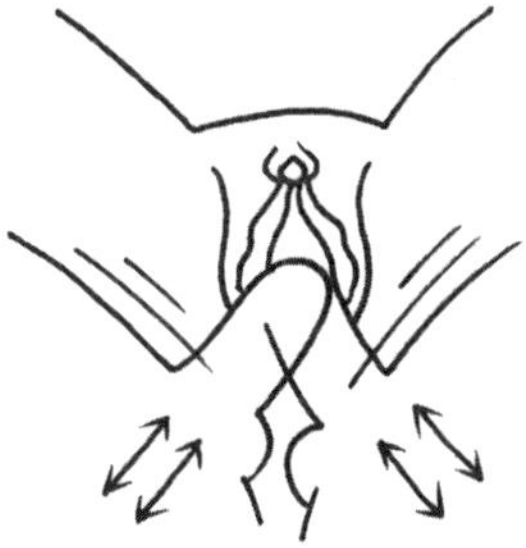

⑥以陰道口為基點傾斜陰莖並透過左右運動來左右強烈摩擦。

■複合運動＋必殺8字揉捏

若將上頁下方圖組成複合運動就能發揮很大的效果。如③～⑥之間加入①和②來進行複合運動的話，效果會更加明顯。

透過複合運動來瞭解女友或老婆會感覺舒服的部位之後，不仿再使用可以讓陰莖獲得休息的必殺8字揉捏運動。這能讓陰莖持久也可以確實引導女性直驅高潮。

女性太過舒服而喘息的姿態能讓男人的陰莖舒服，也是最令人興奮的場面。早洩的男性也可以藉此讓女性獲得極大的愉悅。

此外，超必殺的8字揉捏同時搭配活塞運動的話，不論是哪個女生都會受不了的。如果是正處私處敏感年齡的女子，應該可以高潮個好幾次而難以回神吧。

將陰莖中段部位插入，以陰道口為基點用畫「8」的方式來擺動腰部，並插入到根部後緩慢地進行活塞運動。

⑦超必殺的8字揉捏並同時進行活塞運動。

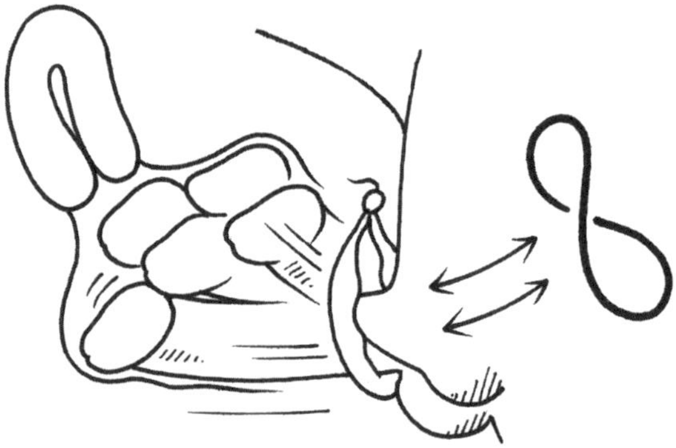

進行畫「8」運動之後，陰道口會被360度地強烈摩擦。透過同步進行活塞運動，兩人緊貼在一起時私處就會被360度地摩擦，花瓣和陰蒂也會同時被搓捏。

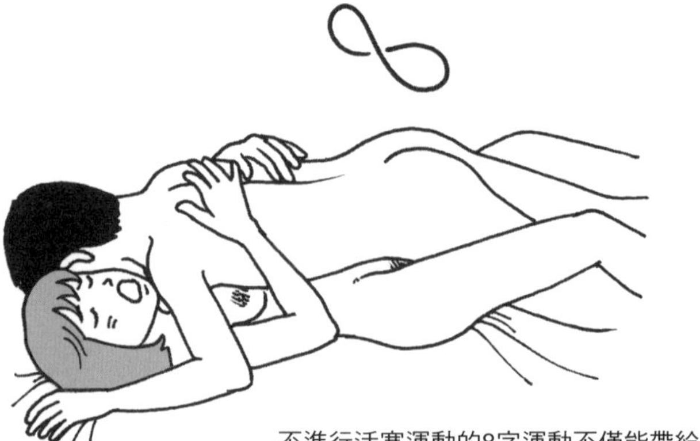

不進行活塞運動的8字運動不僅能帶給女性快感，也能讓陰莖獲得休息。

●進行8字運動

因為複合運動而讓我的私處已經敏感到氾濫成災了。最後再用8字運動來讓高潮侵襲我，讓我無法自拔。啊~真的受不了了。各位男性讀者，就如辰見老師所說的，8字運動也能讓過於敏感的陰莖獲得喘息的機會喔。

8字運動配合活塞運動進行也會很舒服；緊貼著進行8字運動則會讓陰道口舒服不已，陰蒂也會感到舒服。

我自己的話，被男生騎在身上進行8字運動時會感到舒服，我在下面緊貼著進行緊貼的8字運動也會非常舒服。在下方以腰部進行8字擺動，藉此去摩擦陰蒂。

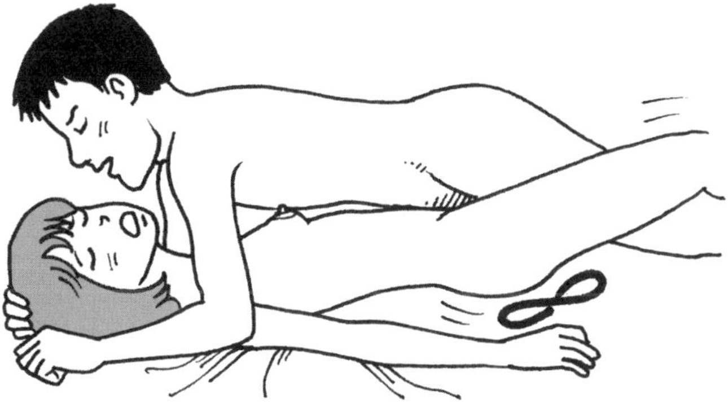

三井京子的緊貼8字運動
讓他撐起腰部，三井京子則從下方提起腰部並用臀部畫一個「8」，藉以讓恥骨摩擦著陰蒂。這在他的陰莖沒有餘裕時是很有效的作法。

■騎乘位8字搓捏運動

透過騎乘位對女性猛烈地擺動腰部之後，陰莖不僅會舒服到不行，還能觀賞女友嬌喘、胸部晃動的模樣，陰莖很快就會受不了了。從下方去揉搓胸部的話，快感和興奮都會倍增，女友則能處於一個很好的姿勢位置。

利用騎乘位來進行8字搓捏的話，陰莖不僅可以稍做休憩，女友也能盡情地享受緊貼8字搓捏而嬌喘不已。

■各種體位的摩擦術

嘗試各種體位，彼此都能興奮而歡愉雖然也不錯，但卻有很多體位對女性來說是無法帶來高潮的。享受體位，最後再以正常位、騎乘位或抱上形來讓彼此同時到達高潮才是最理想的狀態。

後背位則是女性呈狗爬式趴著並抬高臀部，這種令人害羞的姿態對男人來說正好能夠滿足他征服慾的行為，是廣受男性喜歡的招式。女性也會因為這樣害羞的姿態而感到興奮，不過卻無法像正常位或騎乘位一樣帶來同等的快感。

各種體位的摩擦術讓身為女性的三井京子來解說是最好的。尤其是使用後背位時，陰道可能會有放屁的狀況。

●正常位也能大滿足？

儘管總是始終如一地使用同一種體位，但還是能夠真正地獲得高潮，女生也能因此獲得很大的滿足感。對那些老是使用正常體位覺得乏味的女性來說，由於無法藉此獲得高潮，所以會對此感到不滿。

要貪心一點的話，享受兩種左右的體位之後，最後再以正常位、騎乘位、抱上形來作為結束是最理想的狀態。

就算是女性，在使用後背位時也會覺得淫蕩害羞且興奮。不過就如辰見老師在前面所提，在插入時陰道會有空氣進入，當性運動結束而往上仰時，陰道就會出現放屁的現象，確實很令人尷尬。因此，第一次和男性用後背位做愛是很害羞的事情。

●使用正常位的摩擦術

如何在後背位時不讓空氣進入陰道，又能感覺舒服的摩擦術將於44頁開始解說。

正常位（基本形），男性將全身重量加附上去時，請以膝蓋和手或手肘支撐住全身的體重。如果能做到讓你的身體輕輕地緊貼著女性，讓她感受到你的體溫，這個體位就會獲得女性的芳心。

如果能讓她舒服，女性自然就會把雙腳纏繞在你的腰部。請務必嘗試25頁性愛複合運動。

就當作複習吧！做完左頁已介紹過①～⑥的運動之後，我也喜歡26頁所介紹的緊貼8字運動了。

●由正常位（基本形）開始的摩擦術

只有活塞運動不能算是性運動的觀念相信各位應該都清楚了吧。透過性愛複合運動來使女友的性情高漲，同時也能讓陰莖獲得休息的空間。

正常位（基本形）

性愛複合運動

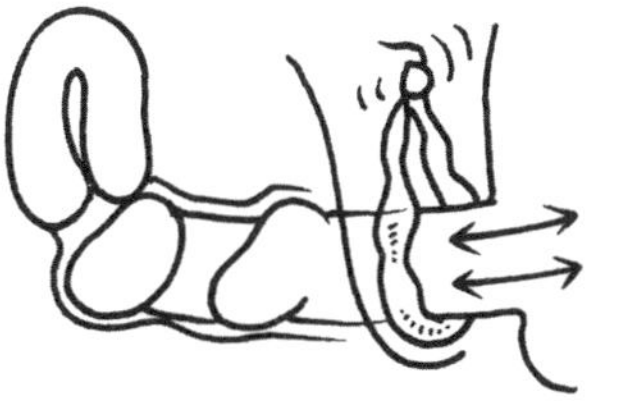

①大幅度動作的活塞運動。

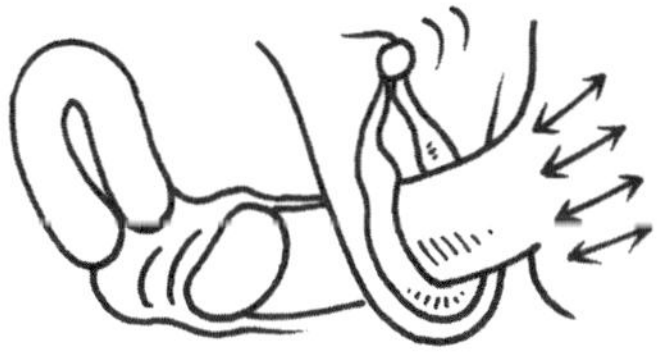

②循序漸進加速的摩擦運動。

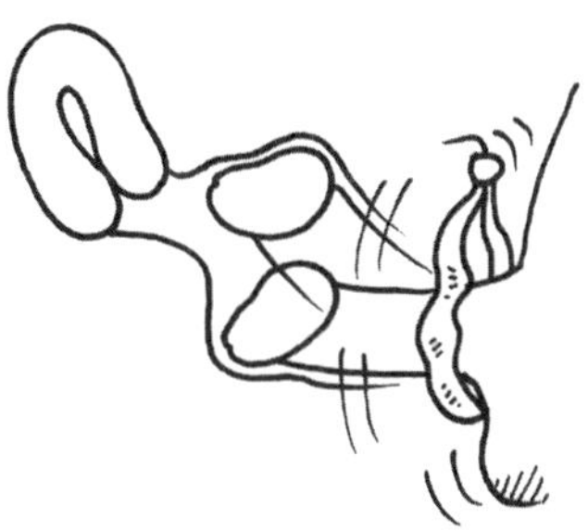

③用陰莖中段部位360度摩擦的畫圓運動（右回轉、左回轉）。

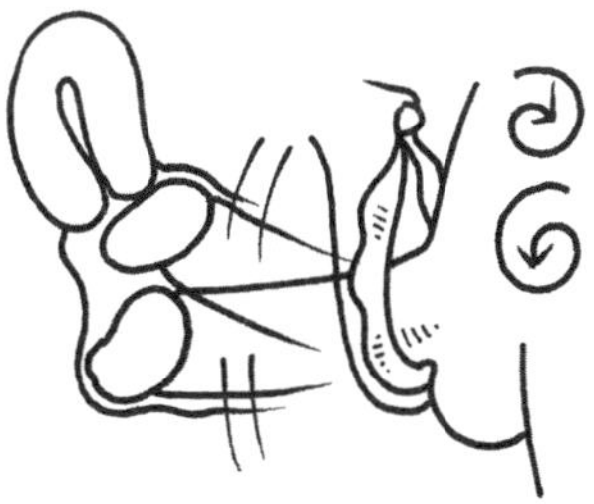

④緊貼進行的畫圓運動（右回轉、左回轉）。

⑤以陰道口為基點傾斜陰莖角度並透過上下運動來上下強烈摩擦陰道口。

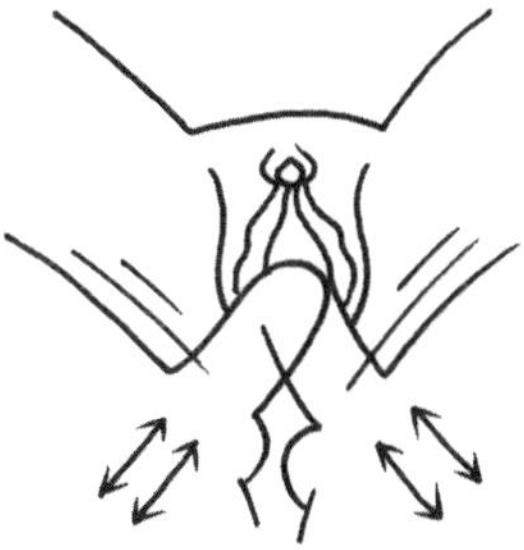

⑥以陰道口為基點傾斜陰莖並透過左右運動來左右強烈摩擦。

●纏著腳之後的8字揉搓

透過正常位（基本形）來進行性愛複合運動之後，強烈的快感就會讓女友的手腳纏繞住你的身體，並緊貼在一起。

26頁所解說到的，將陰莖插入至中段部位，並以畫8的方式來一邊擺動腰部，一邊緩慢地插入至根部，進行活塞運動以獲得歡愉感。

請掌握住女友的喜好再來進行性運動。我自己在已經快不行、要高潮的時候就會使出超必殺技：緊貼8字搓捏運動來直驅高潮。

緊貼的8字運動會使陰道口被強烈地摩擦，花瓣和陰蒂也會被揉搓而非常舒服。

手腳都纏繞住之後就可以透過緊貼8字搓捏運動來直驅高潮了。

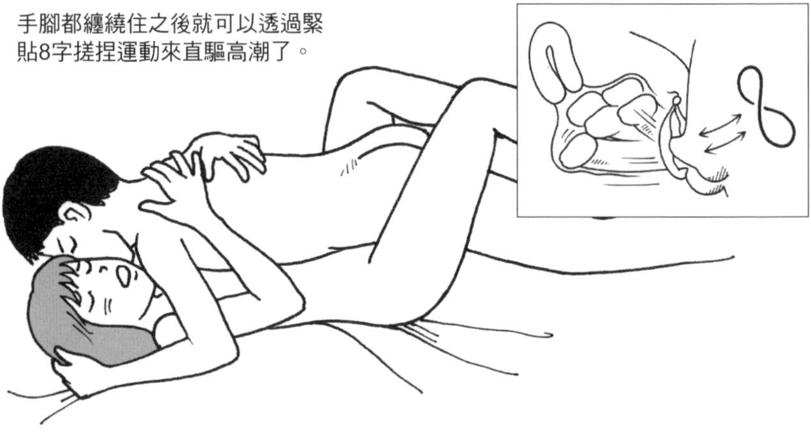

■掌控插入的陰莖

對陰莖而言，最舒服的行為是不顧對方的情況，猛烈地抽插浸淫在其中的快感。然而，陰莖啊，你還是要更冷靜一點啊。

應該要避免讓衝動而無法持久的陰莖立刻做插入的動作。不仿在前戲時口交，接著再用舔陰來打發一些時間，藉以讓陰莖保持冷靜。

插入到深處之後，大幅度動作地進行活塞運動，接著再慢慢地擺動陰莖，重點在於摩擦陰道口。在陰莖快要忍不住之前，透過回轉運動等方式來讓陰莖獲得喘息的空間，並同時漸漸提高女友的快感度。藉由緊貼的8字運動來讓女友瀕臨高潮，再猛列地往上頂進即可。

●正常位的變化・伸展位（開腳形）

只要具體實行之後，女友就會極度渴望陰莖進入陰道裡了。

前面已經有說過了，心癢難耐的私處被陰莖插入的瞬間，女性的手腳如果交纏在你身上，這就足以證明對方感受到的快感是很高的。

女友雙腳交纏以加強彼此緊貼的動作是因為想要藉由壓迫運動來強力擦弄陰道口並給予陰蒂刺激。

請透過緊貼進行的畫圓運動（右回轉、左回轉）來強烈摩擦陰道口並揉搓花瓣和陰蒂。再透過必殺技8字搓捏運動來給予最後一擊……。做愛，真的很舒服。

插入後立刻雙腳交纏的伸展位（開腳形）就是性感覺提高的證據，再透過緊貼運動來加強。

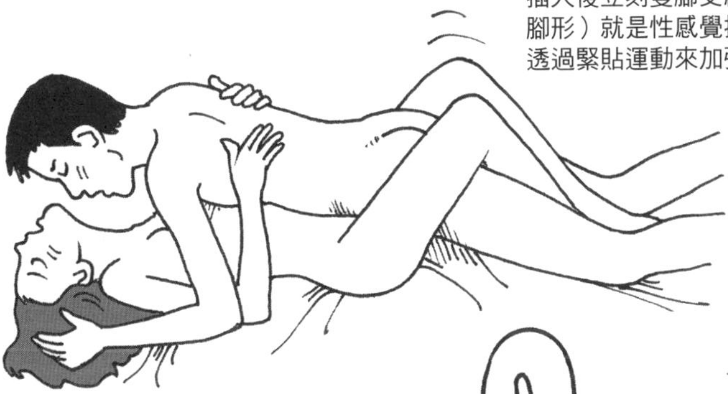

④緊貼進行的畫圓運動（右回轉、左回轉）。

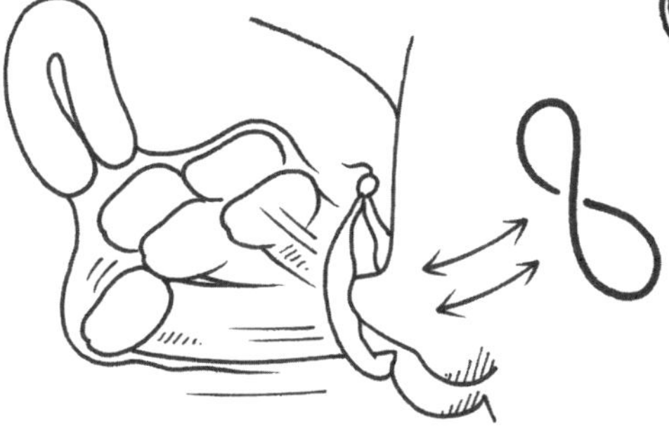

⑦透過必殺技8字搓捏運動來給予最後一擊。

女友就再也無法忍受，接著你就可以猛烈地往上頂進了。

●正常位的變化・膝座形

陰莖如果有餘裕的話，這會是讓彼此享受快感與興奮的體位。男性擺動腰部後，就可以揉搓胸部、刺激乳頭，或用嘴巴吸吮乳頭。

由於上身分離，所以可以和女友互相凝視彼此，並問她「舒服嗎？」如果她回答說真的很舒服的話，也會更為興奮及歡愉。

因為交合程度不深，所以在性運動中可以實行②循序漸進加速的摩擦運動、③用陰莖中段部位360度摩擦的畫圓運動（右回轉、左回轉）。之後也請嘗試看看⑤、⑥的步驟。

到最後，彼此一樣緊貼著身體進行正常位（基本形）、正常位、伸展位（開腳形）即可。

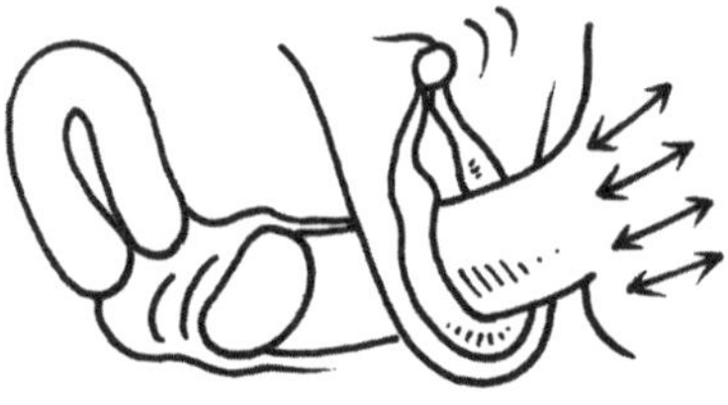

②循序漸進加速的摩擦運動。

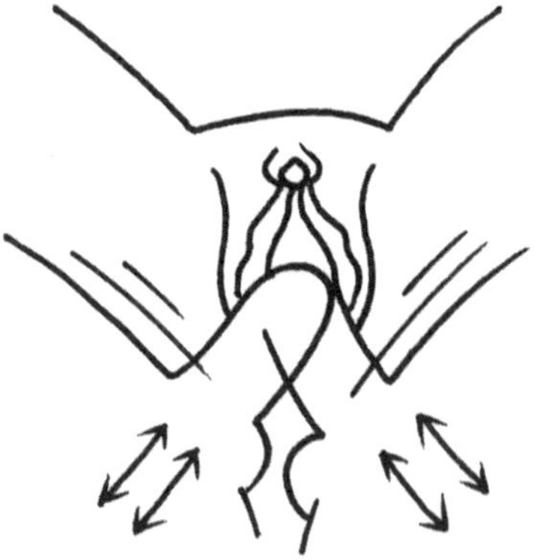

⑥以陰道口為基點傾斜陰莖並透過左右運動來左右強烈摩擦。

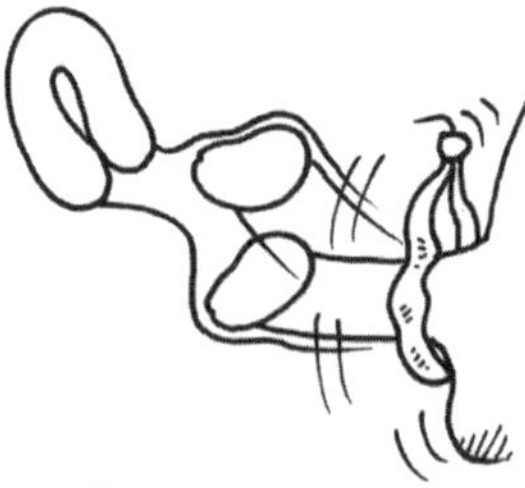

③用陰莖中段部位360度摩擦的畫圓運動（右回轉、左回轉）。

⑤以陰道口為基點傾斜陰莖角度並透過上下運動來上下強烈摩擦陰道口。

●女生最愛的腰高位

辰見老師似乎常常在女性腰部下墊一顆枕頭來進行正常位變化（腰高位）的招式。事實上包括我（三井京子）在內，女性也很喜歡腰高位的招式。交合的程度會比正常位還要深，在接觸面積上也會讓整根陰莖強烈地揉搓到花瓣和陰蒂。真的很舒服。

不過，形成腰高位多少也會讓陰道口的緊縮度下降。但整個私處都會變得很舒服，所以請在實行①～⑥的性愛複合運動之後，再透過必殺技8字搓捏運動來給予最後一擊。

腰高位中也有抱上形等形式，不過如果從女性的角度來看，這也是一種無法集中快感的體位。因此這些形式的體位可以省略不用。

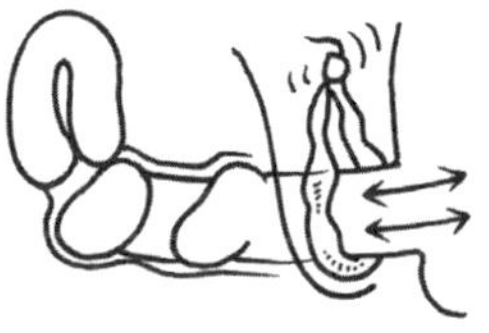

①大幅度動作的活塞運動。

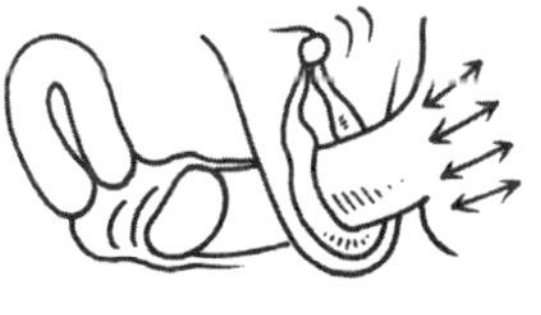

②循序漸進加速的摩擦運動。

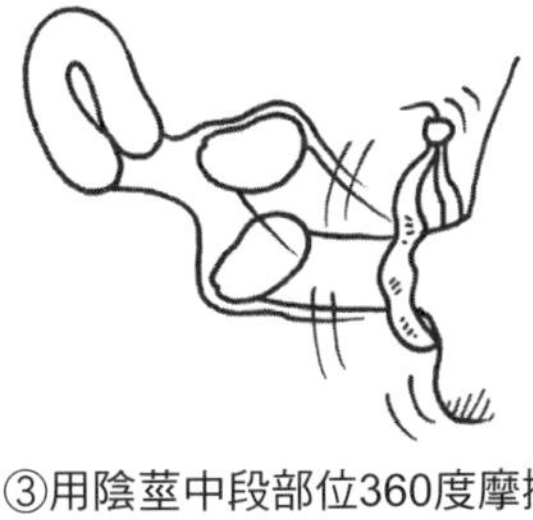

③用陰莖中段部位360度摩擦的畫圓運動（右回轉、左回轉）。

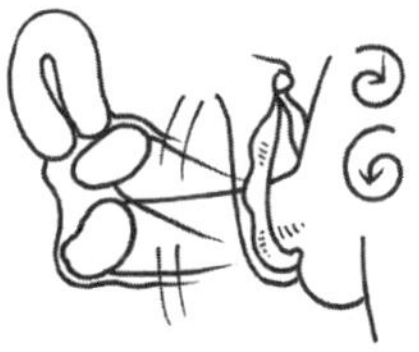

④緊貼進行的畫圓運動（右回轉、左回轉）。

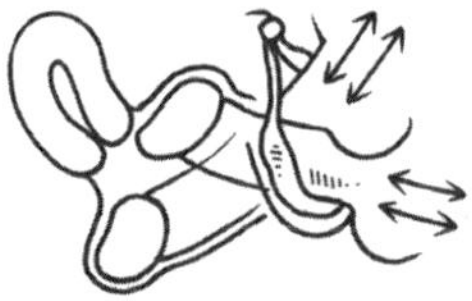

⑤以陰道口為基點傾斜陰莖角度並透過上下運動來上下強烈摩擦陰道口。

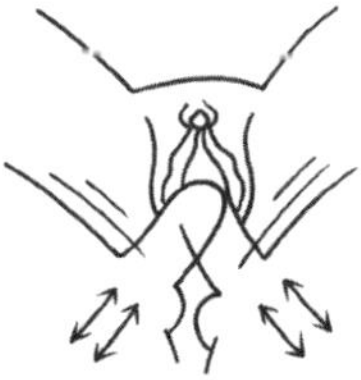

⑥以陰道口為基點傾斜陰莖並透過左右運動來左右強烈摩擦。

⑦透過必殺技8字搓捏運動來給予最後一擊。

●女生興奮的正常位變化

做愛就是要愈淫蕩才會愈興奮。只要愈來愈興奮，私處就會氾濫成災。

照片裡的正常位變化體位是我所要介紹特別令人興奮舒服的體位。各位男性讀者，請藉由淫蕩的體位讓女友變得興奮又舒服吧。

進行①～⑦的性運動複合運動，並請讓女有感受到最舒服的性運動，帶給她至高無上的高潮。看起來真的很舒服喔～

一邊進行①～⑦的複合運動，一邊試著問女友喜歡哪種方式，也是挺令人興奮的。我（三井京子）全部都覺得很舒服。我在最後的衝刺階段則是想用⑦來結束。

超必殺！8字搓捏運動

三井京子（本書的共同作者）最喜歡緊貼地進行⑦的「超必殺！8字搓捏運動」。陰道口會被強烈摩擦，包含陰蒂在內的整個私處都會被搓捏刺激。

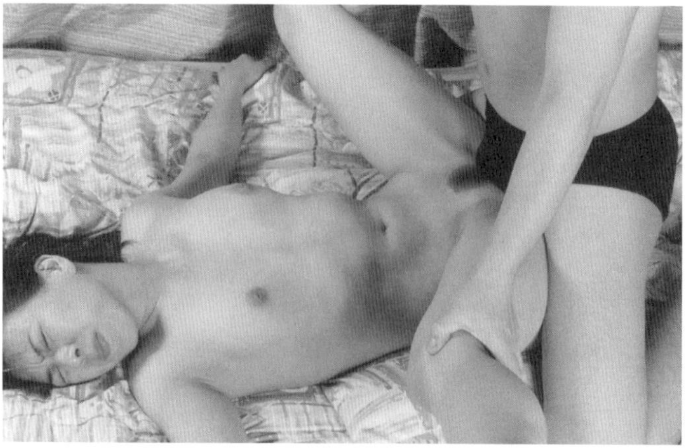

正常位變化——大開腳膝座形

整個私處由於都會往上提起，所以陰蒂雖然不會被恥骨刺激到，但是陰道會被撐開，可以大肆進行全部的複合運動，就能獲得極大的效果，是一種淫蕩的體位。

正常位變化——屈曲位（強屈曲位）

這種體位傾向由陰莖的角度來刺激G點。透過雙腳的併合，陰莖感受到的緊縮感會增強，而陰道口也會被強烈地摩擦。此外，G點也可藉此被刺激，是一種淫蕩、興奮又舒服的體位。雖然並不會摩擦到陰蒂，但只要雙腳打開也可進行複合運動。

正常位變化（抱上形①）

男性將女性的腰部淫蕩而恣意地搖晃，透過複合運動就能讓女友感覺舒服，這種體位只要學了就能做得到。藉由彼此連接的動作讓女性變得能淫蕩且積極地擺動腰部。不過要達到高潮還是要透過基本形。

正常位變化（抱上形②）

透過抱上形①讓女性感受到複合運動的快感之後，女性就會積極地擺動腰部。當女友淫蕩地擺動腰部時，去觀察她嬌喘的表情之後，陰莖也會興奮到受不了，之後會再解說如何處理這樣的狀況。

正常位變化（抱上形③）

透過女友扭曲背部的動作以陰莖插入到一半的狀態下來摩擦陰道上壁，藉以刺激G點。性運動雖然會有所拘束，但可以對不知道被刺激G點的女性實行這種方式。感受其中的歡愉之後再回復到正常位來進行複合運動即可。

正常位變化（抱上形④）

將女生的腳靠在男生的肩上，透過女生雙腳併合來增強彼此的摩擦感以獲得歡愉，如果無法從容地享受這個招式，那麼很快地陰莖就會忍不住了。此時只要變換體位或回復到正常位來進行複合運動即可。

■用陰莖莖部來做愛

插入之後猛烈地往上頂進，龜頭在陰道壁360度地摩擦就會產生失神般地強烈快感。前面有提及到，對往陰道深處突進會感覺舒服的女性而言，龜頭是不可或缺的，不過對那些陰道深處的敏感度不高的女性來說，龜頭幾乎是一點作用也沒有。

能浸淫於龜頭的快感之中很好，但是性愛複合運動中，在莖部摩擦陰道口的感覺之下，來擺動腰部的話，你就會體會到這與至今為止的性運動有多麼大的差異了。

此外，你的女友也會對你另眼看待，而且打從心底地尊敬你。男人雖然喜歡做愛，但是女性對於能給予她歡愉的男性也是無法招架的。對快感無法招架是女人的天性。這是千真萬確的。

●別用龜頭做愛

看著、摸著、含弄著陰莖的龜頭就能興奮起來，我真的好喜歡那種淫蕩的形狀喔。此外，用龜頭來摩擦陰蒂也會令人興奮又舒服。

不過，插入陰道後，龜頭就幾乎沒什麼作用了。我們會覺得舒服是因為陰莖莖部擦弄陰道口所致。男人總是誤以為要用龜頭來做愛。

對龜頭冠狀部位的延展性、粗度、長度引以為傲的男性很容易就會用龜頭來做愛。明明陰道壁敏感度不高，但他們卻老是專注在摩擦陰道壁上。

摩擦陰道口的部位並不是龜頭。而是莖部、是莖部才對啊。要用莖部摩擦才對。

●經驗不多的女性比較容易被開發出來

教你要用莖部來做愛的性愛指南書應該哪兒都找不到吧。本書是性愛專家權威辰見拓郎大師（51歲），以及身為實踐性愛作者的我（這樣說好像怪怪的）三井京子（32歲）所共同著作的，正因如此才能寫出這種站在陰道立場著想的指南書。

就算是處女或是經驗不多的女性，只要透過實踐本書的內容，也可以讓性感覺被急遽地開發出來，變成熱愛性愛的女人。毫無疑問，像我這種經驗豐富的女人也同樣能從中獲得歡愉。不管是太太、還是女友，都會對你截然不同的樣子，而讓私處濕成一片，愉悅不已。

■如果忍不住就拔出來

如果是經驗豐富的陰莖，會一邊進行複合運動，一邊讓陰莖獲得喘息，不過若是稚嫩而過度敏感的陰莖，或有早洩問題的陰莖，無法持久下去也是沒辦法的事。

讓陰莖持久的方法在第三章會加以介紹，而在第一章中，如果在性愛的過程中無法持久忍耐下去的話，建議就直接把陰莖拔出來吧。

首先，不要口交完之後就插入，而是要在口交完之後進行長時間的舔陰，抑止陰莖的興奮度之後再插入。

實行本書中所介紹的性運動而忍耐不住的話，可以暫時將陰莖拔出來，並進行激烈地舔陰。接著再次插入，或試著變換體位也行。

●從正常位開始往騎乘位發展

讓女友感受性愛複合運動所帶來的歡愉，並讓她騎在你身上，形成騎乘位之後，女友就能進行自己喜好的性運動了。由此可知，這種性運動可透過女友自身擺動來獲得最大且強烈的快感。

不論是大幅度的上下、前後運動、緩慢的上下、前後運動、畫圓運動、斜行運動或是8字搓捏運動都能自在地進行吧。

在你身上淫蕩地擺動腰部、搖晃著胸部且發出嬌喘的女友姿態不僅會讓你舒服，還可以增加視覺上的刺激，再也無法持久忍耐下去了。不過請別擔心，辰見老師會在第三章解說讓陰莖持久的方法。女性喜歡使用騎乘位，但是缺點就是陰莖會難以持久。

騎乘位適用於開發性感覺

左方照片中，是女性傾倒上身所進行的騎乘位。從陰道的位置到交合的程度就跟正常位差不多，不過陰道口可以藉此獲得快感，並同時在擺動腰部時被男性的恥骨緊貼擦弄，騎乘位是一種適合用來開發女性性感覺的體位。不僅能自在地獲得快感之外，大多也會比男性的性運動還要來得激烈，除了上下運動以外，也會傾向使用緊貼性的運動，並激烈地擺動腰部來摩擦。

「還不能射喔！」

女性的性愛複合運動

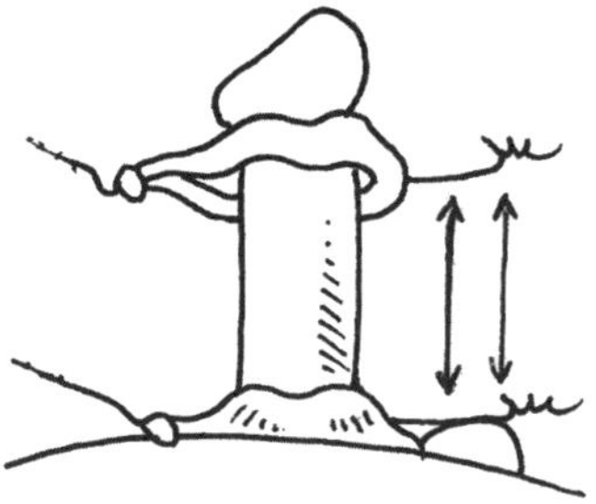

①大幅擺動的上下運動，並同時壓迫陰蒂。

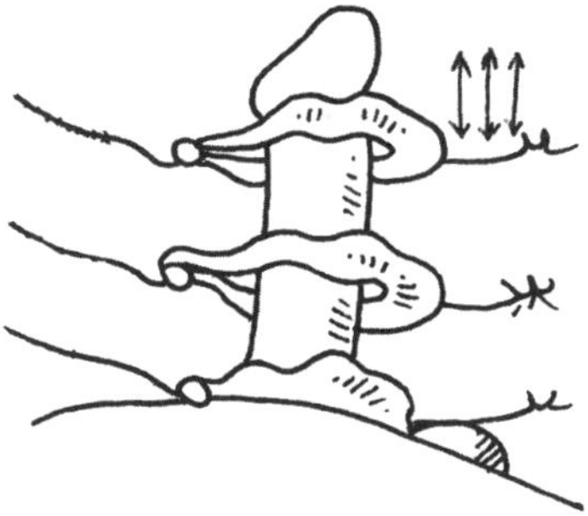

②漸進加速的上下運動，並同時壓迫陰蒂。

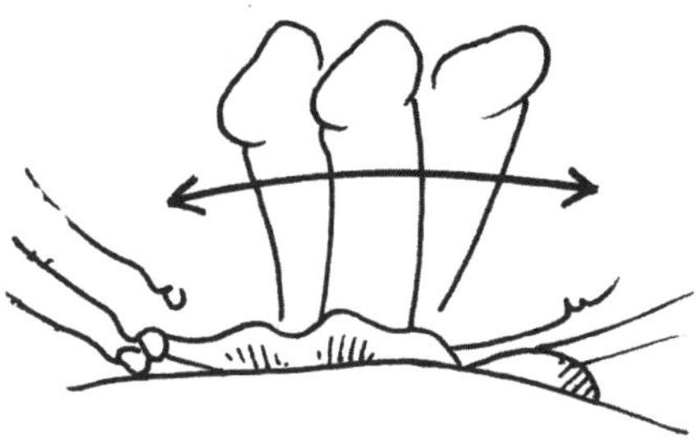

③恥骨緊貼擦弄陰蒂般地進行前後運動。

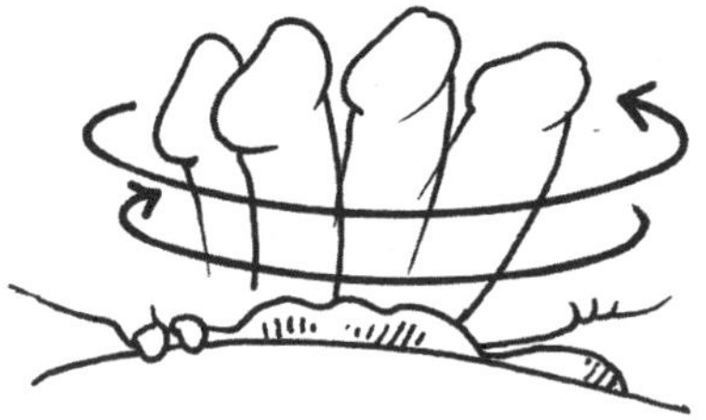

④緊貼進行畫圓運動（右回轉、左回轉）。

⑤超快感！緊貼8字搓捏運動。

●女性也要做一個動作

男性一旦無法忍耐下去，應該就會透過激烈地動作來往上頂進陰道吧。女性也是一樣，當無法忍受的時候，就會透過單一的動作來專注於快感之中。然而，這和男性不同之處在於騎乘位中對於性運動的喜好會有不同的差異。

進行①的集中性動作、③的動作、④⑤的動作。讓你的女友或太太騎在身上之後，你就能掌握住她喜歡的動作以作為參考。

男性可以在下方去揉搓胸部並愛撫乳頭。女友的激烈擺動與視覺刺激，甚至是揉搓胸部都會讓你無法持久下去吧。其中的對應方法請從辰見老師的實用技巧來學習吧。

■將上身抬起來的騎乘位

將上身抬起來的騎乘位會讓女性逼近高潮。一邊浸淫於陰莖根部擦弄陰道口的快感，一邊在胯股之間強力頂貼，而男性恥骨同時揉搓般地磨蹭陰蒂。

正如三井京子於上一頁所解說的，在女性的性愛複合運動之中也只會進行單一的性運動。這就是邁向高潮獲得至高無上快感的證據。

性經驗不多的女性建議使用③，比較有經驗的女性則用③、④。成為像三井這種老手之後就能使用⑤獲得超快感！透過緊貼的8字搓捏運動應該就能直奔高潮了。

讓你的女友或老婆騎在你身上，並試著觀察他們喜歡的腰部擺動方式吧。

將上身抬起直奔高潮

直驅高潮的騎乘位能使陰道口、陰道前壁、花瓣、陰蒂、會陰等觸同時自在地獲得快感並全神投入於快感之中。③、④、⑤的性運動雖然無法帶給龜頭強烈的刺激，但是進行完上一頁的①、②運動之後，或許會有陰莖持久力的擔憂。如果你的陰莖有持久力的話，女友就真正能夠感受到至高無上的高潮。由下而上觀看女性邊擺動腰部邊用力喘息的姿態，也是一種極佳的視覺刺激。只要揉搓胸部就會變得心癢難耐到不行。

直奔高潮的性運動

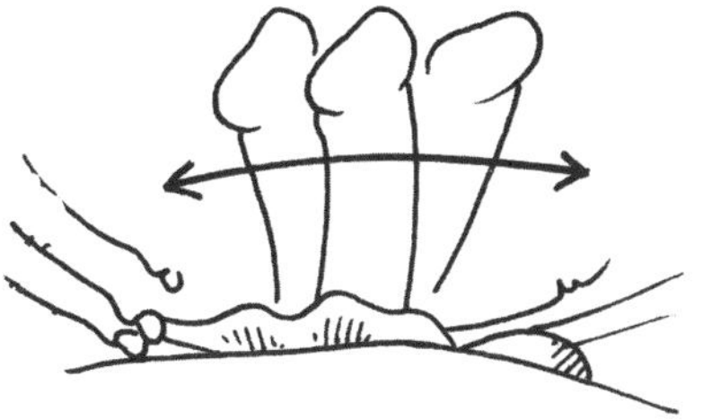

③恥骨緊貼擦弄陰蒂般地進行前後運動。

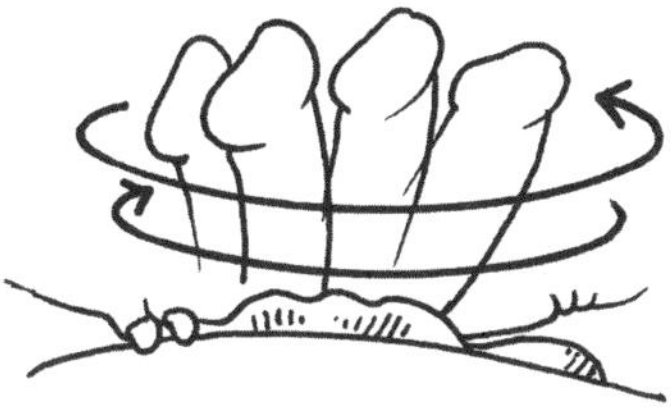

④緊貼進行畫圓運動（右回轉、左回轉）。

⑤超快感！緊貼8字搓捏運動。

●「還不行喔，還不能結束」

我在使用騎乘為的時候也時常一邊喘息一邊說話。當我說出「還不行喔，還不能結束」的時候，意思就是「快要了，快要高潮了！」

激烈地進行上下運動之後，十分敏感的龜頭在進行緊貼性運動時也會感受到強烈的刺激。我也遇到很多次當我要高潮的時候，男生就先射精而被我嫌棄的狀況。

男人射完精就會倒頭大睡，所以我只好自己用手自慰，這實在是太可悲、太寂寞了。不過，忍過頭的話對陰莖或是精神層面來說也不是一件好事吧。我也遵循辰見老師所給予的建議，所以沒問題了。

●抱上形的愉悅

騎乘位中也有後騎位這種騎乘位變形招式，但是其中有許多體位都無法用來獲得高潮。此外，只要嘗試各種體位之後，陰莖也會無法持久下去吧。

三井京子也常常會想著陰莖和私處如果都能同時舒服到難以自拔的話那就好了——諸如此類的淫蕩念頭。

抱上形(前座位)是基本形中最舒服的，男性往上頂進而女性也同時進行性運動就是最棒的享受了。

不過，比起抱上形而言，幾乎每個女性都會想著該變換成正常位，還是變換成騎乘位來迎接高潮。彼此緊緊相擁結合的抱上形是一種可以享受快感、興奮與溫存的體位。

抱上形（前座位・基本形）

彼此對坐，女性胯做到男性的上腿部來進行性運動。交合度會在上身緊貼，雖然不會深入到陰莖根部，但其交合度也已經十分足夠了。彼此緊緊相擁之後，從陰蒂的位置來看，是無法被恥骨擦弄的，但是透過上下運動、畫圓運動也能使陰道口獲得快感。這種體位能感受到對方的體溫，並且帶給女性歡愉，是一種相當受歡迎的體位。彼此稍微彎曲身體之後，交合身體會更加深入，也可以進行性愛複合運動。陰蒂也能藉此被恥骨擦弄磨蹭。

男性搖動上腿部以輔助腰部擺動的伸膝形（彼此抬起上身）。

抱上形（前座位）的基本形。緊緊相互擁抱，密著感強烈並且可以感受彼此溫度的體位。

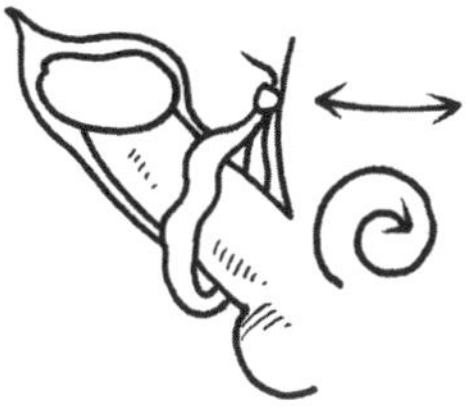

上下運動、畫圓運動的基本。

①恥骨緊貼擦弄陰蒂般地進行前後運動。

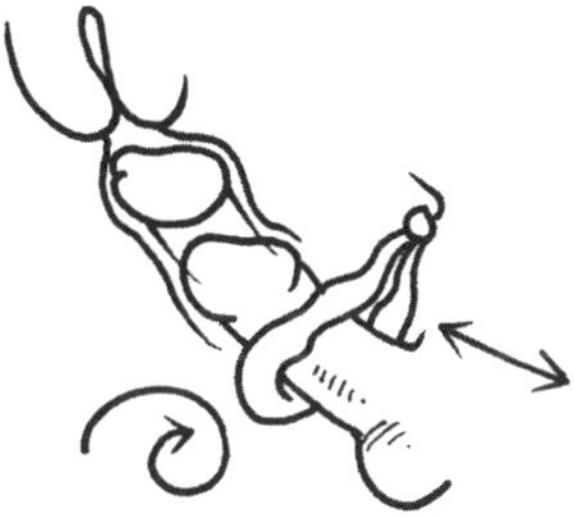

③男性用陰莖往上頂進，女性同時進行畫圓運動。

②恥骨緊貼擦弄陰蒂並進行畫圓運動（右回轉、左回轉）。

■心有餘地就能愉悅

插入之後如果陰莖可以持久那就沒問題，不過應該會有很多男性的陰莖是無法持久的吧。我(辰見)在年輕時也會有早洩的問題。龜頭對於強烈的快感會變得無法持久，因此就會不顧對方擅自射精了。

抱上形（前座位）中也有抬腳形的招式。兩人面對面觀看彼此也能獲得興奮而歡愉。

後座位是女性背對著男性坐著進行的體位。抱上形可以透過鏡子看見交合部位，令人臉紅心跳的交合部位會讓彼此極大地興奮。

男性把腳伸直，女性向後用膝蓋跪著進行的膝座形則有助於女性鍊習性運動。一邊樂在其中一邊進行就行了。從後面進行的姿態也很令人害羞。

●後背位是具有被強姦的慾望？

的確，女性會有被強姦的慾望。然而這裡要稍微端正視聽一下，這種慾望並不是男性所想的那種強姦慾望。手腳趴跪、臀部朝向男性的姿勢會讓人害羞而有一種被侵犯的興奮感。

私處和肛門都毫無保留地被看見，這種姿態並無法看見男性的表情，更能增加想像空間。例如，想像著被喜歡的演員或明星在背後侵犯的畫面，這會更加意外地興奮舒服喔，這是真的。

像正常位或騎乘位這種招式是無法緊貼著去揉搓陰蒂，但是透過淫蕩的複合活動就能強力地擦弄陰道口了。陰蒂在此同時所受到的刺激也是最棒的。

後背位最令人臉紅心跳的是拔出陰莖並仰躺之後，從私處會有如放屁一樣洩漏空氣的聲音出現。這往往也可能會讓做愛的美好感覺瞬間一掃而空。

■陰道放屁的防止法

剛交往的男友或是才剛結婚的情況之下，如果出現如放屁一樣洩漏空氣的聲音，女性應該都會害羞臉紅了吧。到了我這樣的歲數之後，依照對象的狀況不同，多少都能控制讓空氣不會進來。

左頁的後背位（基本形①）就很難會讓空氣進入，屁聲就肯定不會出現。同樣在後背位（基本形②）中，由於臀部抬得比上身還要高，而使陰道口大開，讓空氣進出其中，因為性運動的緣故也會讓空氣在裡面被壓縮。這就是陰道放屁的原因了。

如果對於已經交往很久的伴侶而言就不會太在意了，但如果是剛交往不久的伴侶、新婚夫妻可以藉由後背位（基本形①）來獲得歡愉，就不需要多加擔心了。

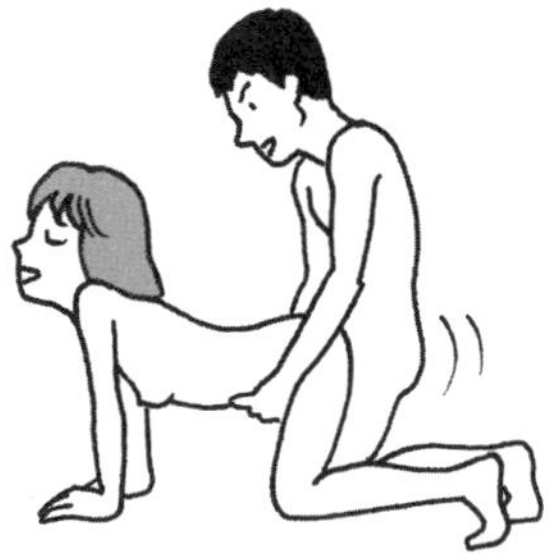

後背位（基本形①）

女性的被強姦慾望（想像），對男性而言可以獲得觀看交合部位或臀部的視覺刺激與如同征服感一般的滿足。

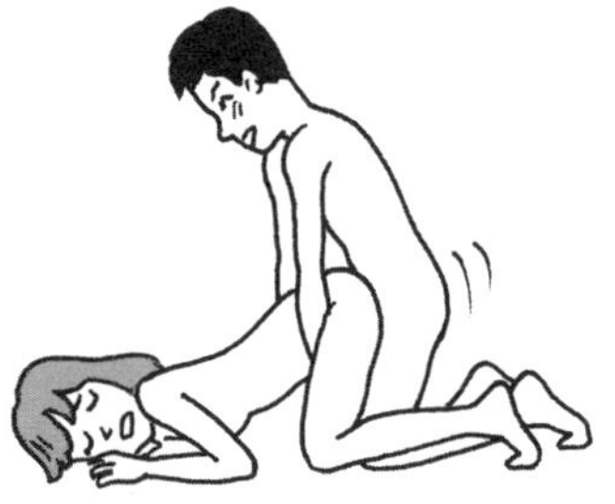

後背位（基本形②）

私處容易進入空氣，結束後拔出陰莖時陰道就容易放屁。

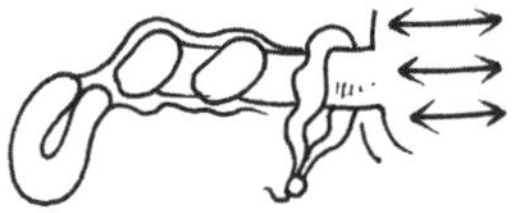

①使用整個莖部去進行大幅度擺動的活塞運動。

②使用莖部中間部位去小幅且快速摩擦的運動。

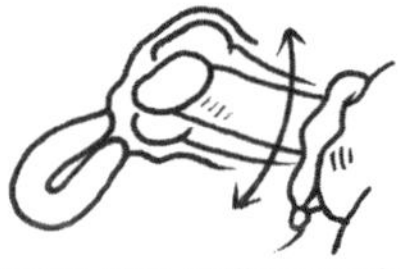

③陰莖盡可能往內塞入並進行360度摩擦運動（右回轉、左回轉）。

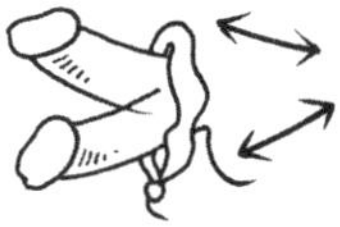

④以陰道口為基點，讓陰莖傾斜角度進行上下運動，藉以增強陰道口的上下摩擦。

⑤以陰道口為基點，讓陰莖傾斜角度進行左右運動，藉以增強陰道口的左右摩擦。

⑥融合運動（男生讓陰莖進行右回轉畫圓運動，女生則讓臀部進行左回轉畫圓運動。逆向操作也可以）。

●對陰道放屁興奮的丈夫

我（三井京子）在幾年前已經離婚了，所以這裡提到的那位對陰道放屁興奮的丈夫其實是某位老朋友的丈夫。根據她所說的，丈夫會在後背位時將她的臀部抬高，興奮地往上頂進，陰道中的空氣就會不斷地輸送進去，讓陰莖可以做出壓縮的動作。

之後再讓她仰躺，將鼻子貼著陰道嗅聞著陰道放屁的味道而因此愉悅不已。此時，陰道會被撐開，陰道放屁時的風壓好像也會使花瓣擺動著。

聽到這種的事情時雖然讓我大笑不已，不過丈夫興奮地舔弄私處，好像也讓她非常地舒服。在那之後他們就會以正常位再次合體。真是令人羨慕啊～。

■高潮的體位與愉悅的體位

能使女性安心迎接高潮的體位就是三井京子到目前為止所解說過的體位。

其他雖然也有像是前側位、後側位、立位、後立位、交叉位、變化體位等等，多半都是俗稱「48手」、只適合男性使用的單方面性運動，是一味地往前衝刺頂進的招式而已。

不過如果作為性愛過程中的一種體位來使用的話，也會有讓彼此興奮的效果。如果能多使用各種變化性體位，往前頂進的陰莖也會舒服到忍不下去。

在之前的章節中所介紹的體位和性愛複合運動確實比較能夠引導女性到達高潮。我自己的經驗和實際體驗採訪中也印證了這一點。

●不可以進行無法集中快感的體位

工作之後，我會一邊喝酒、一邊和女性友人暢談床第之事。當我們聊到最喜歡的體位時，正常位其實是最多人使用的。其次是騎乘位、抱上位，然後才是作為性愛過程中的一種體位使用的後背位。

正如你所見，女性能夠集中快感並確實獲得高潮的體位實在屈指可數。我嘗試過比俗稱「48手」的招數還要多的體位，而在性愛的過程中嘗試時也能感覺興奮，但是卻無法專注於快感之中，所以這些體位幾乎都不能算是能夠迎接高潮的最終體位。即便如此，做過各種不同的嘗試還是有其價值的。還是有一些做起來淫蕩且能讓我興奮的體位。

■復習、在無法忍耐之前

保險套的尺寸有S、M和L，所以能套得上保險套的陰莖當然也有S、M和L的大小之分了。如果是在這個範圍之內的話，就沒什麼問題了。

在第二章中將告訴你世界首創！插入同時讓手指放入的超快感招式。第三章中將介紹一種劃時代的新方法，讓S尺寸以下的陰莖、以及M和L尺寸的陰莖都能輕鬆自在地變成女友喜歡的陰莖大小。

你可以搶先閱讀第二章和第三章，不過希望大家還是能符合三井京子提出「性運動並不是只有活塞運動」的強烈原則，先完整讀完第一章再說。如此一來，第二章和第三章的介紹和解說也可以正確地予以理解了。第三章的復習則是讓陰莖持久的方法。

●太多陰莖都在關鍵時刻繳械

男性一旦射精結束之後，龜頭和摩擦感就會討厭地急遽萎縮了吧。女性明明還想在被莖部摩擦陰道口，但是有太多陰莖卻在關鍵時刻繳械了～

之後，明明差一點就要高潮了，陰道卻還是無法被滿足——應該有很多女性都跟我有過同樣的經驗吧。陰道真的會很哀傷的。

陰莖無法忍耐下去對女性而言也是沒辦法的事。口交讓他興奮之後可以忘我陶醉地吸吮，變換成騎乘位就沉溺於快感之中陶醉地擺動腰部，但接著用正常位快要高潮之前陰莖多半都會忍不住了。

■忍耐到極限會有害精神健康

到我這個年齡之後，就能忍耐到極限了。但這對身體和精神層面都是不好的，所以我不會解說介紹這種忍耐的方法。如果忍不下去，就無須再忍，直接射精就好，而這也關係著下一次的歡愉性愛，如果一直忍著而讓射精變得不自然，接著就會形成不自然的癖好了。

讓陰莖可以持久的方法只要使用目前所介紹的插入時讓陰莖休息的方法，以及快受不了時，就拔出陰莖的方法即可。其他雖然也有抽出陰莖使其冷靜的方法，但在性愛的過程中如果有所勉強的話，女性可是會敗興而歸的。

在性愛的過程中，交合時能讓陰莖的性愛複合運動和體位的變化將從54頁開始介紹。

●就算拔出來也沒關係

正如辰見老師所說的，總在關鍵時刻繳械的陰莖與其被女性嫌棄，不如就直接拔出來也沒關係。取而代之的，請讓快感能夠持續下去吧，最理想的狀態是透過舔陰讓陰莖變得慾火焚身而無法自拔。

陰莖變冷靜的時候再插入進行性愛複合運動的話，就連我都能夠到達至高無上的高潮了。啊～陰莖莖部在陰道裡的感覺是無與倫比地美好。

從54頁開始將會介紹、解說辰見老師的體驗採訪，以及包含我的意見在內的最棒性愛過程，能確實引到女性到達高潮的男人真是令人舒服又帥氣啊。男性的陰莖大小不是重點，而是陰莖本身的能力。

■讓女性確實高潮的性運動

雖然前面已有提過了，在口交之後的插入，陰莖很快就會沒凍頭了。口交、舔陰、69式等若能熟練之後，再充份地進行舔陰，讓陰莖獲得十足的休養，再以正常位來交合。

業界對於此書的評斷是：沒有一本指南手冊能夠如此詳盡解說口交、舔陰和69式。

透過這本書加以實踐的話，女性的陰道就能處於對您的陰莖渴望到不行的狀態。當您的陰莖已到臨界點時，女性也能藉由您的陰莖莖部確實獲得高潮。

●很舒服～

光是閱讀就會讓我氾濫成災，所以您在閱讀的時候，應該也已經硬梆梆地勃起了吧。

當陰莖和陰蒂都變得很舒服之後再插入的話，不是很美好嗎。

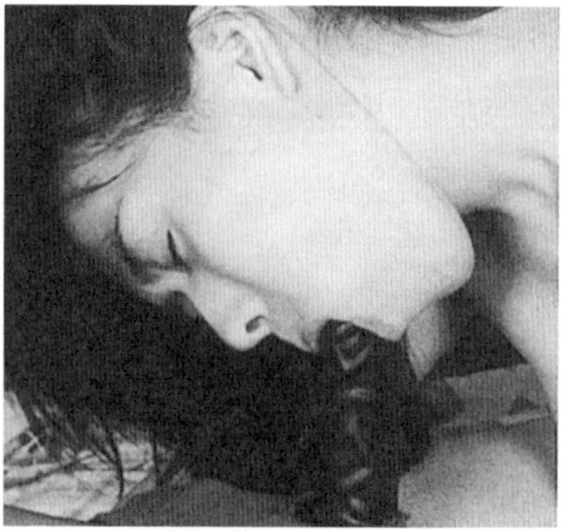

從真空式口交變成輕柔的口交。輕柔的方式對於性慾高漲的陰莖是很危險的。

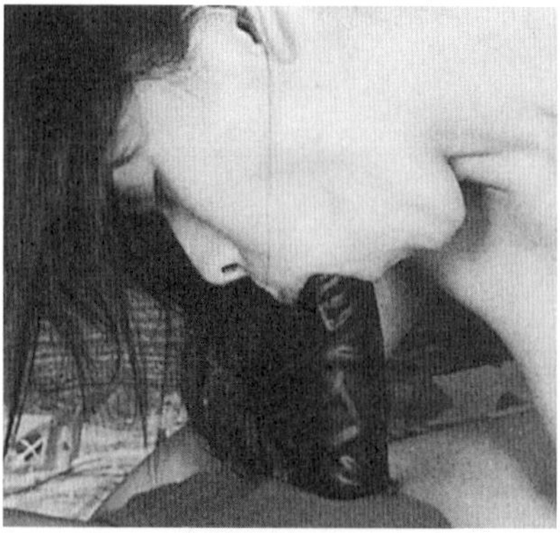

輕柔的口交會讓陰莖難以忍受下去。接著適度地360度舔弄龜頭。

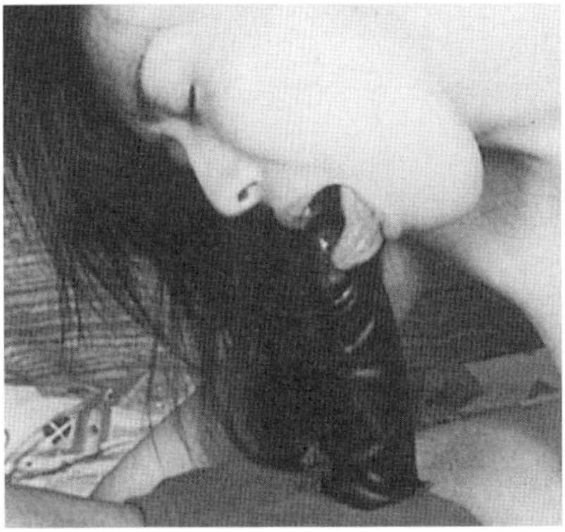

透過舔弄摩擦龜頭的冠狀部位內側，就能提高快感。誇張的舔弄姿態也能帶來視覺刺激。

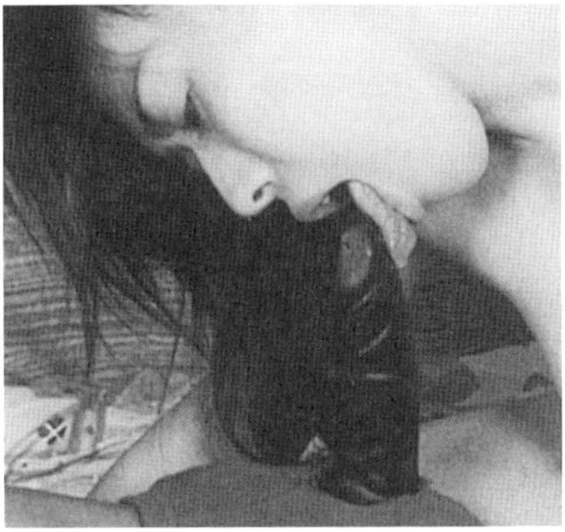

伸出舌頭貼住龜頭內側以順時針方向開始旋轉舔弄。訣竅在於用舌頭舔弄摩擦。

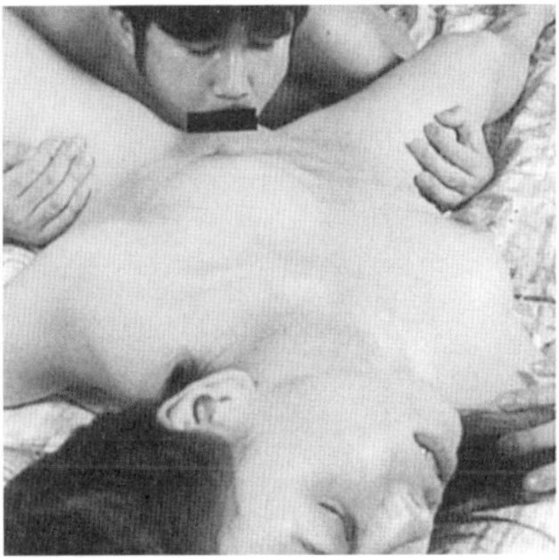

淺含著陰蒂並吸吮。

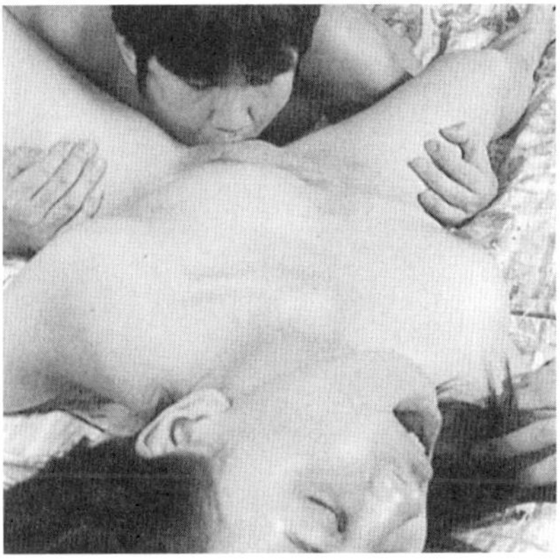

深入含著陰蒂並吸吮。

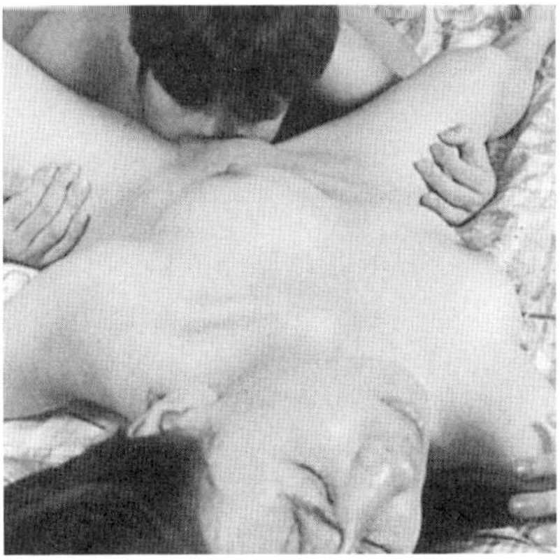

一邊吸吮陰蒂一邊把臉貼上去。

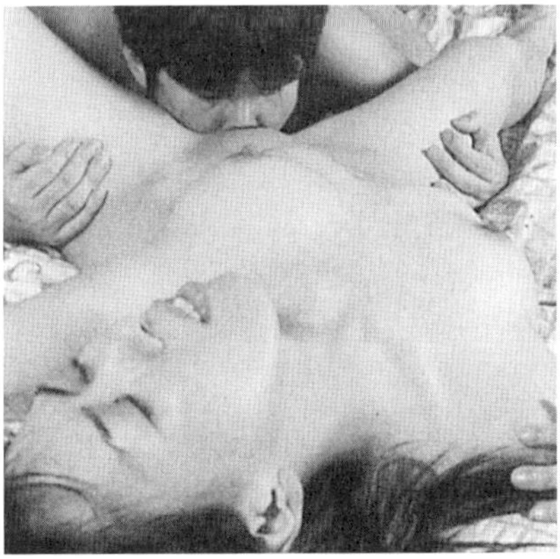

最大限度地含著陰蒂並吸吮。

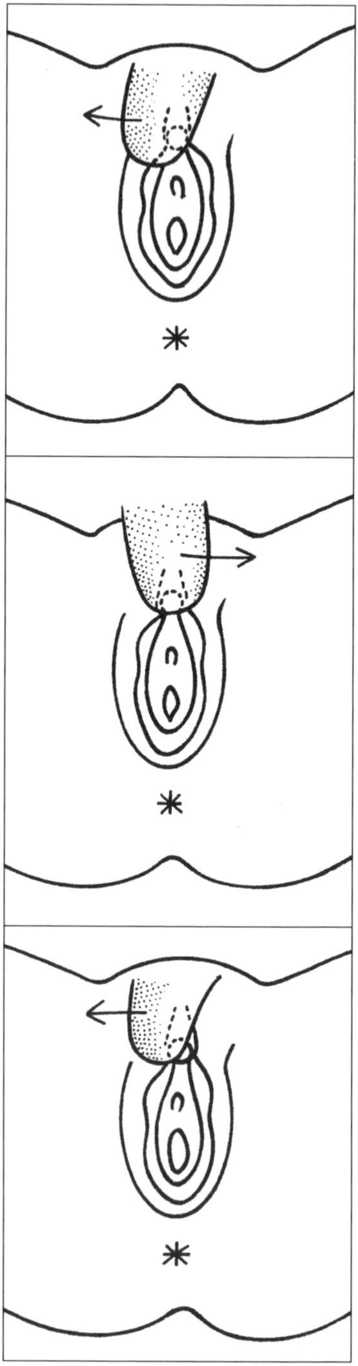

⑰舌頭貼著陰蒂，左右快速舔弄摩擦。可以輕貼或是強壓住陰蒂來控制力道的強弱。

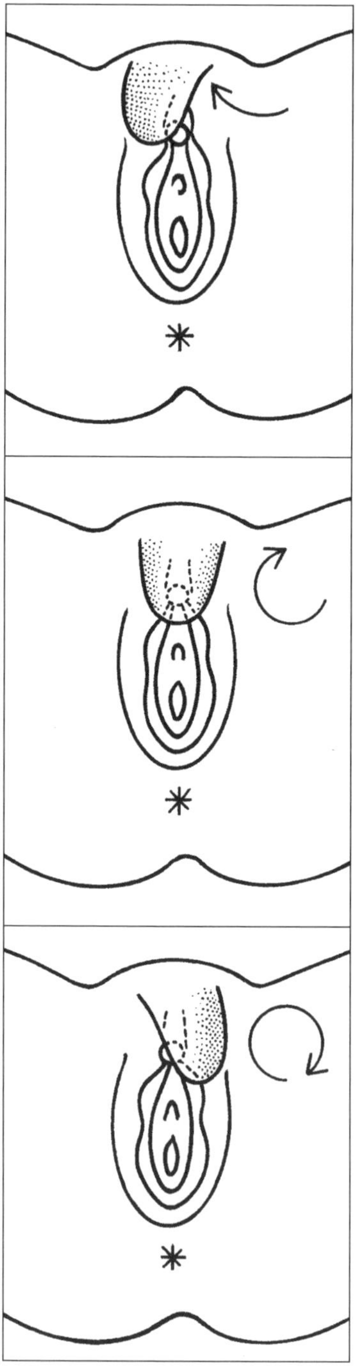

⑱舌頭貼著陰蒂，以畫圓的方式來快速舔弄摩擦。可以輕貼或是強壓住陰蒂來控制力道的強弱。

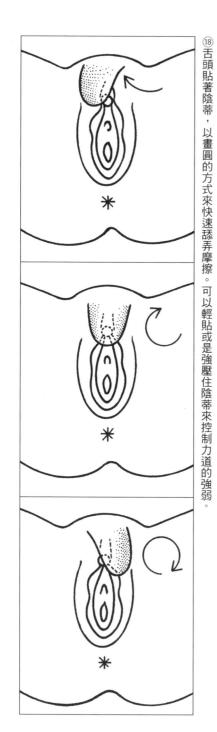

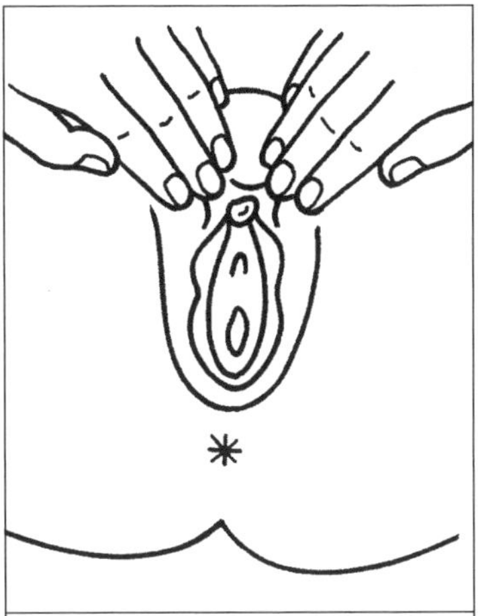

⑲將陰蒂剝露出來再做一次。

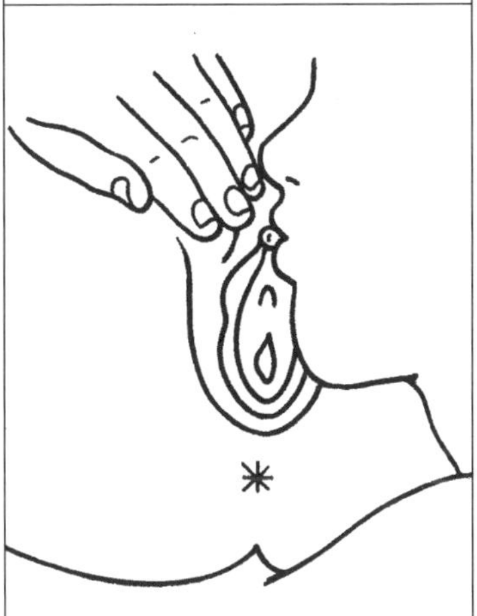

⑳吸吮外露的陰蒂。

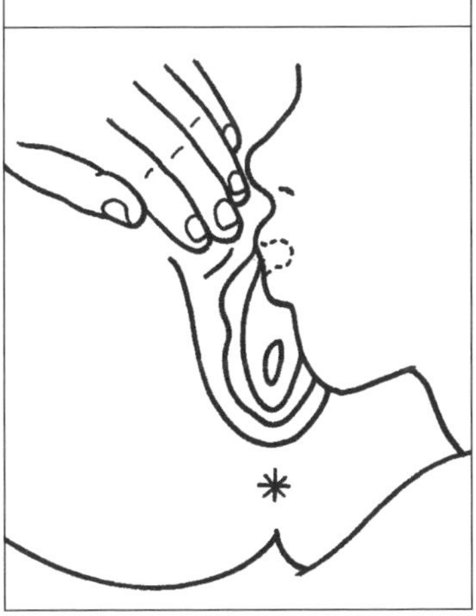

㉑深含住陰蒂再強力吸吮。

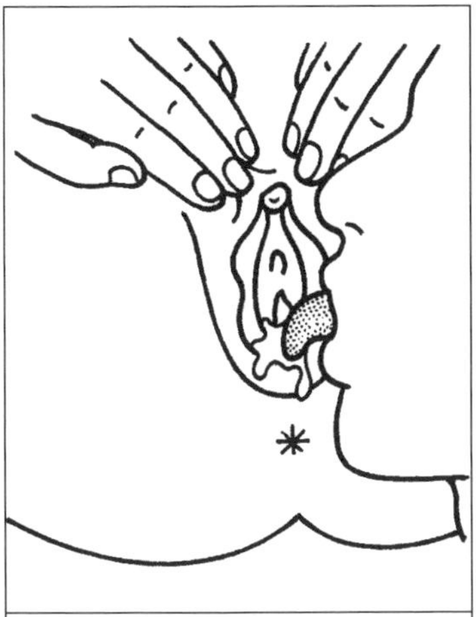

㉒從陰道口用舌頭去汲取愛液。

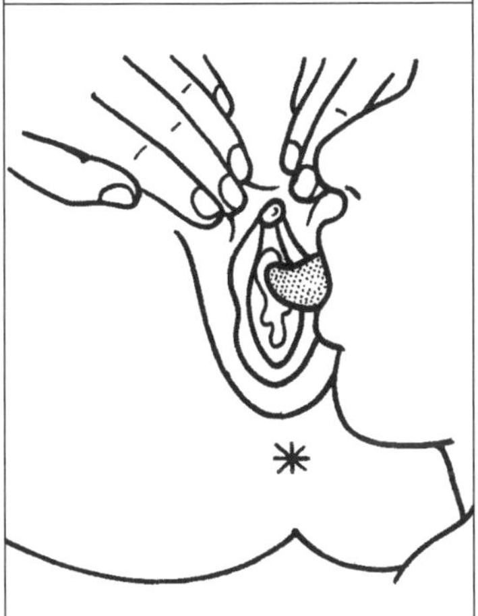

㉓往上舔弄陰道的中心部位。

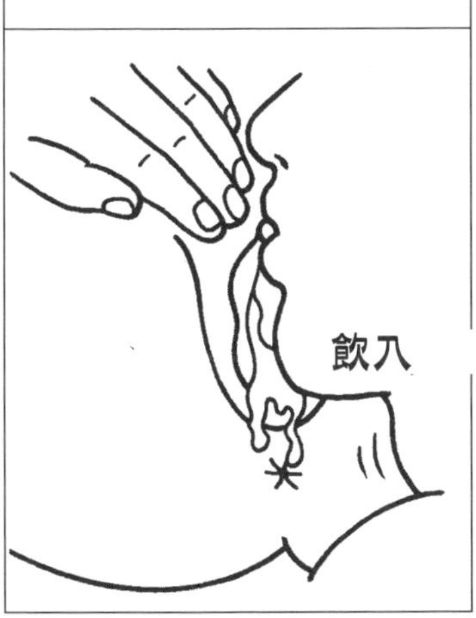

㉔連同愛液一起吸吮陰蒂。

※插圖・文章摘錄自《口交&舔弄高潮指導手冊》

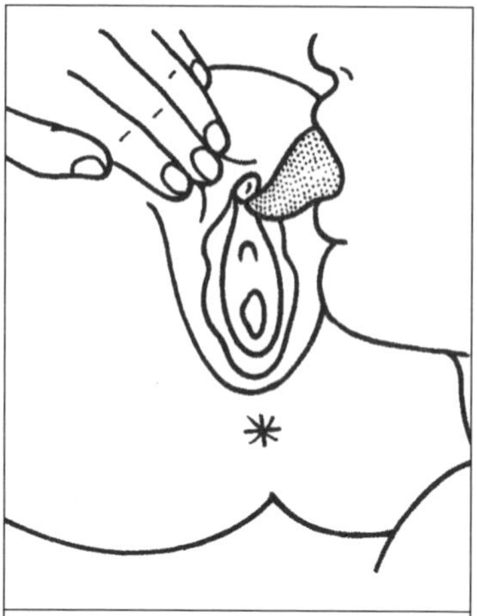

㉕將外露的陰蒂再進行④一次。

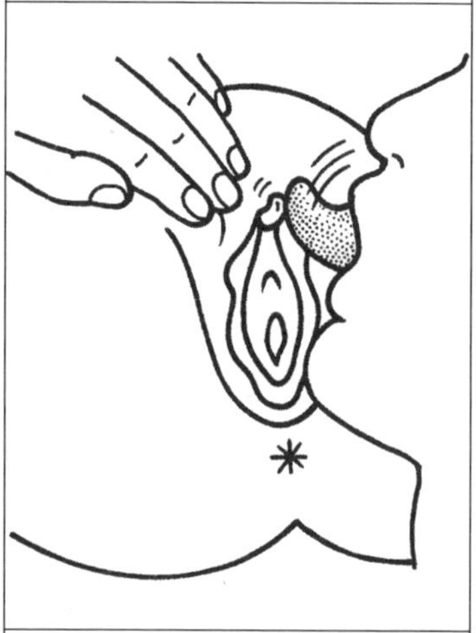

㉖用舌尖強力挑弄陰蒂並舔弄摩擦。

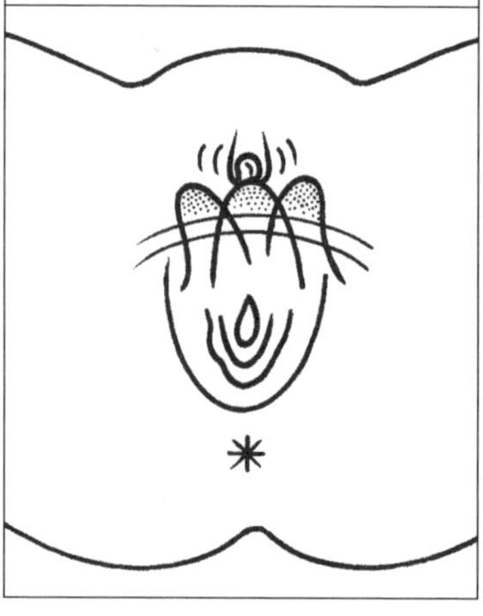

㉗用舌尖左右舔弄陰蒂。

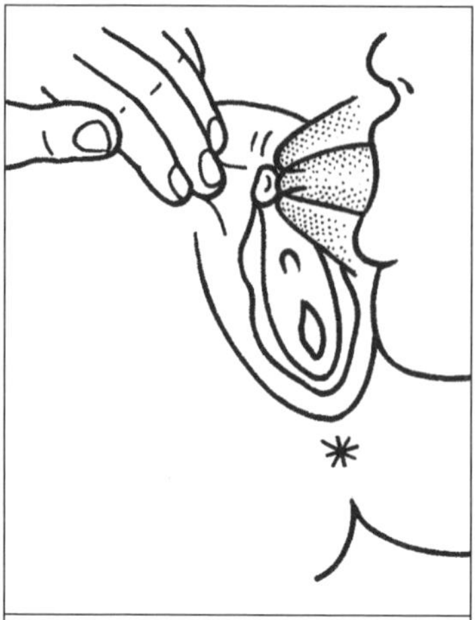

㉘用舌尖微微地頂弄陰蒂。

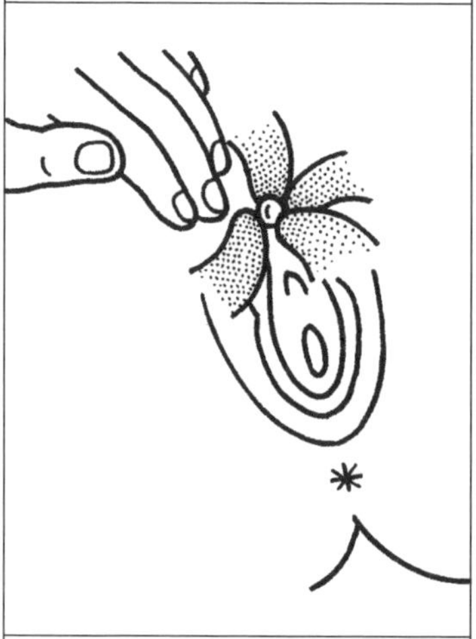

㉙360度舔弄摩擦陰蒂。

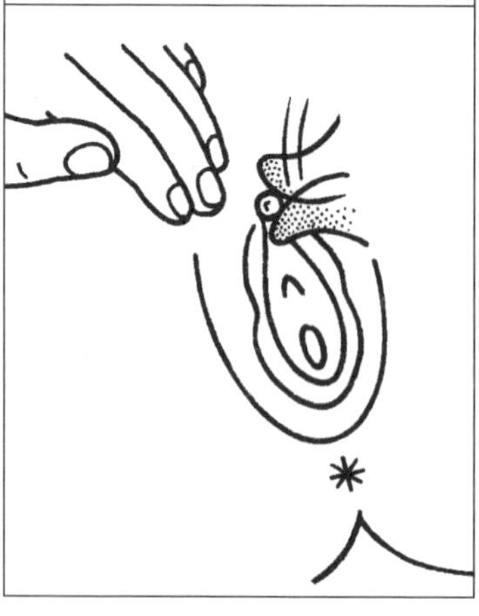

㉚上下挑弄陰蒂並舔弄摩擦。

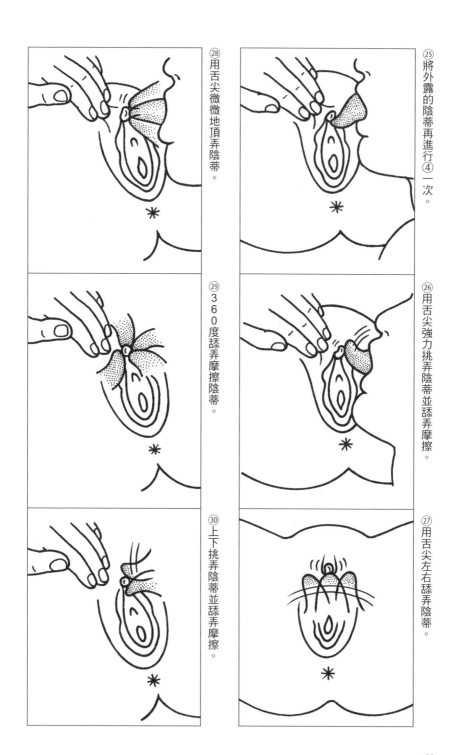

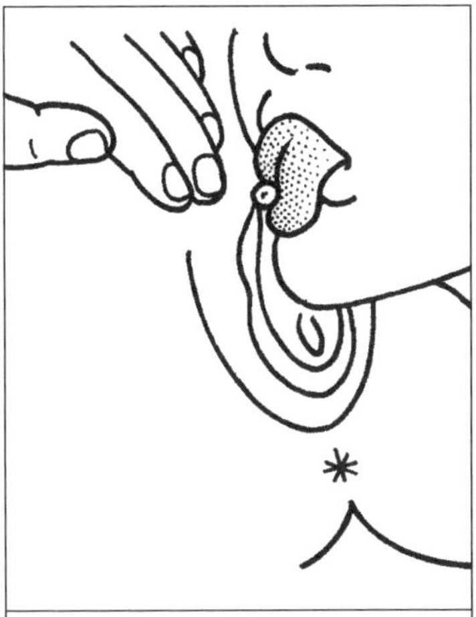

㉛用舌頭的凹槽夾住陰蒂並舔弄摩擦。

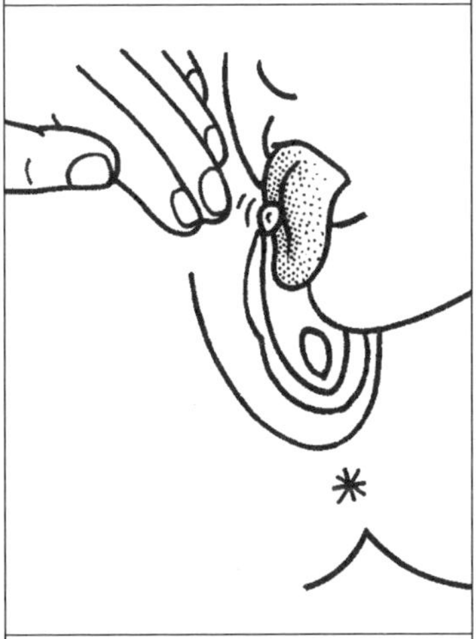

㉜用舌頭中間部位大肆地舔弄摩擦。

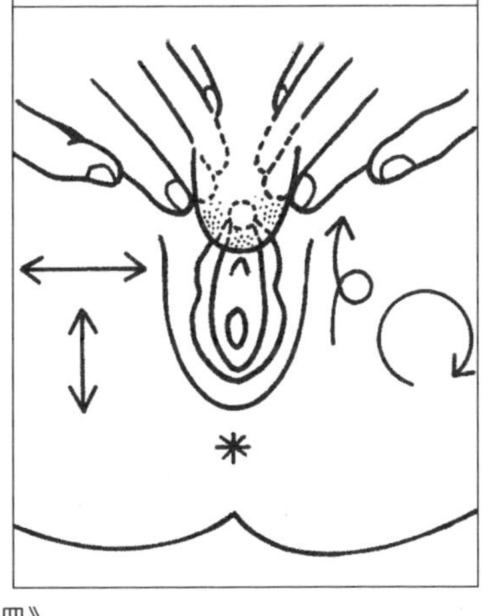

㉝左右、上下、畫圓地舔弄摩擦。

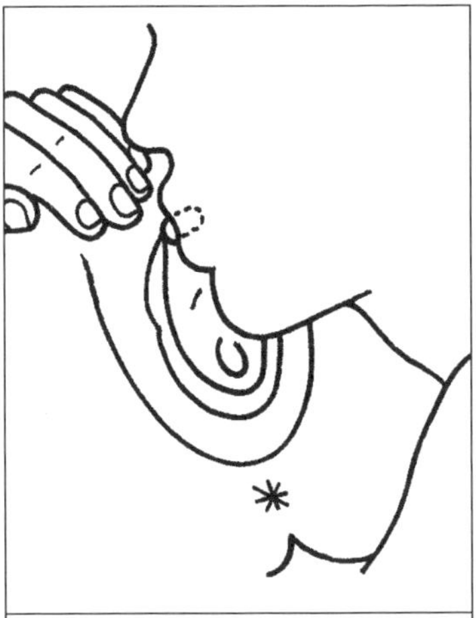

㉞直接強力吸吮陰蒂。

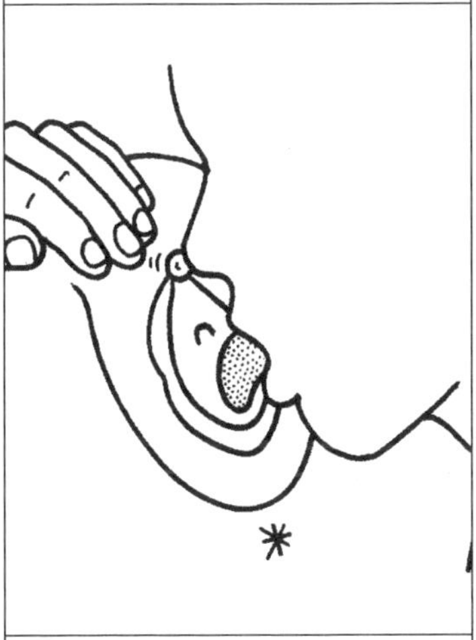

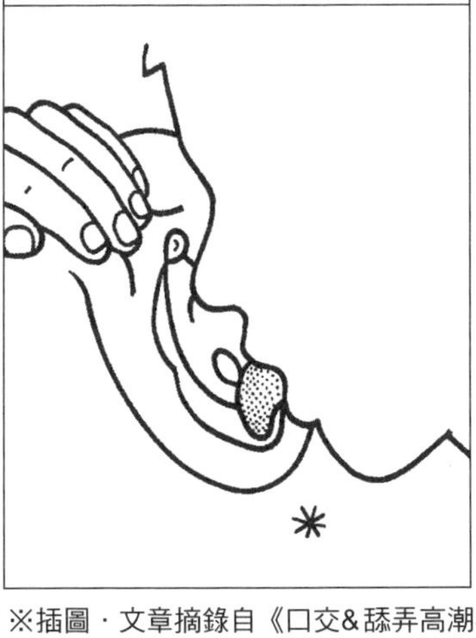

㉟用鼻子一邊滑弄陰蒂，一邊往下舔弄陰道直至肛門。

※插圖・文章摘錄自《口交&舔弄高潮指導手冊》

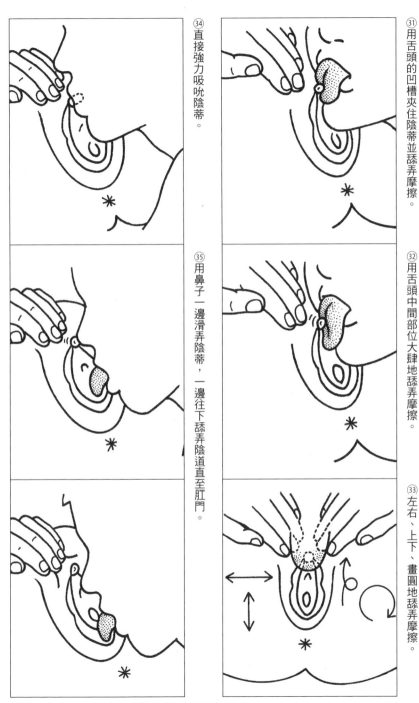

一開始就以正常位來交合

接下來要介紹的交合過程是我和初次見面的陽子小姐進行實際體驗採訪。

受訪的陽子小姐並沒有太多的性體驗。

我也可以和三井京子進行實際體驗採訪，不過很多男性讀者都很喜歡她，我怕我會被讀者們討厭。此外，和初次見面的對象進行實際體驗採訪，我也比較不會害羞。

性運動中，龜頭對陰道而言是沒有什麼用途可言的。透過莖部擦弄陰道口的訣竅來進行摩擦運動，以此來解說、我和陽子小姐的做愛過程。

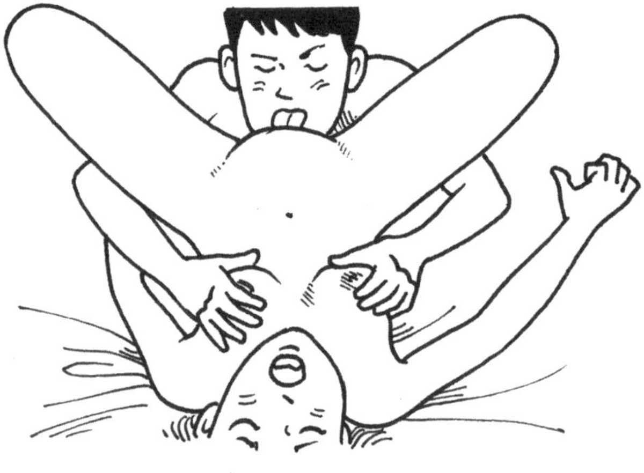

溫柔帶有淫蕩的感覺很舒服。

拭去她在我嘴角上留下的愛液，從事先就打開的保險套包裝袋中快速取出並裝上陰莖。我感覺既淫蕩又舒服，馬上就採取正常位的腰高位姿勢。

■腰的擺動可試探女性的喜好

將29頁透過正常位進行的性愛複合運動對女性全部使用一次看看。第一章中，多次加強使用性愛的複合運動，可以藉此進行想像訓練。等到要見真工夫的時候，還得一個一個去回想就太遲了。

男性的陰莖如果恣意去做愛的話就只會流於活塞的單純性運動。不過，陰道如果只進行活塞運動的話就不算是性運動了。

腰部的擺動能夠探尋女性的喜好，如果進行包括活塞運動在內的複合性擺動的話，就能共享至高無上的高潮了。

另外跟各位男性讀者說：我的陰莖大小是一般標準，冠狀部位的擴張程度、姿態和外表都不到雄偉的程度。但透過本書加以實踐一樣能成為名刀。

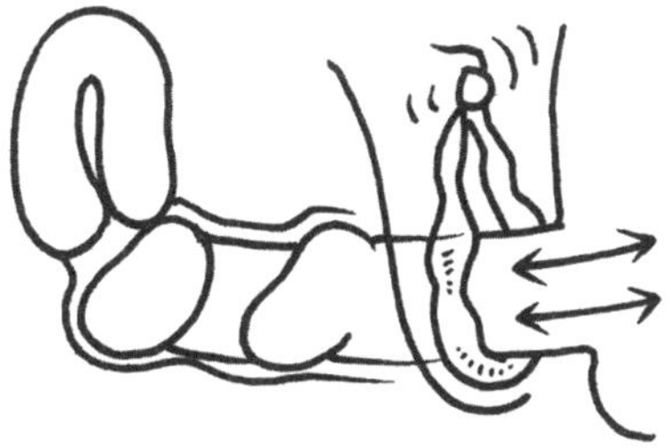
①大幅度動作的活塞運動。

②循序漸進加速的摩擦運動。

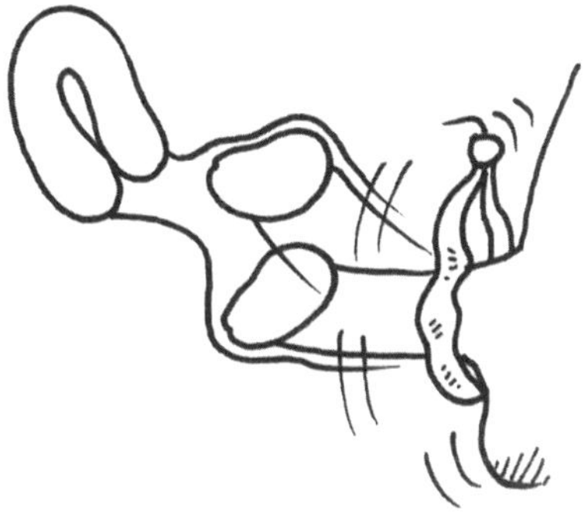
③用陰莖中段部位360度摩擦的畫圓運動（右回轉、左回轉）。

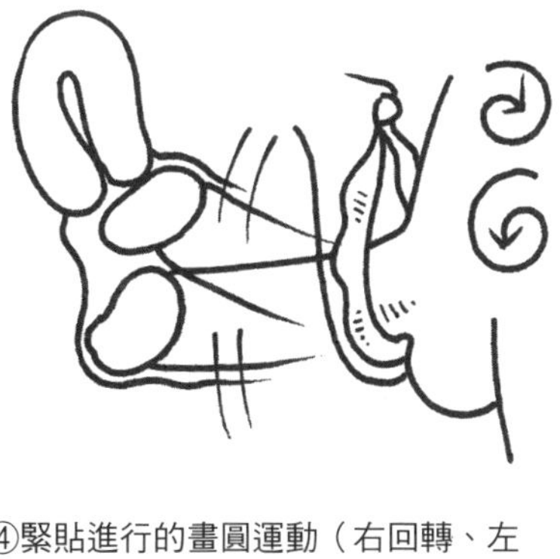
④緊貼進行的畫圓運動（右回轉、左回轉）。

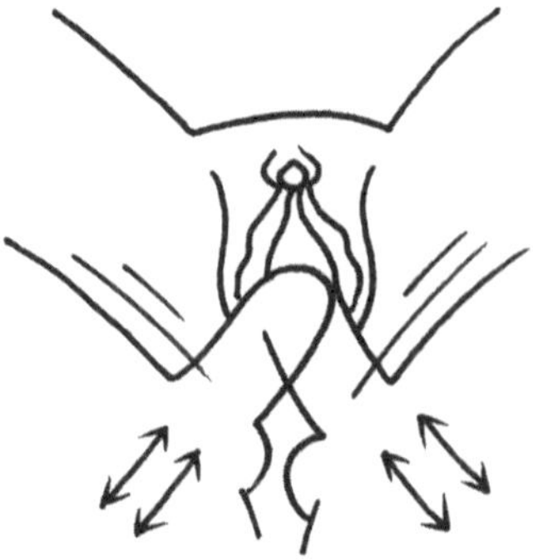

⑥以陰道口為基點傾斜陰莖並透過左右運動來左右強烈摩擦。

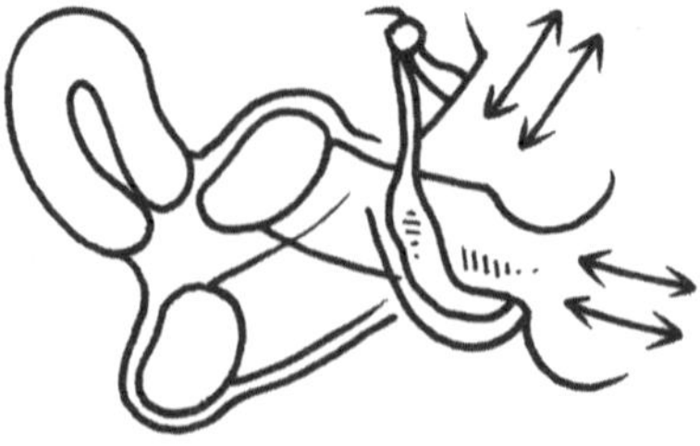

⑤以陰道口為基點傾斜陰莖角度並透過上下運動來上下強烈摩擦陰道口。

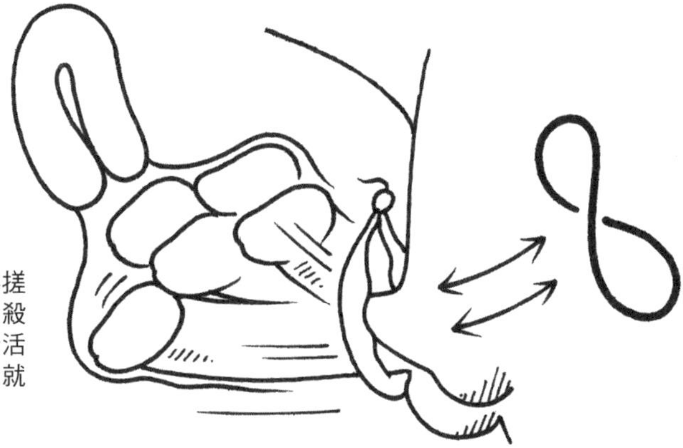

⑦透過必殺技！8字搓捏運動來給予超必殺快感！8字搓捏配合活塞運動進行（練習就能掌握要領）。

女性最喜歡的腰部擺動是④緊貼進行的畫圓運動（右回轉）。接著是①大幅度動作的活塞運動（激烈的動作很受歡迎），尤其在④的步驟時，恥骨會以畫圓般地強烈搓捏進而舒服地激烈喘息。

■如果覺得撐不住就拔出陰莖

當女生離高潮只差一步時，我卻在此時先一步射精的話就太悲慘了。開玩笑，我怎麼可能射精啊。

不過，如果是有早洩問題或是較為稚嫩的陰莖主人，在這裡不彷就暫時先把陰莖拔出來吧。雖然會讓女生有些不滿，但是對女性來說，與其被嫌棄，讓陰莖冷靜下來對之後的過程也會比較舒服。

當陰莖拔出來之後，用手指替代插入並同時舔弄吸吮陰蒂。我也從陽子小姐的陰道裡把陰莖拔出來冷靜，用兩隻手指一邊揉搓一邊舔弄陰蒂並吸吮來給予極致享受。陽子小姐十分地舒服。

難得已經瞭解女友喜好的腰部使用，陰莖如果快要撐不住的話就毫無意義了。拔出陰莖並用手指替代進入，並同時舔弄吸吮陰蒂。如果已經撐不住的話就不要忍耐地說：「來了！快點！」

此時再交合並按照你喜歡的方式去做。我和陽子小姐的實際體驗採訪，是從容地再度交合，並且逐漸變化體位。毫無疑問，各位讀者也可以透過女友喜歡的動作讓彼此能一起到達高潮。

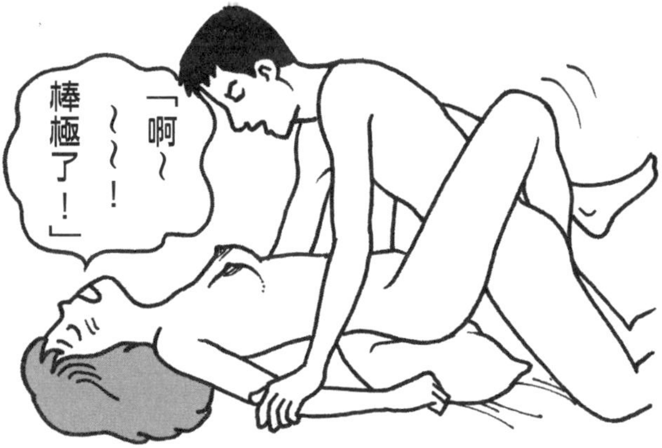

●從抱上形到騎乘位

這是一種性愛的美好流程，感覺好像會舒服到濕成一片。當女友對陰莖仍有渴求，而你卻無法持久的話，就必須建立陰莖的自信。一旦陰莖有了自信，陰道也會變得舒服了。

抱上形是女性喜好可以和男友面對面緊貼進行的體位。男生幫助女生的臀部擺動，或是稍微將女生拱起之後，陰莖就能深入插入並讓恥骨摩擦陰蒂而獲得歡愉。

正是有餘裕的陰莖才能享受體位並讓彼此共享快感。所以從抱上形開始進行，可以的話也可以試著享受騎乘位——騎乘位是對於女性性感覺開發最適合的體位。

■2～3分的抱上形

陽子小姐的胯股之間有如洪水一般氾濫成災。腰部擺動時，溼潤的聲音發出時讓我們都感受到極大的興奮。雖然一開始感覺很明確且有成熟大人的性姿勢，但到了後半部份就整個沉溺在性愛之中。

她因為正常位而把自己性感覺給束縛住了，當我透過抱上形來以手幫助腰部擺動之後，學得很快的她就自己主動持續擺動腰部讓陰蒂能磨蹭我的恥骨。

我的陰莖仍有餘地被擦弄，而陽子小姐卻好像快受不了似地激烈擺動著腰部。如果是這種狀況，只要換成騎乘位就能更激烈地擺動腰部了；或者也可以進行自己最舒服的擺動方式。抱上形大約只有2～3分鐘而已。

●自慰的高潮

陽子的性經驗還不多，所以性感覺並沒有完全被開發出來。因此在那種狀態下還無法達到極限的狀態。

陽子小姐明明透過自慰可以達到高潮，但卻好像還沒藉由性愛來到達過高潮。不過如此舒服的樣子難道是第一次高潮嗎？

如果是我的話，接下來就會透過騎乘位來猛烈擺動腰部以獲得高潮。能讓女性到達無法忍受的地步，那會是多麼棒的陰莖啊。最後再回到正常位的腰高位，進行陽子小姐最有感覺的性運動，在大幅的活塞運動與緊貼畫圓運動的驅使下，感覺好像會舒服到升天了。

引導女性從正常位腰高位換成抱上形。這可說是最一開始的體位。

緊貼著並藉由膝蓋和手來擺動臀部以幫助、促使性運動的進行。她學得很快。

自然地進行上下運動、畫圓運動的她。

大幅度的上下運動

大幅度且淫蕩地擺動臀部的畫圓運動

稍微分離上身之後就能加深插入的深度，陰蒂也會和恥骨緊貼在一起。

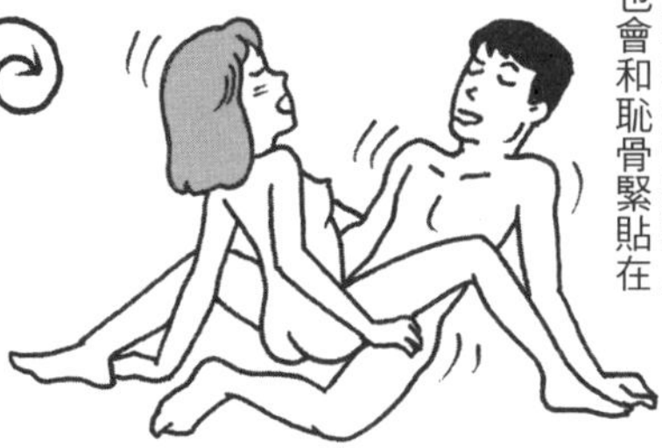

她白然地進行前後運動和畫圓運動，好讓恥骨能夠擦弄陰蒂。

沉溺於快感般上下大幅擺動腰部，並且會發出黏膜摩擦溼潤的聲音。

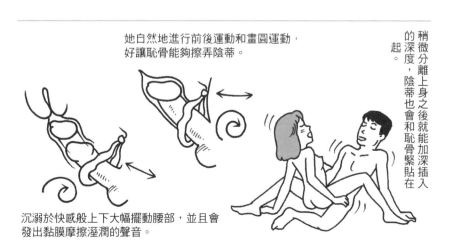

抱上形進行2～3分鐘。為了讓經驗不足的她能夠感受至高無上的快感，轉而進行女性最愛的騎乘位。

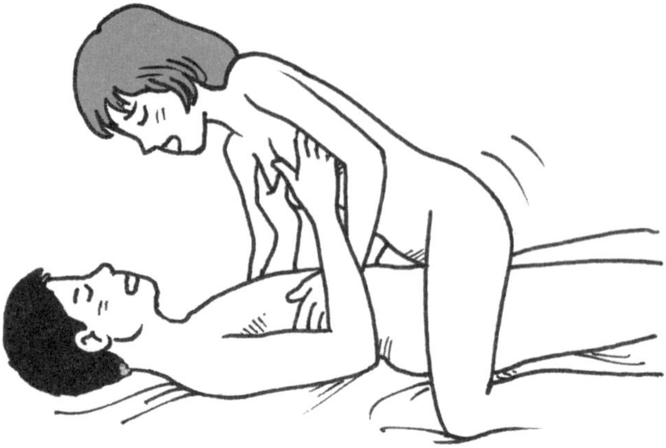

從36頁騎乘位開始的性運動複習

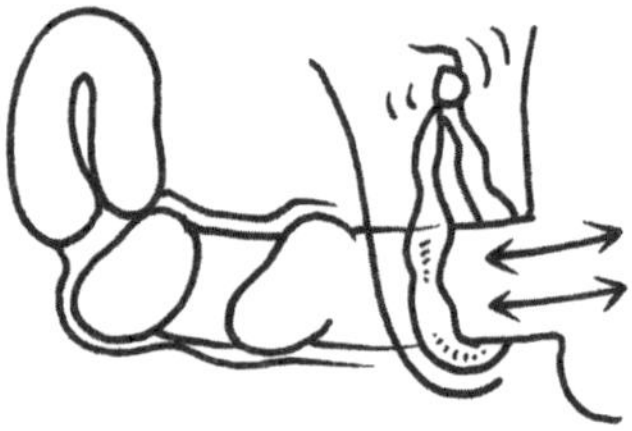

①大幅擺動的上下運動，並同時壓迫陰蒂。

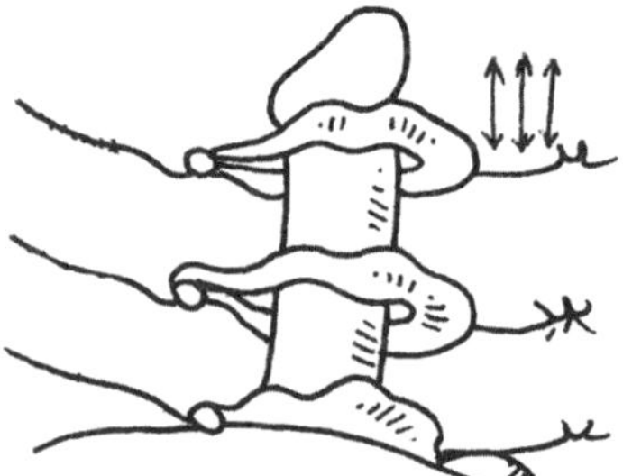

②漸進加速的上下運動，並同時壓迫陰蒂。

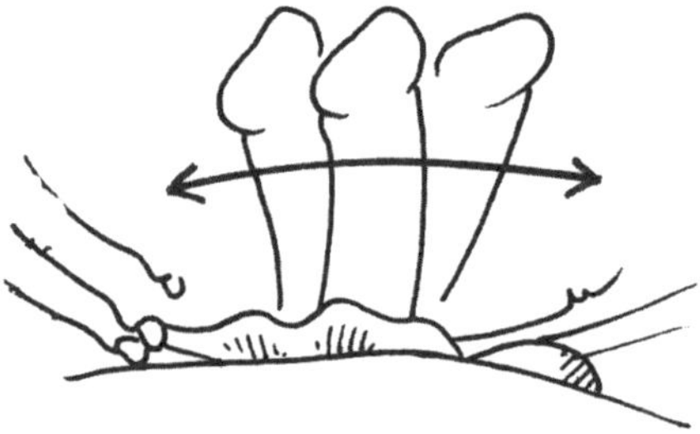

③恥骨緊貼擦弄陰蒂般地進行前後運動。

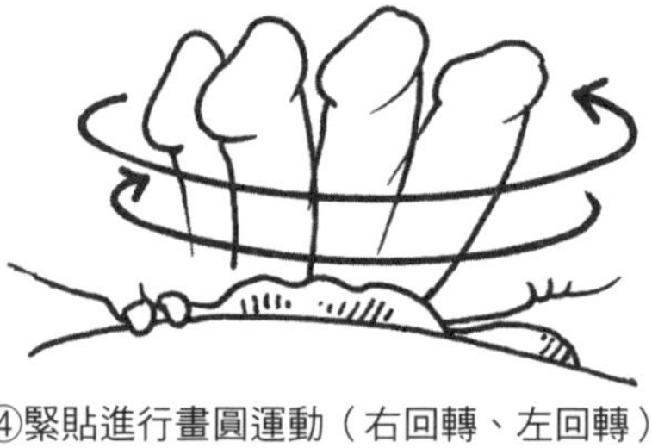

④緊貼進行畫圓運動（右回轉、左回轉）。

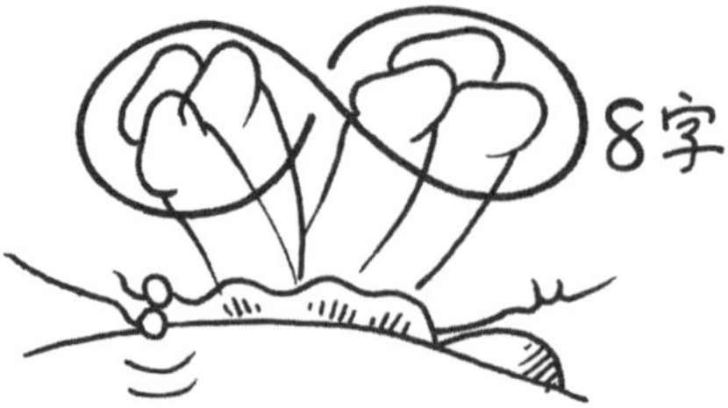

⑤超快感！緊貼8字搓捏運動。

■騎乘位會更快接近高潮

我對陽子小姐陸續嘗試①、②、③、④，在④緊貼進行畫圓運動時，她好像喜歡右回轉的形式。透過緊貼進行畫圓運動來讓陰莖根部可以360度摩擦陰道口，讓花瓣和陰蒂在胯股之間都能被我的恥骨搓捏緊貼在一起，藉以達到快要高潮的狀態。

⑤超快感！緊貼8字搓捏運動是三井京子最愛的性運動，陽子小姐也學會並逐漸能輕易地獲得高潮。這個狀態下的騎乘位大約進行2分鐘就會結束，最後再回到正常位，我也可以毫無顧慮地浸淫在快感之中，並頂進陽子小姐的陰道。

10秒左右之後陽子小姐就立刻直達高潮，稍後我也在陽子小姐高潮的舒服感之中射精了。

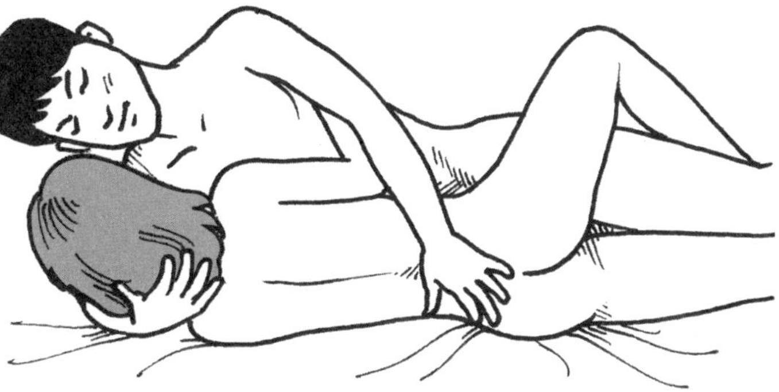

我和他緊貼著並從充足溼潤的陰道讓陰莖不要脫落地用兩手用力抱緊臀部或背部，並180度旋轉回到正常位。

猛烈地往上頂進之後再透過緊貼的畫圓運動，很快地陽子小姐就高潮升天了，而我稍後也舒服地射精了。

■做第2次會更加好色

我和陽子小姐是在情趣旅館中進行實際體驗採訪。她對第一次獲得高潮感到十分感動，笑容也一下子變得可愛又開朗。不知道是不是對第二回合有所期待，她盯著大螢幕的A片看，眼神顯得十分地閃亮。

交合之後到高潮之前並沒有花太多時間。只要有充足地進行過前戲之後，三十秒就高潮也沒什麼好驚訝的。如果怠忽前戲而交合的話，陰莖就會難以持久，而被女性嫌棄不理。

但我們的第二回合所進行的前戲比第一回合還要淫蕩許多，交合時則是從後背位插入。這裡將會介紹其中一部分的前戲。

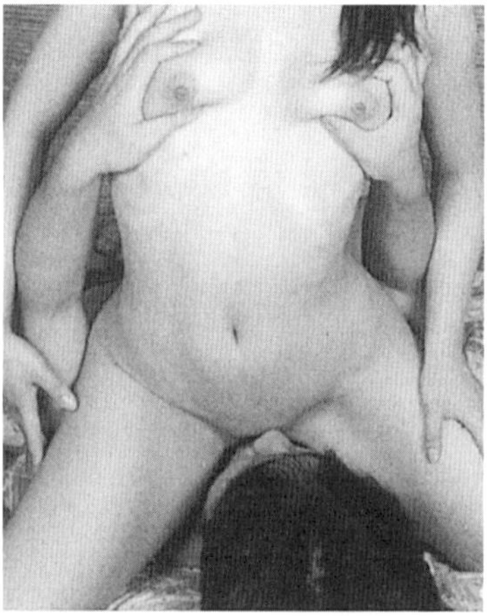
吸吮陰蒂並同時愛撫乳頭。

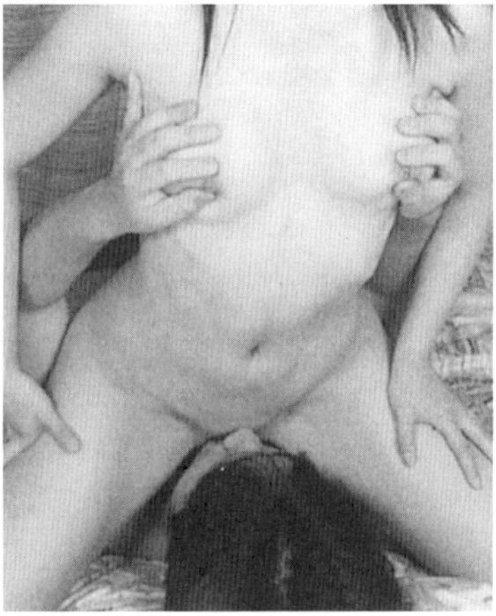
她已經浸淫在快感之中而滿足不已了。

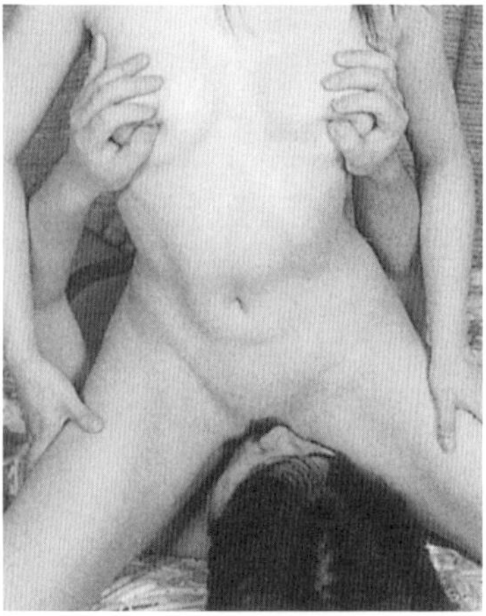
當緊貼住之後就深入含弄住勃起的陰蒂。

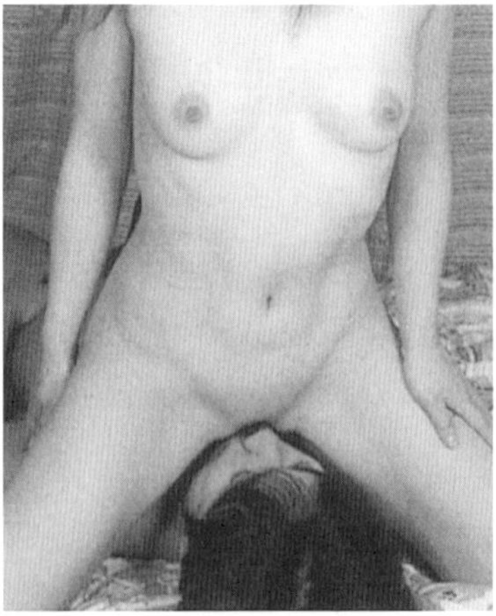
當他滿足之後，這次就集中於陰蒂的快感。

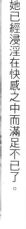

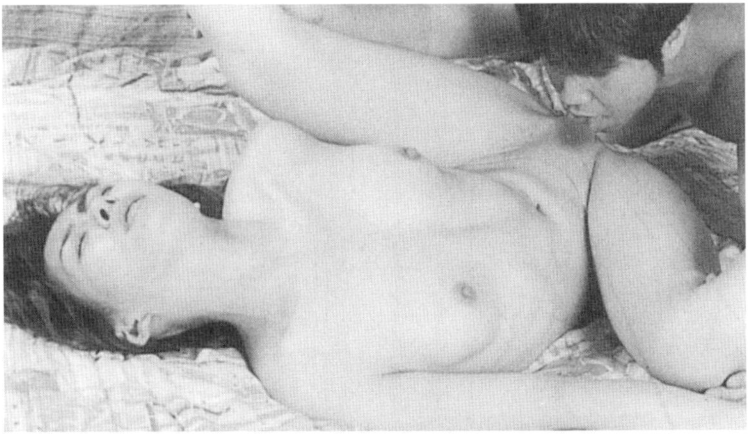

雙腳大開之後，就能帶給陰蒂強大的快感。舌頭微微擺動地舔弄摩擦。

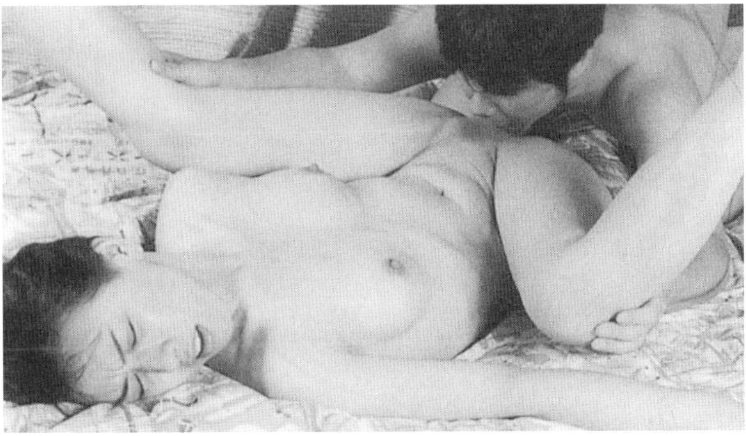

強弱有分地持續吸吮陰蒂。女生下腹部則會輕微地抖動。

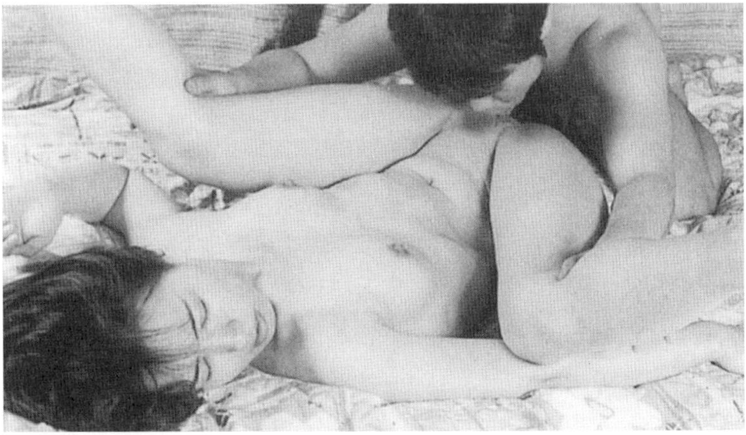

接著將腰部上提並打開大腿，陰蒂變得更容易吸吮時就集中吸吮。

※插圖・文章摘錄自《口交&舔弄高潮指導手冊》

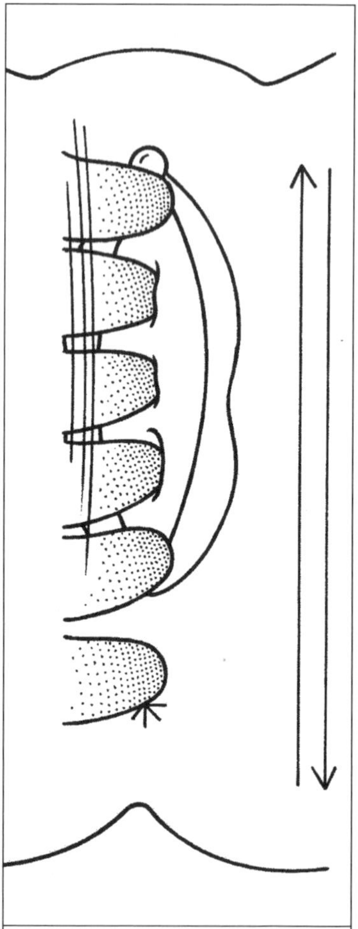

㊹臉部擺於側邊，沿著陰蒂、陰道縫隙到肛門快速地來回舔弄。

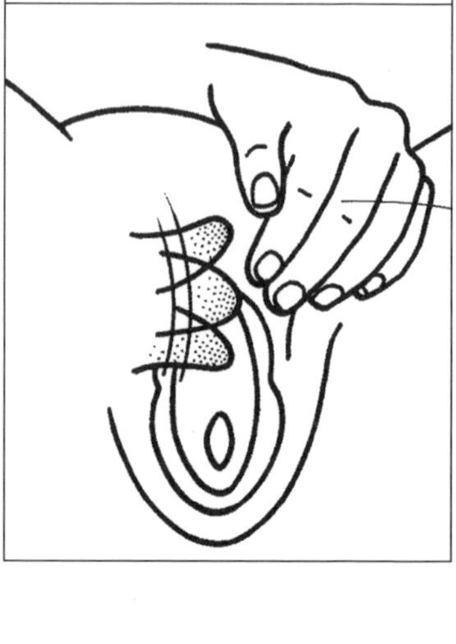

㊺舌頭於側邊舔弄摩擦陰蒂。

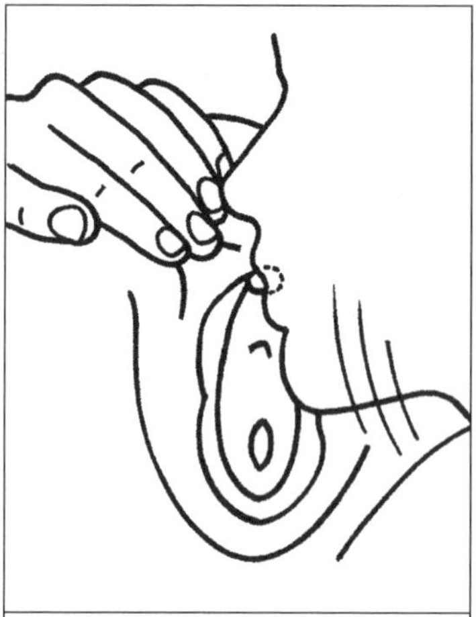

㊻舌頭與上下嘴唇三段擦弄陰蒂。

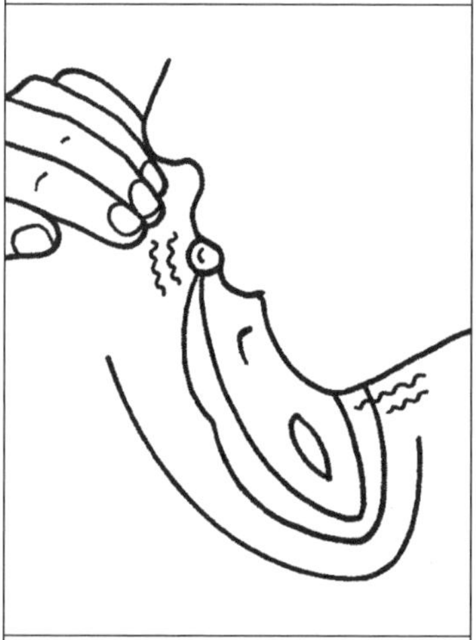

㊼用嘴唇去振動陰蒂。

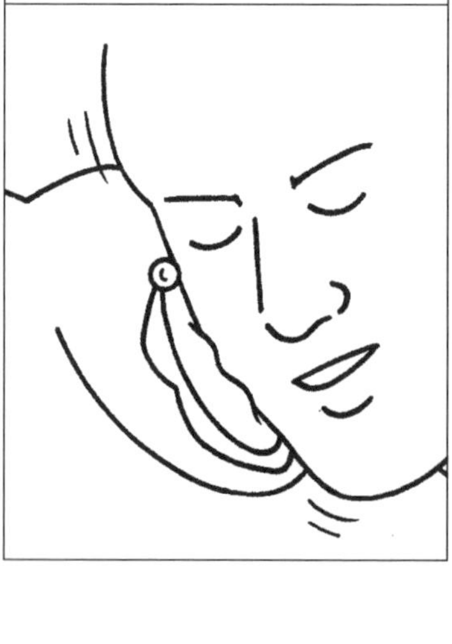

㊽陰蒂和陰道被臉頰滑溜地擦弄。

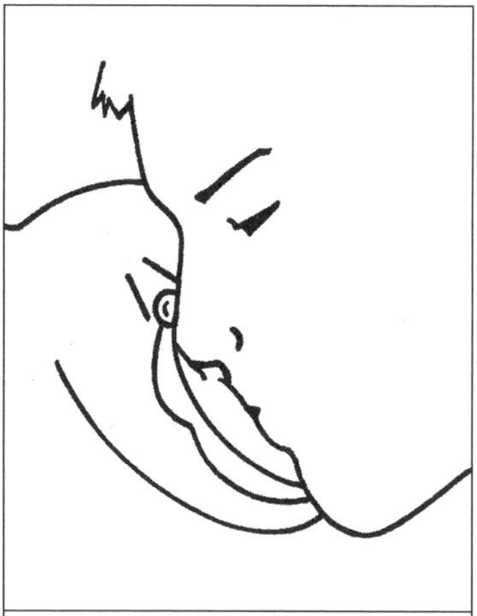

㊾用SM的方式以臉去磨蹭私處。

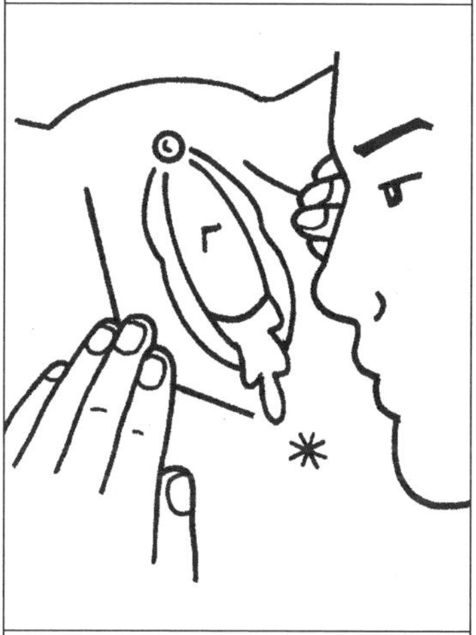

㊿觀賞女生溼潤的私處以獲得興奮。

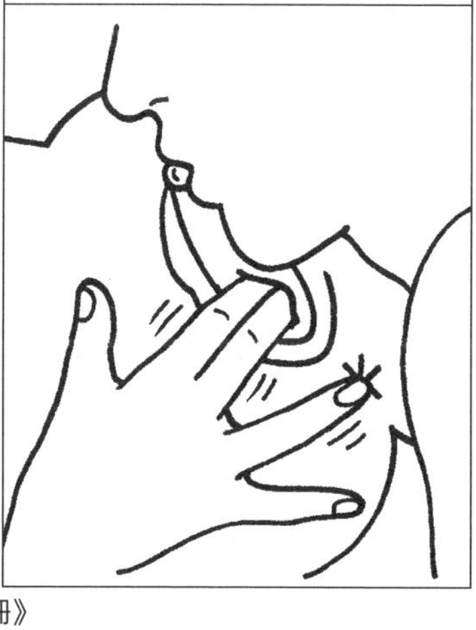

(51)一邊吸吮陰蒂一邊放入手指。

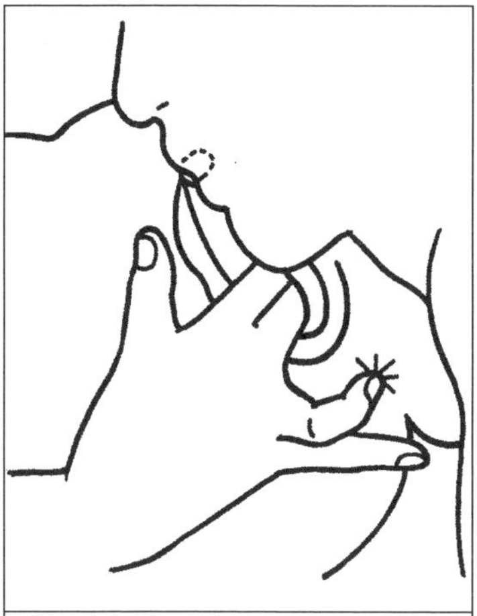

(52)將2隻手指放入陰道，無名指則插入肛門。

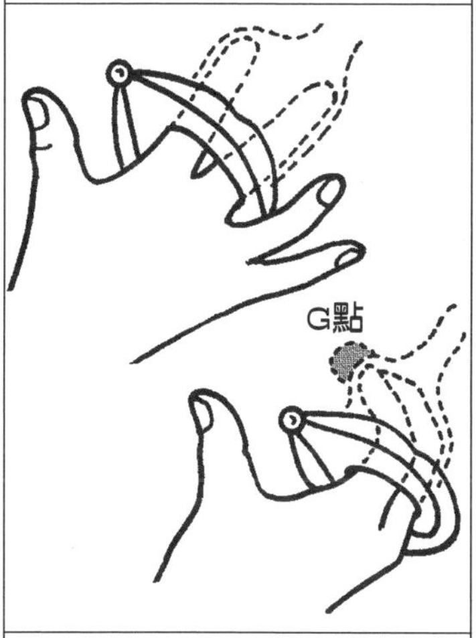

(53)手指撐開或是刺激G點。

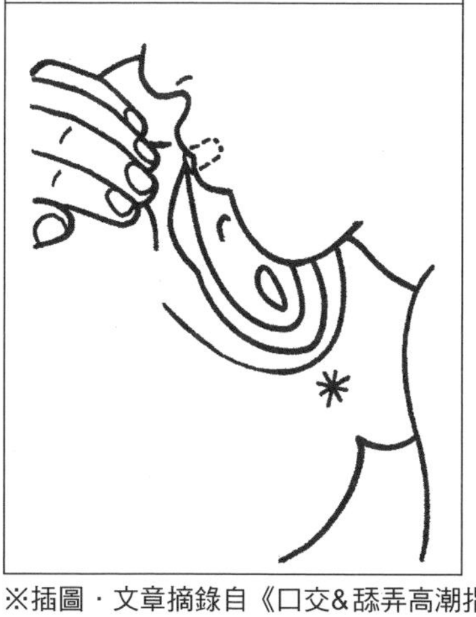

(54)果然吸吮陰蒂還是最棒的。

※插圖・文章摘錄自《口交&舔弄高潮指導手冊》

●狗爬式的淫蕩招式

比起第一回合還要更加淫蕩的歡愉程度讓陽子小姐的私處有如洪水氾濫一般。已經體驗過高潮的她因為實在很舒服，所以即便害羞也會配合著我。

當我要她擺出狗爬式的姿勢時，一邊紅著臉一邊把臀部朝著我，顛倒著欣賞私處，愛液則滲到大腿都濕了。狗爬式的交合會讓女性有淫蕩的氣氛，並能帶來更多的興奮感。

只要在性愛中體驗過一次高潮之後，她就會為了快感而變得大膽，進而讓性感覺更激烈地被開發出來。因此會比第一回合還要更淫蕩地去做愛，效果十分顯著。

正如43頁中所解說的，後背位就能達到基本形①。基本形②則容易有陰道放屁的狀況。這也會讓彼此都很興奮。因此情侶可以按照自己喜歡的方式進行。

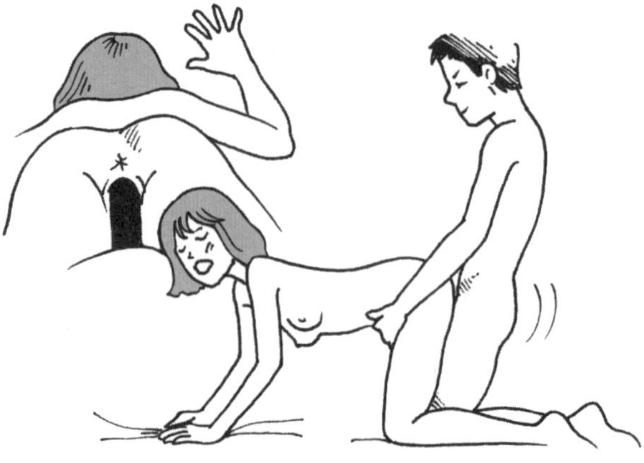

■融合運動並同時揉捏陰蒂

狗爬式的交合讓陽子小姐感到興奮，而我也一樣覺得興奮。陰莖進出陰道並和花瓣纏揉在一起的模樣能夠刺激視覺，並使大腦的性中樞神經興奮，也讓陰莖興奮起來，此外還能興奮地觀望陽子小姐的臀部和背部。

後背位的性愛複合運動中，下面①～⑥的動作請全部嘗試看看。①由於是最有感覺的，所以能夠毫無顧忌地以下腹部頂撞臀部。然而最有效果的性運動是⑥加上融合運動，並同時以手指搓捏陰蒂。

另外，我也喜歡後背位，所以不小心就興奮過頭而快要忍不住了，所以等到差不多濕潤黏滑的時候就把陰莖從陰道裡抽出來。

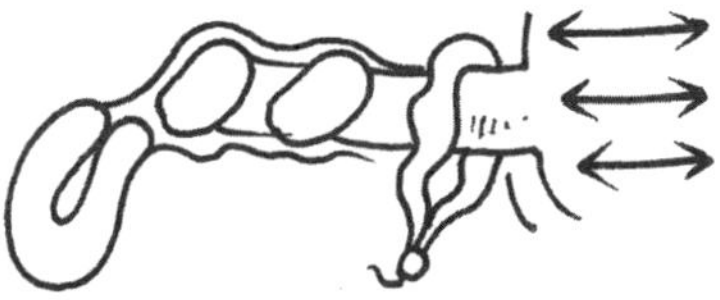

①使用整個莖部去進行大幅度擺動的活塞運動。

②使用莖部中間部位去小幅且快速摩擦的運動。

③陰莖盡可能往內塞入並進行360度摩擦運動（右回轉、左回轉）。

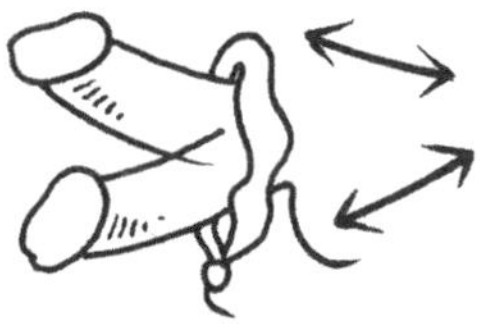

④以陰道口為基點，讓陰莖傾斜角度進行上下運動，藉以增強陰道口的上下摩擦。

⑤以陰道口為基點，讓陰莖傾斜角度進行左右運動，藉以增強陰道口的左右摩擦。

⑥融合運動（男生讓陰莖進行右回轉畫圓運動，女生則讓臀部進行左回轉畫圓運動。逆向操作也可以）。

■狗爬式的舔陰

為了讓陰莖得以喘息，我從陽子小姐後方抽出陰莖，引導至後背位基本形②的姿勢之後，再進行狗爬式的舔陰。

這種體位下的舔陰肯定是很淫蕩的。雖然這樣無法舔弄吸吮陰蒂，但是可以一邊用手指刺激陰蒂一邊舔弄整個私處、會陰和肛門。

由於興奮度提高了，所以只要一點點的刺激也會很有感覺地左右搖晃著臀部。一邊讓手指代替陰莖去插入，一邊擦弄陰蒂同時舔弄肛門。

手指的動作可以參考性愛複合運動的陰莖動作。

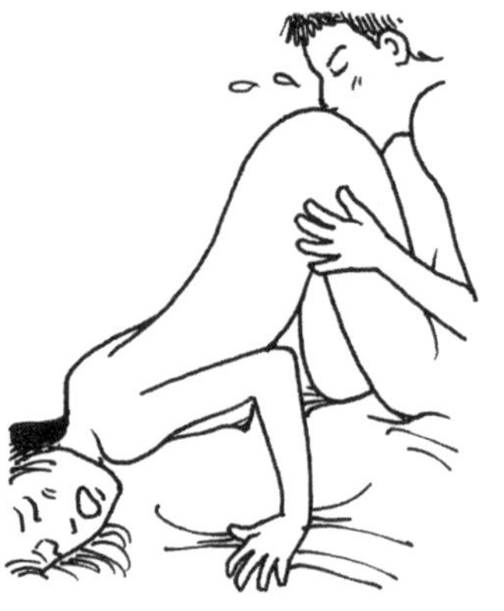

引導至後背位基本形②的姿勢之後，再抬高臀部。這是一種讓彼此都興奮的體位。

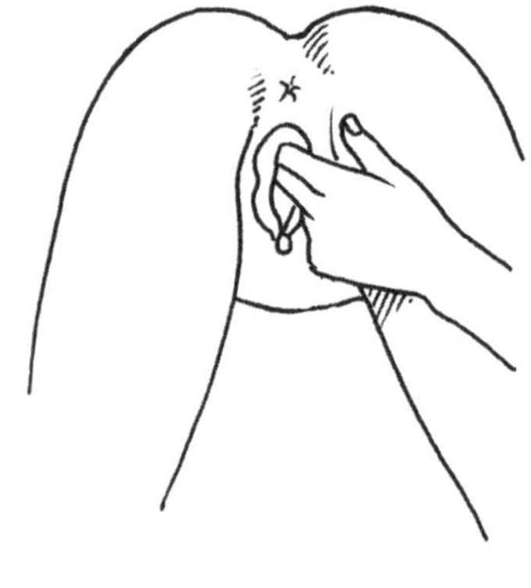

透過手指的插入，空氣就進不去陰道裡。不需要擔心陰道放屁。

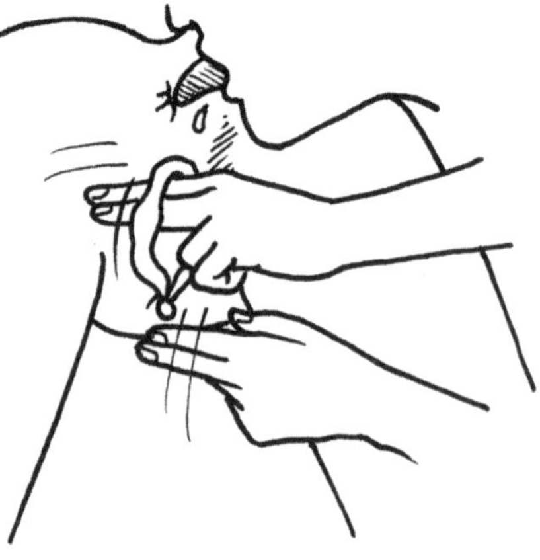

在第二回合時有更淫蕩的性愛過程。我從陽子小姐後方擦弄陰蒂，並同時放入手指，讓陰道、會陰和肛門也被舔弄摩擦，而她也因此開始左右搖晃自己的臀部。體驗過高潮的她不論是什麼姿勢都能做。

■陽子小姐、想怎麼做？

一邊進行從後面來的行為，一邊問她「陽子小姐，想怎麼做？」的淫蕩問題。

對真的有感覺的女性問這個問題。真的想被怎麼對待或是想怎麼做都會直接說出來。這都會拜高潮之賜。

她當時對我說：「我想要含辰見老師的雞雞」。這是女性的真心話。

一旦被高潮拘束住，而真正感到舒服之後，也會想要讓男生獲得歡愉，這就是母性本能的驅使所致。

因此，我就先讓她幫我口交，而她也配合我的要求進行「仁王立口交（我挺直站立著，她跪在我面前幫我口交）」。這讓我獲得十足的歡愉。

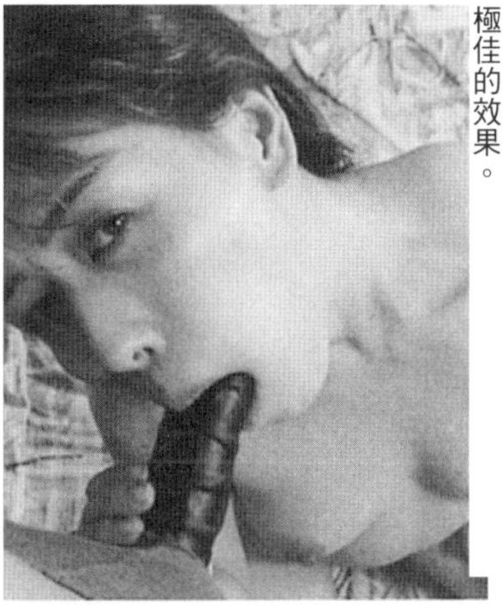

一邊擺動臉部一邊看著他的眼睛的話會有極佳的效果。

舔弄陰莖以刺激他的性中樞神經。

再一次閉上眼睛並大幅度地進行活塞運動

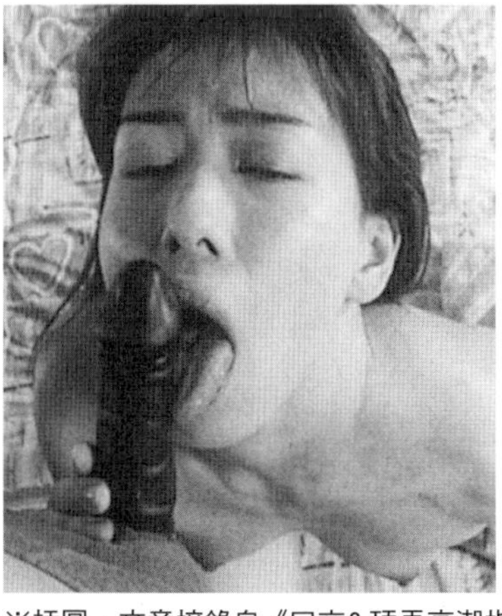

口交的基本在於吸吮舔弄吸吮舔弄……

※插圖・文章摘錄自《口交&舔弄高潮指導手冊》

■「想在上面做……」

第一回合中有些生硬的她因為我讓他進行仁王立口交，而使她變得更加淫蕩，她也淫蕩且舒服地吸吮舔弄著我。性愛只要愈淫蕩就愈能興奮歡愉。

一邊讓她進行仁王立口交一邊試問她「接下來想怎麼做呢？」，漲紅的臉龐把陰莖抽出嘴巴，並一邊摩擦陰莖一邊說：「想在上面做……」

我遞給她保險套並仰躺著，接著她一邊興奮地拆開封套，一邊雙手顫抖地套上陰莖。並沉溺於快感的漩渦之中。

使用騎乘位的陽子小姐所喜歡的性運動是大幅擺動的激烈活塞運動，以及緊貼進行的右回轉畫圓運動。此時她完全浸淫於快感之中。如果對快感難以忍耐的時候，再一次把陰莖抽出來也無妨。再一次仰起插入手指進行舔陰，接著再進行喜歡的體位。

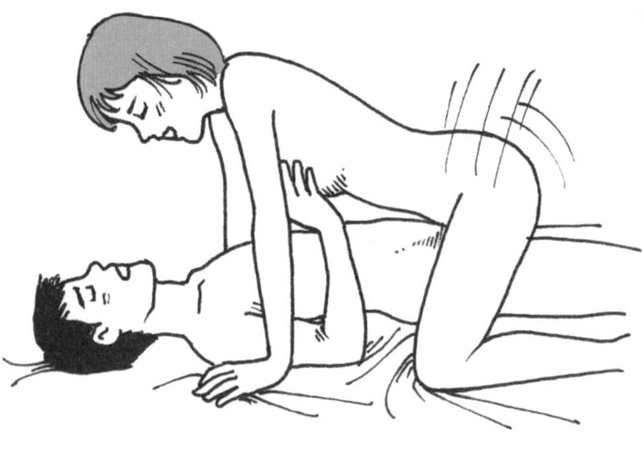

我和不懂得收放的她進行了激烈的活塞運動。她猛烈地擺動腰部，頭髮也因此被撥亂了，她胸部晃動的模樣也讓我的陰莖舒服不已，這樣的視覺刺激實在太強了。第二回合時，兩個人幾乎是同時昇天的（？）

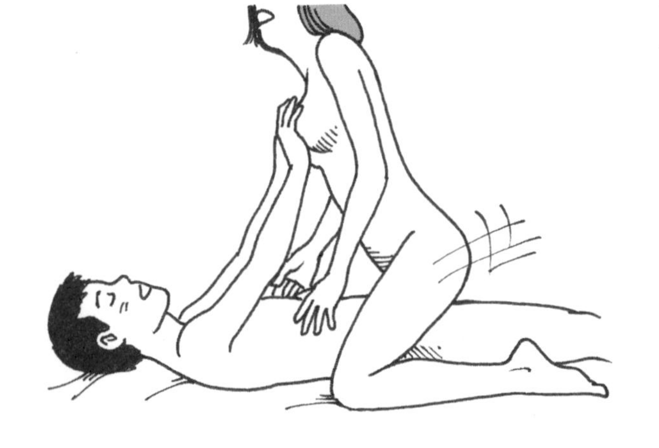

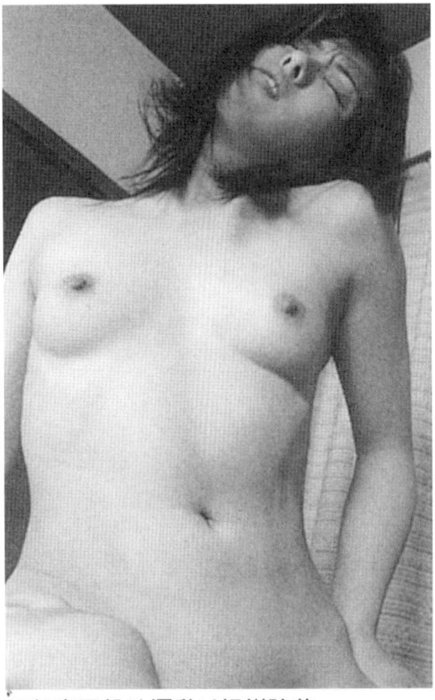

腰部畫圓般地擺動以揉搓陰蒂。

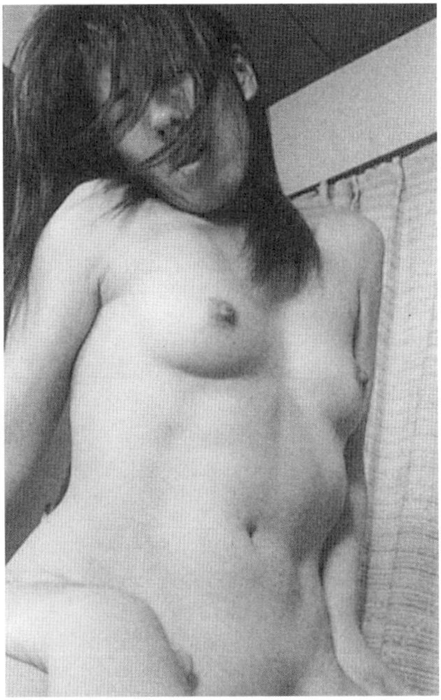

腰部滑溜地往下沉的瞬間得到至高無上的快感。

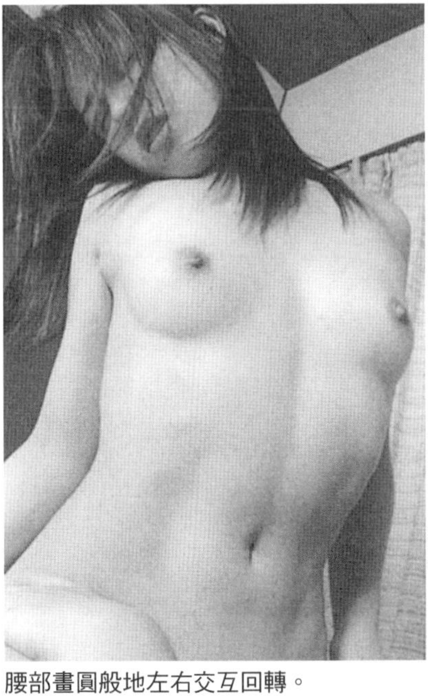

腰部畫圓般地左右交互回轉。

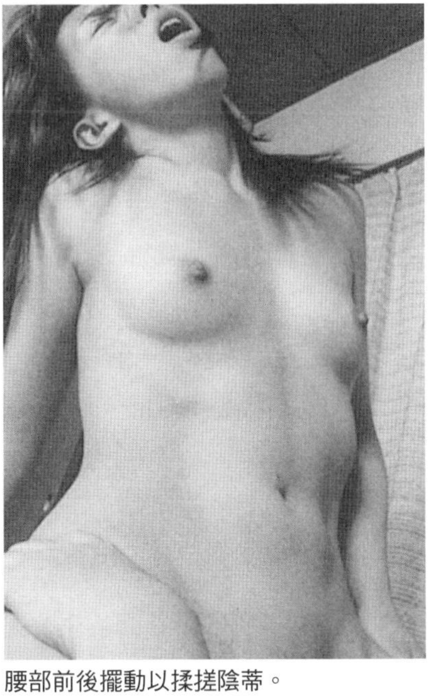

腰部前後擺動以揉搓陰蒂。

※插圖．文章摘錄自《口交&舔弄高潮指導手冊》

當快要高潮時，腰部就要前後快速擺動。

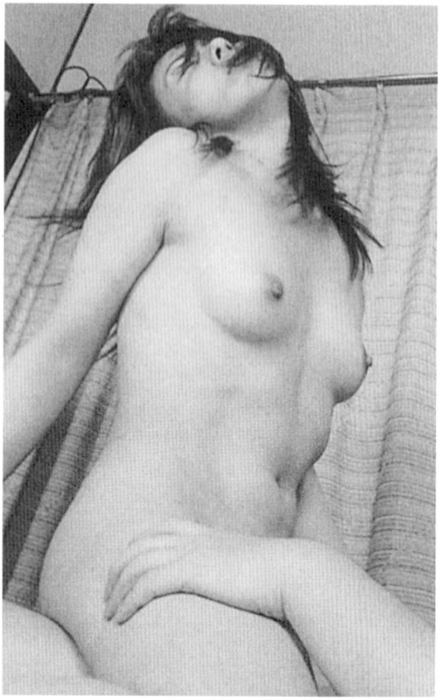

上下擺動腰部時陰道口和深處的快感會增強。

高潮的瞬間就會感到無比幸福「啊～～嗯！……」

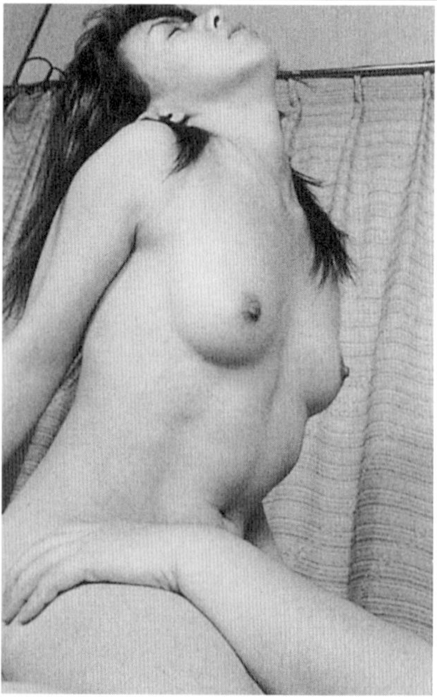

腰部微微前後擺動時陰道口也會很舒服。

●性愛的前戲要佔80％

性愛的前戲要佔80％。性經驗不多的陽子小姐突然被引導至高潮的原因就在於辰見老師的前戲很黏人，而且令人興奮又舒服。

只要被高潮制約住，性愛中女生會變得大膽又淫蕩。理智且拘謹的陽子小姐也體驗了高潮，而且好像因此改變了她的人生觀。

我也嚇了一大跳，她居然因此變得如此開朗美麗。和辰見老師的實際體驗採訪應該是十分地舒服吧。在做愛的過程中變得積極之後，好像對任何事情也會變得比較積極了。

她是一名OL，最近好像也常被公司裡的人稱讚她變美了呢。她好像也收到許多單身男同事的邀約，過得還蠻開心的。

下頁開始會收錄我和陽子小姐的對談。女生之間淫蕩的真心話將會被赤裸裸地發表，我覺得這可以作為各位男性讀者的參考喔。實際體驗採訪中，像那樣子被舔弄私處、那樣子去舔弄吸吮陰莖好像也都是她的第一次呢。

■性愛的交合時間短

正如上面身為女性的三井京子所提到的「性愛的前戲要佔80％」，從性愛的時間來看也可以說是一樣的道理。若從整體來看的話，交合時間會相對較短。

從性經驗不多的陽子小姐來看，花一些時間來進行前戲，讓她感覺舒服之後羞恥心也就煙消雲散，進而能大膽張開雙腳去感受歡愉了。她的口交一開始也是很生硬，但是舒服度關係著大膽的程度，因此之後她就能貪婪地舔弄吸吮而興奮不已了。

前戲佔80％而剩下的20％若能依照本書去實行的話，您的陰莖堪稱完美也不為過。此外對於陰莖沒自信的人，建議可以閱讀第三章的「能夠擁有女孩喜歡的陰莖。」並在此多下點工夫。

●陽子與京子的女人真心話

京子／現在我把陽子小姐請來我的公寓裡開始對談。我們喝了酒並開始錄音採訪。比起上一次見面，你這次變得更加開朗、時髦又美麗了。看來你應該有一些舒服的性愛了吧～。

陽子／呵呵呵呵，你懂！現在所經歷的性愛都是舒服的。京子小姐的房間有好多令人害羞的雜誌和書喔。那個東西是情趣玩具嗎。

京子／是啊，我很常用喔。我收集了很多種，喜歡的話你可以拿走一些，就當作伴手禮吧。啊！那些都是沒用過的喔。這個真的很厲害喔，陰道裡、陰蒂和肛門都能同時被刺激到。真的～只要1分鐘就會高潮了。

陽子／哇～好厲害。哈哈哈哈，感覺好像變有趣的。我拿了這麼厲害的東西真的可以嗎？你應該很愛一些淫蕩的東西吧。對了京子小姐，辰見老師過得還好嗎？因為那個人，讓我的人生觀有了很大的變化，現在的生活真的快樂得不得了。京子小姐有跟辰見老師做過愛嗎？

京子／這樣說可能你不會信，我和辰見歐吉桑（失禮了）什麼事都沒發生。雖然一起撰寫過給性愛書，但我們身處的環境和一般人不同，所以可以坦率明確地交談關於性愛的事情，或是進行採訪，如果到現在才要發生關係的話，可能會有點尷尬吧。

　話雖如此，那位歐吉桑又色又頑固可健康的很呢～。不過我對他第一印象倒是看起來像個穩重又有紳士風度的人。而他對性愛毫不客氣的樣子也讓我很舒服喔。

陽子／是真的嗎？你們什麼事也沒發生實在太難以置信了？因為京子小姐和辰見歐吉桑（有點醉了）如果做愛的話，那一定會很舒服的不是嗎？好想看看喔。

　我最初原本想要拒絕體驗採訪的。不過讀了歐吉桑（辰見）寫的口交和舔陰的書《口交&舔弄高潮指導手冊》真的興奮到好想要做愛喔。

　書裡收錄了好多照片，光是看，私處就熱到都濕了。如果像這樣子舔弄吸吮私處、這樣子舔陰莖的話一定很舒服，光這樣想就會想要跟歐吉桑做愛了。

　體驗採訪當天和歐吉桑見面，就像京子小姐所說的一樣，他看起來很有紳士風度也不會油腔滑調，第一次就讓我有了高潮的預感。接著我就去沖澡把私處洗乾淨，第一次被歐吉桑舔弄之後像是全身觸電充滿電流一樣。

京子／陽子小姐，沒事吧？你的臉紅了耶。你應該是想到實際體驗採訪的事又興奮起來了吧。我能遇見你實在太好了。好像可以來個3P喔。對了、對了，我可以問你覺得哪裡讓你感覺舒服了嗎？

陽子／一開始雖然很害羞，但是被用嘴巴和手揉弄胸部和乳頭，就一點一點地愈來愈舒服了並開始濕了，乳頭被嘴巴和手含弄，私處敏感的地方也被滑溜地玩著，真的第一次覺得男人真的好棒。

　那裡被弄得很舒服之後，腦海裡就浮現了那本口交和舔陰指南書的照片，因而變得更加期待，那裡也害羞地濕成一片。歐吉桑把我的雙腳打開，並且突然用嘴吸吮我敏感的地方。

京子／應該很舒服吧。聽得我也興奮起來內褲好像濕了。真是令人羨慕啊～。

陽子／我的內褲是真的濕了。因為只要被那樣舒服地對待，就會瞬間覺得身為女人真是太好了。我的腳呈M字大開並且一邊被吸吮舔弄敏感的地方，一邊用雙手伸到乳頭那兒，時而搓揑、時而輕扯又時而扭轉。啊～京子小姐，我那裡已經熱起來了。

京子／聽得我才是私處都熱得發燙了。我要繼續問下去。在這之後發生什麼事了。

陽子／總之他的舔弄方式真的很厲害。我一感覺他猛烈吸吮著敏感處，接著馬上就用舌尖頂弄敏感處。這個過程也花了很長的時間。接著從敏感處到肛門都被大肆地舔弄。

　因為我是第一次被那樣長時間地舔弄吸吮，自己也為此感動地發出很誇張的聲音。我覺得自己已經沉溺在快感之中。他照著口交和舔陰的指南書那樣舔弄吸吮著我，接著也教我口交的方法。

　作為讓我舒服的謝禮，我也拼命地幫歐吉桑口交。那種極度興奮的滋味實在太美味。我縮著嘴，用舌頭去用力貼著龜頭內側，他也教我橫向口交的方法。歐吉桑也對我說了「好舒服啊！」我則開心且忘我地吸吮著他。

　他教了我69式。雖然我也有過性經驗，但是去要求用嘴巴含住陰莖的口交我還真是說不出口。京子小姐，你知道69式的歡愉真諦是什麼嗎？

京子／我知道啊。我覺得69式真的很興奮又舒服耶。此外當我一體驗之後，單獨只有口交或舔陰的快感就會降低，反而很多時候都很令人失望。

舉例來說，單獨只有口交就是像陽子小姐對辰見歐吉桑所做的一樣，為了讓陰莖感覺舒服就拼命地專注在快感的給予上吧。辰見歐吉桑雖然是歐吉桑，但我想他大概還是會一邊用好色的表情看著你，一邊專注在陰莖的快感之中。

因此辰見歐吉桑可是沉浸在超快感之中。反而辰見歐吉桑在幫你舔陰的時候，歐吉桑的所有神經都集中在給予陽子小姐快感了。他說兩邊都可以同時感受到。當陽子小姐專注於獲得淫蕩舒服的舔陰快感之後，就會感受到很厲害的歡愉程度。

那麼，要說到69式的真諦了。彼此同時互相舔弄彼此的性器，因此原本就會帶來極大的興奮與歡愉，但是必須專注其中也是這個招式的問題。

雖然陽子小姐是被辰見歐吉桑說了才發現的，但是一開始吸吮舔弄辰見歐吉桑的陰莖，而辰見歐吉桑也同時舔弄吸吮陽子小姐的私處吧。然而卻沒有因此感到極大的舒服感。

陽子／的確如此。我真的被歐吉桑這樣說了。「一邊專注在私處並獲得快感，一邊品味陰莖的感覺並舔弄吸吮。」

當歐吉桑專注於舔著我的私處之後，感覺很舒服，而且品味陰莖的感覺也是一種令人興奮的滋味，既愉悅又興奮。

京子／陽子小姐可能不知道，但是在性工作場所裡使用女性上位的69式是最可以讓男人射精的招式。

性工作場所裡使用的69式中，性工作者會集中在給予客人陰莖的快感上，客人也會一邊專注於陰莖的快感，一邊舔弄吸吮著性工作者的私處而感覺興奮，客人會感受到極大興奮並且使快感度提高。如此一來很快就會忍不住把精液射在性工作者嘴裡了。如果性工作者能品嘗著陰莖並專注在私處的快感時，那應該會很舒服吧。但這種事情是不可能發生的。

陽子／噗！射在嘴巴裡嗎？沒有戴保險套嗎？

京子／一般來說會在客人不注意的情況下巧妙地把保險套帶上去，不過依服務項目的不同有時也會直接射在嘴裡。

陽子／京子小姐也曾被射在嘴裡嗎？

京子／有啊。雖然不濃但是喉嚨會變得很黏稠。雖然只會讓很喜歡的對象這麼做，但是男人就是愛這樣啊～。

陽子／我下次也要試試看被射在嘴裡。那就直接吞下去嗎？不會很噁心吧？

京子／在性工作場所裡會依服務項目而有時會把精液吞進去，不過我吞進去就覺得蠻噁心的。不過體驗過一次也無妨吧。話說我們是在聊69式的事情吧。怎麼講到那裡去了。

陽子／順其自然就變這樣了。歐吉桑一邊品嘗我的私處，一邊興奮地專注在陰莖的快感中。當下我也一邊品味著歐吉桑的陰莖，一邊也專注於私處的快感中，如此一來我也覺得興奮又舒服。

　京子小姐沒和歐吉桑做過愛應該不會了解吧。不過歐吉桑的皮膚蠻白的，全裸之後就顯得更白了。陰莖那裡的顏色也沒那麼暗沉。龜頭還是粉紅色的呢。

京子／哈哈哈哈哈，嘻嘻嘻嘻嘻。笑過頭了，我肚子都痛了。哈哈哈哈哈。那他的陰莖很雄偉嗎？

陽子／哈哈哈，呵呵呵呵。我覺得比現在交往的對象還要小耶。

京子／這份原稿可能要修改過才能放進書裡吧。我先問問妳和辰見歐吉桑的實際體驗採訪過程吧。

陽子／我們用69式，有時候我在上面，有時候他在上面實在很激烈。接著他也幫我舔陰，讓我那裡變得非常溼潤。

　當時我就覺得肯定會達到高潮。和我同年代的男性絕對無法做到這麼舒服的地步。京子小姐，你和這個歐吉桑一直來往卻沒發生關係實在可惜了。

　我變得對陰莖渴望到無法自拔的地步。啊，真討厭。內褲都溼透了。京子小姐，我好像有點醉了。那裡好熱變得好奇怪喔。我可以摸嗎？我會很奇怪嗎？

京子／請便、請便。我已經習慣這種事情了，這也不是什麼奇怪的事情，請安心地摸吧。陽子小姐看起來還蠻醉的耶。不過好像很開心喔。

陽子／啊……真的好濕了。啊～好舒服……歐吉桑發現我很渴望陰莖的樣子，就把陰莖頂到我眼前並戴上保險套。「想要這個的話就說出來啊」歐吉桑說了這樣淫蕩的話。因此我也這麼說了：「陰莖，這裡想要陰莖」，真的很興奮。

　陰莖進入陰道的那一瞬間，陰道口那裡有一種至今為止從沒感受過的快感。陰莖在裡面用許多不同的方式動來動去。

在我那鮮少的男性經驗裡，只是一直被抽插而已，現在可以有這樣多變化的動作實在太感動了。歐吉桑在進行的時候，我那裡就發出一陣陣淫蕩的摩擦聲。京子小姐，那時在太舒服了。呵呵呵，真是舒服又開心啊。

京子／理智又成熟的陽子小姐在我面前撩起了短裙把手放進內褲裡面，用手指磨蹭著陰蒂，辰見老師應該也想不到會有這種事發生吧。

陽子小姐，我知道那樣很舒服，不過我們還是先繼續談吧。之後姊姊會用按摩棒好好地幫你服務一下。到時候你會舒服到一分鐘就高潮了。

陽子／真的！我可以叫你姊姊嗎？

呵呵呵～，如果能被這個按摩棒（放進陰道的部位是一顆大珍珠球，它會在裡面旋轉，而前端部位則會裡面攪動，是一種同時能刺激陰蒂和肛門的高級產品）弄的話應該會很舒服吧。

他插進我的陰道裡時用許多不同的方式動來動去。每一個動作都很舒服，不過特別能讓我舒服的是激烈的活塞運動和緊貼進行的畫圓運動。歐吉桑也很清楚，所以就用活塞運動一直弄我。

尤其在畫圓運動的時候，歐吉桑的恥骨像畫圓般地揉搓著陰蒂。陰道口很舒服，陰蒂也一樣很舒服。這才讓我真正感受到成年人的性愛方式。

我曾認識一個男生一個禮拜就跟他上床，他愛撫到我有點舒服之後就立刻插進來了。插入不久就粗暴地往上頂進，雖然這種粗暴的感覺也讓我很興奮，但是他在我有感覺之前就射了。而且那時候他並沒有戴保險套，讓我很擔心懷孕而對他感到厭煩，實在太差勁了。所以就跟他分手了。

辰見歐吉桑的性愛才是最棒的。他可以幫我舔弄吸吮私處，讓我享受有如高潮一般的感覺，陰莖也可以讓我的陰道獲得歡愉。

如果是歐吉桑的話，雖然我覺得他就算一直插入到最後都還是可以持久下去，但如果是稚嫩的陰莖的話可能就撐不了那麼久了（笑）。不過，他的陰莖就算拔出來了也可以讓我很舒服。各位男性讀者們，就算把陰莖拔出來也ＯＫ喔～。取而代之就要好好地舔弄吸吮私處喔。我已經愈來愈像是一個好色的女人了。

歐吉桑如果把陰莖拔出來，他

就會淫蕩地舔弄我那已經水潤無比的私處。歐吉桑真的很色，但是也讓我既興奮又舒服。光是想到這個我的愛液就會一直滲出來。

啊，我忘了說了。我有在腰那裡放一顆枕頭，所以就覺得有插入到深處。在腰部放枕頭真的好性奮。

腰部有枕頭墊著，我的腳被大大地打開呈M字形，他仔細地、直接地、淫蕩地舔弄著我那已經氾濫成災的私處。歐吉桑真的很會舔。

京子小姐應該很羨慕吧。我現在已經心癢難耐到什麼下流的話想也不想地就說出來了。

「來！快一點！」我好喜歡讓我說出這種話的歐吉桑（笑）。之後又換成正常位插入，然後用我喜歡的腰部擺動方式進行，讓我獲得至高無上的歡愉。接著用抱上形，這個時候歐吉桑也教我找到自己覺得舒服的腰部擺動方式。

其實我之前只有用過正常位做愛。因此厲害的歐吉桑引導我讓我獲得最棒的興奮感和歡愉。當我那裡溼潤地擺動腰部時，就會發出一些令人害羞的聲音，讓我好興奮。

接著我被引導至騎乘位的時候，私處有一種奇妙的舒服感，讓我對騎乘位都用上癮了。現在我和正在交往的男友做愛時，也會騎在他的身上（微笑）。騎在身上覺得很有趣又舒服。

上下運動的時候很舒服，前後擺動腰部時可以摩擦到敏感的地方，也很舒服。之後，歐吉桑用恥骨擦弄似地以腰部畫圓擺動，也讓我很舒服。

總之真的就是又興奮又舒服，真的很感動。私處也感動地濕到出乎我意料之外的地步。簡直像是在漏水一樣。這算是潮吹嗎？不會吧。

歐吉桑為了不讓陰莖脫出，他旋轉著又恢復為正常位。接著他激烈地往前頂，緊貼地揉搓著敏感的地方，恢復成正常位不久就到達極佳的高潮了。

第一次到達高潮實在太感動了，不久歐吉桑也興奮地呻吟而射精的時候，我就從下面用兩腳纏住他並用兩手緊抱住他。

那次的高潮改變了我。我像是從遇見歐吉桑的陰莖之後才有身為一位成熟女性的感覺。那時我不假思索地就坦率地說出「辰見老師，謝謝你。真的很舒服。」

在情趣旅館裡，螢幕上大大地映出A片的畫面，在這樣瀰漫著情色的氣氛中接受實際體驗採訪而體驗到真正的高潮。對我而言是一個背離現實的世界，實在很療癒。

京子／我懂喔。身處在現實世界中，但又能浸淫在非現實世界裡的確很療癒身心。

辰見歐吉桑和我以及從一般人的眼裡來看，也會覺得那是一種非現實的世界吧。因此，陽子小姐會浸淫在辰見歐吉桑的實際體驗採訪的非現實世界裡，且在我的房間裡把手伸進內褲磨蹭陰蒂也是處於非現實的世界。等一下用按摩棒讓你高潮也是一種非現實的世界喔。

我所認識的性工作者裡也有人在白天都是現實世界的ＯＬ。到了晚上就成了非現實世界的真實性工作者了，那可都是真實存在的事情。因為她就是喜歡男生騎在她上面擺動腰部的感覺。從她白天當ＯＬ的樣子實在難以想像。

為了射出那一點精液，那麼拼命地抖動屁股的樣子其實也蠻可愛的。

也有一些參加換妻同好會的年輕夫婦，或是大開亂交派對的女性公務員，大家都是在白天的工作大放異彩的人，他們很有拿捏地區分了現實和非現實的世界喔。

陽子／哇，真的嗎？好厲害。京子小姐真的知道好多事喔。我也想要偷偷去看一下那些地方耶。拜託你了。

京子／真拿你沒辦法呀。不過你要好好地分清楚現實和非現實的世界啊。

就我所知道的，拋棄現實世界沉溺於非現實世界的女性也是不在少數的。他們的下場都很悲慘喔。你可別變成那樣啊。

陽子／沒問題的。我白天也是個努力工作的ＯＬ。

京子／不過，最近的小孩和大人真的很奇怪耶。以前是青春的女大生會加入性行業，但現在低齡化到女高中生就開始援助交際，或是女中學生的援助交際，現在居然換成小學生用販賣內褲來援助交際，甚至連唾液、頭髮都能賣。

街上的女中學生現場穿的內褲就是賣到一萬日圓，像這樣被大人們喊價喊到用一百日圓買的內褲被以一百倍的價格賣出，這對沒辦法打工的女中學生而言。感覺就像一種高獲利的打工一樣。

陽子／一百日圓的內褲居然變成一萬日圓，我也想要買了。才怪啦（笑）。我實在不懂用一萬日圓買小學生內褲的男人，不過若是偶像團體的Ｋ藝人的話我就想買沒有洗過的內褲，而且是包覆過Ｋ的雞雞的內褲應該會讓我興奮吧。這樣就可以一邊聞著K的內褲味道，一邊想像K硬起來的雞雞並用按摩棒自慰了。

京子／這種感覺，我懂我懂。我也想要K演員的內褲。一邊聞著味道一邊想像勃起的陰莖，就會變得好想要真實的陰莖了。我們的對談整個大離題了。回到主題吧。陽子小姐，第二回合發生什麼事了？

陽子／第二回合在休息30～40分鐘之後就開始了，但是辰見歐吉桑還是很有活力耶（笑）。歐吉桑幾歲了啊？

京子／他應該已經51歲了吧。這個年紀的身體其實鍛鍊得還算不錯。應該有做肌肉訓練之類的吧。他好像沒有服用威爾剛，但會比吃了威爾剛還要威猛的原因應該就要歸功於陽子小姐了吧。

　那個歐吉桑就算再怎麼漂亮的女生，如果長得像AV女優的話，他的勃起程度好像就不會太好。不過他喜歡像陽子小姐這樣清新漂亮的類型，所以勃起的程度應該會很好。陽子小姐的私處舔弄方式應該也很厲害吧？

陽子／什麼～是這樣的嗎？如果是因為我而興奮勃起的話，那我還真的很開心。舔弄的方式也很厲害，那樣淫蕩的方式實在讓我既興奮又舒服。

　他把我的陰道撐開，吸吮舔弄著敏感的地方，並且用舌頭插入到裡面。接著歐吉桑的臉就橫著並用舌頭貼附在敏感的地方。那真的很舒服，歐吉桑的舌頭讓我的腰一直擺動著。從下面同時愛撫著兩邊的乳頭，光是想到這個我又要濕了。由於那天做的方式都是第一次嘗試，所以自己也很陶醉在性愛裡。在口交和69式之後，我就把腳開到不能再開了，然後他就不停地幫我舔弄吸吮。

　他從敏感的地方到肛門幫我舔弄了好幾遍。他一邊舔弄一邊把手指插進來，我也第一次體驗到些許G點被刺激的感覺了。啊，原來這裡就是G點啊。

　他用嘴巴含住並吸吮敏感的地方，然後再用手指插入陰道裡，肛門也一樣用手指插入。那真的太厲害。實在太舒服了，我變得渴望歐吉桑的陰莖到無法自拔。整個快受不了的時候也讓我那裡變得非常地敏感。

　當我已經受不了的時候，歐吉桑跟我說「擺出狗爬式」，當時我還聽不懂是什麼意思。啊！是從後面來的意思，當我想到的時候就與奮到不自覺地把臀部朝向歐吉桑。

我當時也是第一次從後面來，所以就變得很興奮，那裡也變得更加敏感了。他用兩手把那裡撐開，接著陰莖就插進來了。那一瞬間既興奮又舒服。

那時候陰莖還是一樣在裡面多變化地攪動。粗魯地往前頂雖然也很舒服，但最舒服的還是一邊被頂一邊擦弄著敏感的地方。從後面來有一種被侵犯的感覺，實在很有淫蕩的感覺。

從後面就可以看見來回抽插私處的陰莖了吧。歐吉桑不知道是不是因此而興奮起來了，突然挺直動作把陰莖拔了出來。在我覺得失落的時候，下一秒就萌生出一股接下來要被怎麼弄的期待感。接著他突然把我的上半身往下壓並把臀部抬高。

那裡整個一覽無遺，讓我覺得很害羞，但是卻也很興奮。他從後面突然舔弄著我的私處和肛門，並用手指插進去磨蹭著敏感的地方。啊～有感到我的臀部都開始搖晃擺動了。他用舌頭貼住肛門擦弄著，這也是我第一次被這麼弄，其中的快感讓我都顫抖了起來。第二回合比較舒服。

從後面來的時候，歐吉桑問我：「陽子小姐，想怎麼做呢？」我腦裡馬上就浮現出一個答案：「我想要含辰見老師的雞雞」。

我很直接地就想到了。因為被弄到如此興奮舒服，所以我也想要讓歐吉桑的陰莖也很舒服。接著歐吉桑就轉過來站在我面前。之後他教了我仁王立口交的方法。

我把保險套拿掉並用嘴巴去含住，從上面看自己的感覺真的很興奮，接著我就拼命地幫他口交。當我一睜開眼就和他四眼相對，歐吉桑感覺好像很舒服。

我的頭被押著，而當歐吉桑擺著腰部的時候，我就把嘴巴縮緊並用舌頭貼覆著龜頭內側。我們四目相交，而他問我：「接下來想怎麼做？」，我不假思索地說出：「想在上面做……」

我的腦裡當時已經滿滿都被性愛給佔滿了，騎在上面只是想要趕快讓高潮爆發出來而已。騎乘位可以依照自己的想法來擺動吧。

當歐吉桑一仰躺在床上時，我就著急地幫他戴上保險套。胯坐在歐吉桑上面並一鼓作氣地腰沉向下。啊！好舒服啊……！之後我已經陶醉地擺動著腰部。在我最有感覺的動作下，我專注於快感之中。那裡也變得非常水潤，而能夠滑溜地來回擦弄。

　當我陶醉地擺動腰部之後，歐吉桑就早我一步高潮了。這讓我狂喜不已，之後我也被極大的高潮被侵襲。

　這本書出版之後，請搶先送我兩本。

京子／陽子小姐，真是一段美好的回憶啊。不枉費出了麼多性愛書，下次我得在好好地了表揚一下我對辰見老師的敬意，叫他歐吉桑實在是太失禮了。

陽子／因為我就算詳讀了，如果我的男性對象不夠瞭解的話，就無法像辰見老師（叫歐吉桑實在太抱歉了）這樣讓我舒服了嗎？

京子／這個嘛。其實呢，這本書的原稿幾乎已經快完成了。陽子小姐的對談已經是最後一部分了，只要把錄音帶交給辰見老師就結束了。這本書呢，還有第二章、第三章、第四章喔。

　第二章呢，辰見老師已經在之前去實際體驗採訪了，可能對陽子小姐有點可惜，這部份的原稿已經完成了。

陽子／什麼～這樣太狡猾了～～我也想要跟老師實際體驗啦～那是什麼樣的內容呢？如果不告訴我，我就要發脾氣囉。

京子／真的的內容雖然不能跟你說，不過因為我們是按摩棒好友就告訴你吧。

　交合的時候同時插入手指。陽子小姐和我也是入口派的吧。辰見老師創造出一種世界首創的插入技，也就是進行在陰莖上加附手指的性運動。我也和炮友嘗試過了，不過這真的很棒唷～。

陽子／什麼！在陰莖上加附手指插入嗎！我還真是第一次聽到。辰見老師真厲害，不過也太色了。啊！好想讓他跟我實際體驗啊～！

　京子小姐可以和炮友試真是太狡猾了。能有一個炮友真令人羨慕，是什麼樣的男生呢？把手指加在陰莖上面的感覺是什麼？

京子／我現在有兩個炮友。一個已經有老婆了，另一個還是年輕的單身男子。不知道要說他們兩個人都很會做愛，還是我的引導技巧很好呢。兩個人都是高學歷，也不會彼此嫉妒，當我不方便的時候也不會追問，所以相處起來很輕鬆。

　飯錢和旅館錢全部都是對方出的，相對地我這邊也絕對不會多索求他們什麼。只要他們舔弄私處，他們就會不停地幫我舔弄，也會保障讓我一定能高潮，所以我也高潮了好幾次而有一種被療癒的感覺。

光是用手指插弄陰道就覺得很舒服了，不過還是要勃起的陰莖才會比較興奮，陰莖摩擦的感覺真的很舒服。

因此，把手指加在陰莖上面做愛的話，陰莖就會變粗，藉以加強陰道口的摩擦。快感也會因此提高，讓我都上癮了呢！

陽子／你的炮友真的好棒喔。我現在交往的男友雖然是主任，但卻沒什麼錢耶。最近都只在中式餐廳吃拉麵，然後到休息2800日圓，又小又奇怪的情趣旅館做愛。唉！京子小姐拜託你，幫我介紹炮友嗎？

京子／這簡單。我知道有可以認識炮友的地方，我會幫你介紹。對方是知名企業，就算不來往之後也不會有什麼後遺症，他們會在飯店的大廳吃飯，然後直接在那間飯店做愛。

氣氛還蠻好的所以很不錯喔。不過，如果逼迫對方、索求金錢、或是太鬧脾氣的話，就會當場斷絕來往。而且絕對不能詢問對方的身份，不能留下痕跡。

陽子／這麼神祕的團體實在太興奮刺激了。能夠認識京子小姐真是太好了。

插入手指的事情請再跟我多說一點。陰莖和手指同時插入的話，那裡就會被撐開，感覺好像很舒服。那麼要插入幾隻手指呢？

京子／辰見老師對那位實際體驗採訪的對象好像是從插入一隻手指到六隻手指喔。那位女性是一位過著無性生活的人妻。透過添附手指的陰莖摩擦著陰道口，他可以在一次的性愛中獲得兩到三次的高潮，是一位體質上很令人羨慕的女性。

陽子／什麼，那麼珍貴的高潮居然能在一次的性愛中獲得兩到三次。那麼，兩次的性愛不就能遇到四到六次的高潮了嗎？那裡好像會變得無法自拔了。好想讓那裡變得無法自拔啊。京子小姐也有試過吧，跟我說那是什麼感覺啊。

京子／我是從辰見老師那裡聽到非常詳盡的解說，他說兩個人要大量地舔弄吸吮，再加上一隻手指來插入，陰道口的摩擦感就會增強，差不多三十秒左右就會到達高潮而獲得歡愉。

第二回合呢，就加上兩隻手指（笑）。等這本書出版之後再去閱讀關於手指的添附方法，本書也會用插圖簡單易懂地介紹解說。

添附兩隻手指來加強陰道左右的摩擦，就會獲得極大的快感，藉此要求他加上三隻手指之後，就會一下子獲得至高無上的高潮了。當然也可以試試看四隻手指喔。以快感度來說，兩隻手指是最舒服的，要舒服到不行的話就用三隻手指，加上四隻手指好像也可以喔。

將手指加到陰莖上的方法有很多種，根據體位的不同，添附的方法也會有所差異。正常位、抱上形、騎乘位、後背位、各種體位所使用的手指添附方法都會很舒服。

對女性而言，光是陰道被擦弄就會慢慢到達高峰的人當一被愛撫陰蒂的時候，卻有些人無法專注於陰道的快感之中。對這樣的人來說，我認為增強陰道口的摩擦確實可以獲得高潮。雖然人人都可能有想過手指添附這種招式，但還是不會真的想要去使用吧。

陽子／我是陰蒂加入口派的。陰蒂被揉搓的感覺比較舒服，同時去摩擦陰道口的感覺也很喜歡。我也想在一次的性愛中，感受兩到三次的高潮。我如果擁有京子小姐介紹的炮友、口交和舔陰的書《口交&舔弄高潮指導手冊》，再加上這本書的話，感覺要獲得四到六次的高潮就不是問題了。

那一晚是星期六，陽子小姐住在我家，隔天早上一醒來就在廚房做飯，看到這個模樣的陽子小姐，還是回到那個清新開朗的OL，也讓我放心了。她可以從昨晚瘋狂且非現實的按摩棒遊戲回到現實生活中，並且活力充沛。

我送她到車站去，在道別的時候非常地客氣有禮，當時覺得她真是一位家教好的小姐。接下來，我得回家去把原稿寫完才行了。我的現實生活就是要寫原稿。

■三井京子的房間很好色？

三井京子的原稿是不經任何修改就直接刊登在書裡了。與陽子小姐的那次見面之後，就不曾再見面過了，不過聽到在三井的故事中，她那麼元氣有活力，而且不論在現實或非現實世界中好像過得很開心。

我和三井並沒有任何肉體關係，更別說去過三井的房間了。光是讀了原稿就可以感受出那是多麼淫蕩的房間了。各位男性讀者，應該很好奇吧（笑）。

第一章在此將告一段落。三井所寫的原稿之中，已經有介紹關於手指添附陰莖的事情了，而第2章就是世界首創！手指添附交合的超快感。我也會就此進行實際體驗採訪，而其中帶來的淫蕩感和快感絕對是掛保證的。

第二章

世界首創！手指添附交合的超快感

■契機就是因為要刺激G點

身為一位性愛作家，每天都和陰莖一起過著忙碌的生活，這樣的我時常會嘗試新的性愛方式。當然都會和年輕的女性對象一起體驗。

創造出手指添附交合的契機就在當我交合時看到床上的女性歡愉的樣子，就會讓我更想讓他愉悅，因而在陰莖上方也插入了中指藉以刺激G點。

當我將手指插入陰道的時候，她激烈地喘息並且喜極而泣到高潮，原本以為是因為刺激G點而感到舒服，但後來結束後她才告訴我是因為手指插入而增強陰道口的摩擦感，才感到舒服，因此手指添附交合誕生的契機就是因為要刺激G點。在那之後我累積了許多實際體驗並且統整到本書中。

偶然產生的手指添附交合

交合時為了讓女性獲得歡愉，所以把手指插入以刺激G點。原以為是因為刺激G點而愉悅的，但在結束之後，她才告訴我：「雖然G點也很舒服，但是手指插入的強烈摩擦感更讓我舒服」。當我知道交合時插入手指可以增強摩擦感之後，我就不停在交合時進行手指添附的實際體驗，2指添附、3指添附、4指添附，並且研究了體位等事情，然後統整到本書中。不過，也有女性會因為摩擦感太強而感覺疼痛。想要刺激G點可以插入一隻手指，但是當對方感到疼痛時建議予以中止。

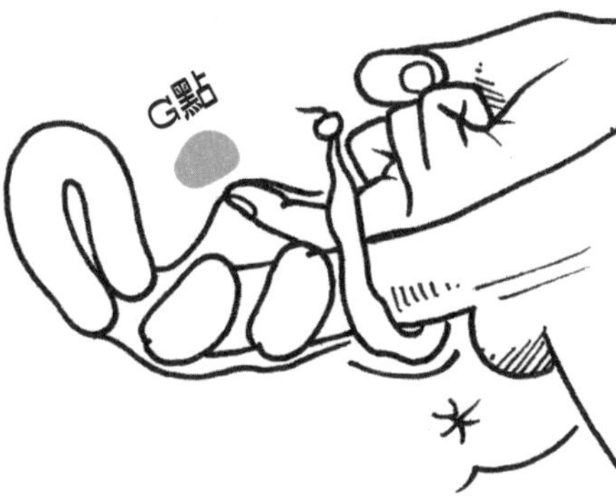

一開始交合時是打算要刺激G點的。

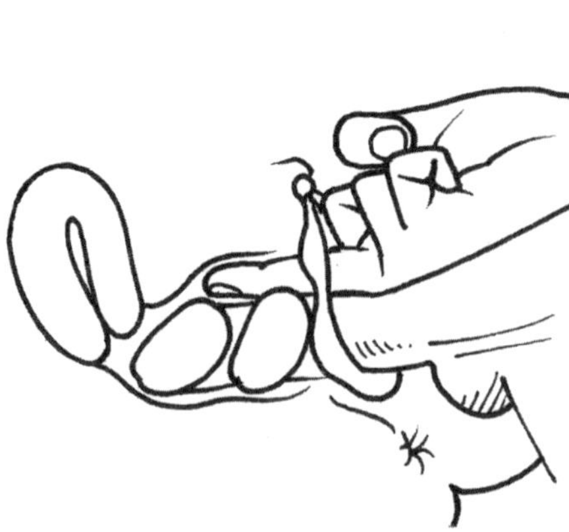

偶然增強了摩擦感，手指添附交合因而誕生。

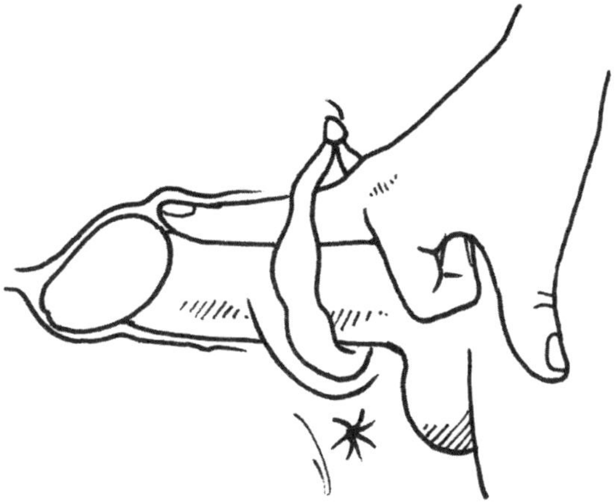

透過一隻手指的添附來上下摩擦陰道

一開始的G點刺激，理所當然地以中指指腹向上刺激，因而偶然發現手指添附性運動。由於是在陰莖上方加附手指，所以陰道上下摩擦感就會增強，上方手指的摩擦感則會單點集中，陰道下方幾乎全部都會被陰莖強烈地摩擦。將指腹添附在陰莖上方，藉以進行手指添附性運動也可以。男性進行時的順暢度會依女生的喜好而定。

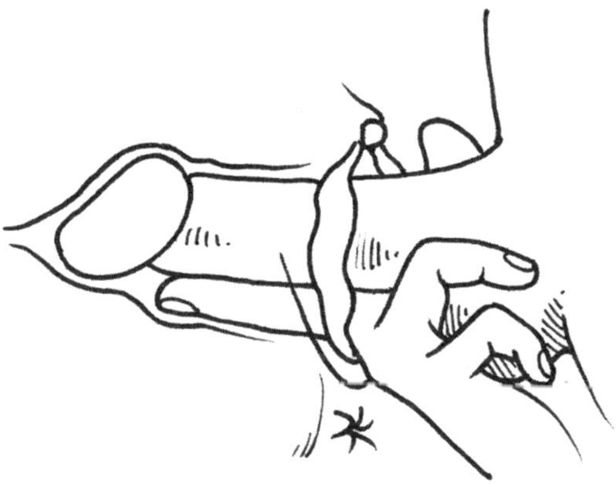

將手指置於陰莖下方，用指腹添附住之後，陰道的上面部份的摩擦就會因為單點集中而增強摩擦感，上面部份則會被整根陰莖強烈地摩擦。這是一個巨大的發現。

●我（三井京子）也親自體驗

前面在與陽子小姐的對談中也有提過：我和炮友嘗試過手指添附交合的方式來做愛，而我也感受到如此劃時代的快感。陰莖的彈性和手指的彈性都好得沒話說，強烈摩擦陰道口也讓我獲得至高無上的高潮。手指添附實在很情色又可以讓我隨時處於十分興奮的狀態。

對女性而言，手指添附的喜好也各有不同，不過最令我舒服的就是中間插圖的手指添附方式了。陰莖內側以中指指腹貼覆住再去擺動腰部之後，陰道上方所接觸到的陰莖面積就能夠帶來強力的摩擦感，陰道下方則會用手指單點集中地強烈摩擦會陰附近的部位，很快就會獲得高潮。手指添附陰莖的方式實在很情色又讓我興奮愉悅。

■用2隻手指添附陰莖的左右兩側

第一章中，性經驗不多的陽子小姐雖然能夠連續兩次獲得高潮，但是陽子小姐如果能夠累積性經驗以更加瞭解陰道口的快感，使用一隻手指添附的方式也可以獲得強大的快感了吧。

手指添附對於性經驗豐富的女性而言，會傾向使用兩隻手指或三隻手指的添附方式。透過手指添附加強陰道口的摩擦，男性在無法忍受之前就能獲得高潮，所以很少會有被嫌棄的結果發生。

也有三十出頭的女性會用四隻手指來達到狂喜不已的狀態。本書所出現的手指添附交合的實際體驗採訪對象就是37歲的人妻熟女。

對突如其來的高潮感動不已的人妻

人妻的丈夫好像也算是會進行前戲，不過這種程度卻遠遠不及在第一章中介紹的《口交&舔弄高潮指導手冊》裡的內容。我進行了自己獨創（辰見流派）的前戲之後再插入，接著進行之前已經介紹解說過的性愛複合運動之後，人妻就可以輕易地到達高潮。接著透過2指添附交合來強力摩擦陰道口時，對方馬上就能升天。悲哀的是，她和丈夫的性愛好像依舊處於無性生活的狀況。

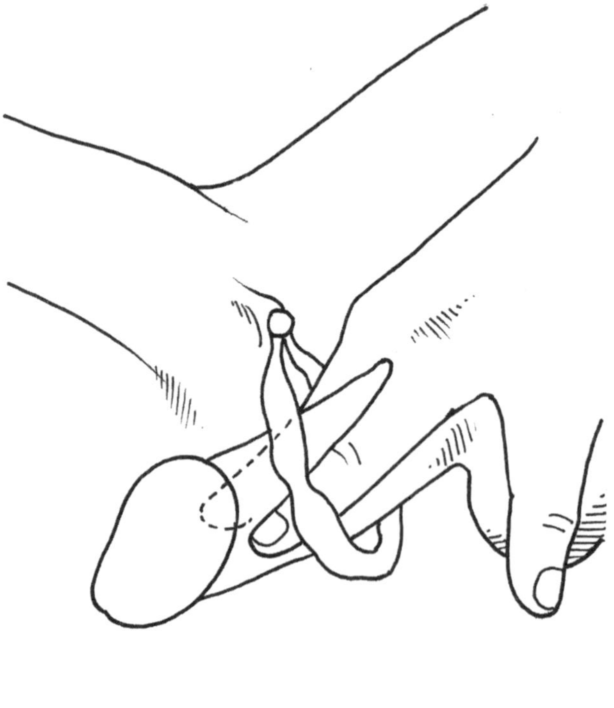

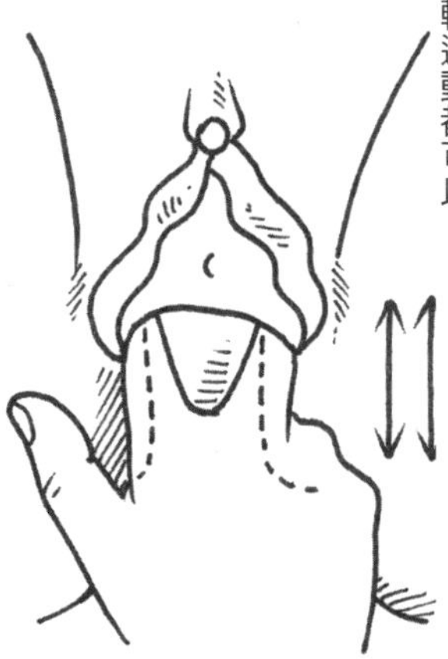

從正面來看的話，用食指和中指夾住陰莖的左右兩側，接著不論是要進行大幅擺動的前後運動、輕微快速的前後運動還是回轉運動都可以。

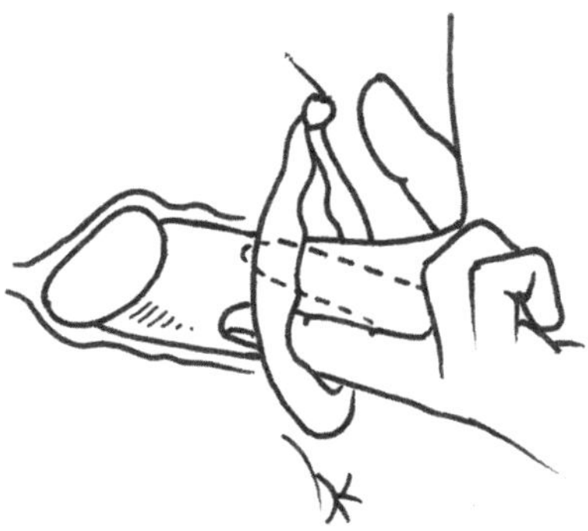

不從上方來添附，改從陰莖下方來添附也可以。接近會陰的部位會感受到強烈的摩擦以及強烈的刺激。

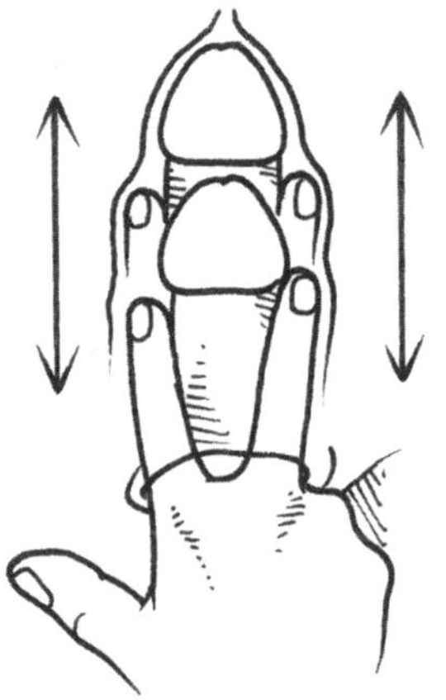

雖然插圖畫得很誇張，不過添附在陰莖上的2隻手指同時擺動，陰道口的左右兩側都會強烈地被摩擦，陰道壁也會被撐開。

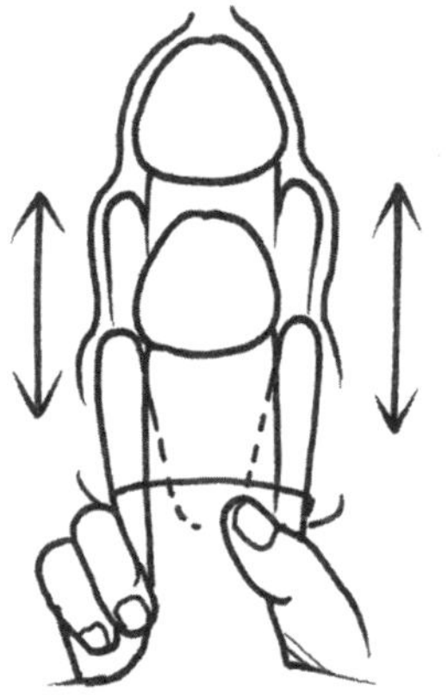

如果進行時不讓手指碰到龜頭，陰莖的快感也會不改變。當手指一碰到龜頭時，就可以調節快感度。女生會早一步到達極限。

●2隻手指、好像會上癮

在過去的某個時代中，口交和舔陰曾經被視為變態的行為。然而現在這兩者已經成為廣受歡迎的行為了。我對性愛並沒有任何禁忌，我體驗過肛交，也和女同性戀做愛過。然後嘗試過手指添附交合，性愛不斷地進化讓我愈來愈舒服。

舒服而極佳的高潮會讓你對性愛上癮。就算是女性也會想做愛想到受不了。灼熱的陰道渴望著勃起的陰莖到無法自拔的地步。

對這樣的陰道以兩指添附的方式插入勃起的陰莖之後，我連一分鐘都撐不到就高潮了。和我對談過的陽子小姐也會因此喜極而泣吧。

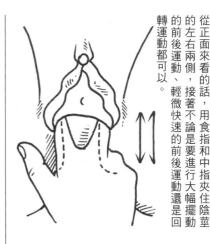

■2隻手指上下添附摩擦

沐浴過後休息了一個小時左右，之中我也採訪了人妻的無性生活，然後再次以69式互相口交、舔陰。再次幫她舔陰時，我大肆地舔弄著人妻的私處之後就套上保險套直接進行交合。

我使用了第一章的性愛複合運動，並以中指和食指夾住陰莖上下兩側來上下強烈摩擦陰道。途中人妻激烈地喘息而狂喜不已，我也獲得極大的興奮。

添附2隻手指並激烈地摩擦陰道左右兩側，或是添附2隻手指進行上下摩擦都能帶來極大的效果。愛液在人妻的陰道裡發揮了潤滑液的作用，因而發出水潤的聲音。插入2隻手指所帶來的興奮度和快感度會倍增。

陰道口感受到360度的快感

360度摩擦陰道口的舒服與否會因為每位女性的體質而多少有些差異，不過陰道口被360度地摩擦好像會很舒服。手指添附性運動不論強烈地刺激陰道口的哪個部位也會使整個陰道口的快感拓展開來，

而這樣的性運動如果使用大幅度擺動的激烈活塞運動、輕微快速的活塞運動，盡可能插入其中的畫圓運動都會帶來絕佳的效果。陰莖在無法忍受之前，女性相對比較容易到達極限。

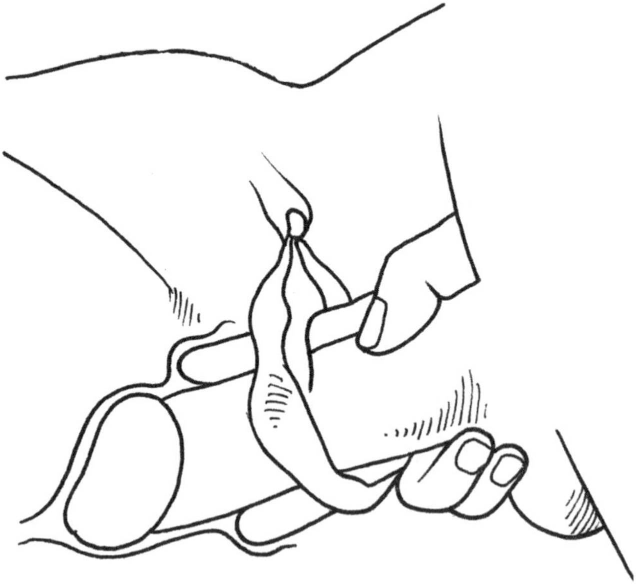

用2隻手紙夾住陰莖上下來進行2指添附性運動。

大幅度擺動且激烈的活塞運動

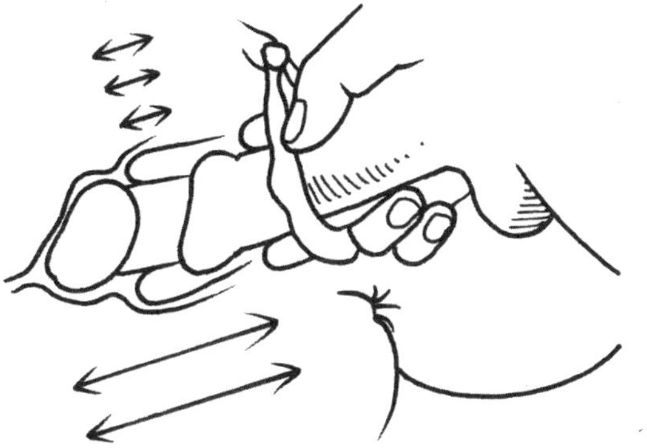

畫圓運動之後就要止於活塞運動。

激烈進行會更有效？

實際體驗採訪中，有些女性當我進行大幅擺動與緩慢的前後運動時，他們會心有餘力而且能夠享受在快感之中，不過當我進行《口交&舔弄高潮指導手冊》中的前戲之後，幾乎所有女性好像都會為了高潮而喜歡激烈的動作。

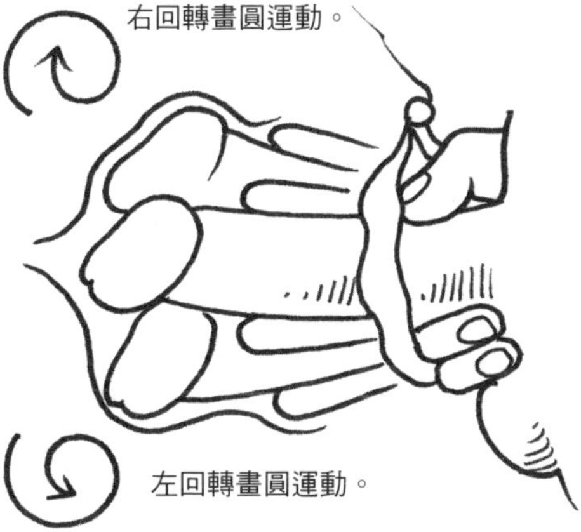

2指添附時，手指和陰莖都要盡可能深入插入來進行畫圓運動，並360度地強烈摩擦陰道口。由於陰道口會變得過於敏感，快感也會變得更大。畫圓運動會讓龜頭的快感降低，要衡量女性高潮的時機來轉換成活塞運動。

●陰道口的360度快感

辰見老師對於陰道性感帶比較精通。360度摩擦陰道口就能讓整個陰道口都被強烈地摩擦而獲得歡愉。

另外，藉由2指上下夾住陰莖的2指添附會使陰道被360度地上下強烈摩擦而獲得歡愉。陰莖和2指都會插入到深處，此時指腹指甲的厚度也會撐開陰道口而強力地給予摩擦，所以也會很舒服。

日本男性平均到達射精的時間都很早。手指添附會讓男性在無法忍受之前，讓女性比較容易到達極限。有早洩問題的男性讀者，如此一來不論是誰都能讓女性招架不住，而對辰見老師佩服不已。

■在3隻手指添附中獲得快感的好色人妻

這樣的標題看起來有如言情小說的感覺，但是這樣的標題卻貼切地形容這位37歲的熟女。肉感豐盈的感覺很好，稍微鬆弛的體態也相當引人入勝。

我對熟女從2指、3指、4指嘗試到6指的添附方式。舔陰、口交、69式，然後再一次進行大量的舔陰，拭去沾到嘴巴上的愛液並在熟女面前戴上保險套。她渴望陰莖地緊盯著不放，這樣的表情實在很淫蕩。

我用2指添附猛烈地進行活塞運動，熟女的陰道只要一味地抽插頂進即可。頭髮被撥亂而嬌喘著的熟女已經從1指添附加到3指添附了。盡可能大幅擺動地插入到深處之後，就轉換成小幅擺動但激烈的動作。

人妻熟女的陰道時常慾求不滿

丈夫因為工作而勞累，孩子則是和朋友混在一起。當專職主婦的人妻熟女看了《口交&舔弄高潮指導手冊》之後，臉紅了起來並早已期待地濕成一片了。她與丈夫已經四年沒有性生活了。人妻熟女的陰道時常感到慾求不滿。她渴望我的陰莖，而我也大肆地舔弄吸吮熟女的私處，並以2指添附來交合。久違的高敏感度讓她的下腹部和臀部也搖晃了起來。接著進行3指添附的性運動。

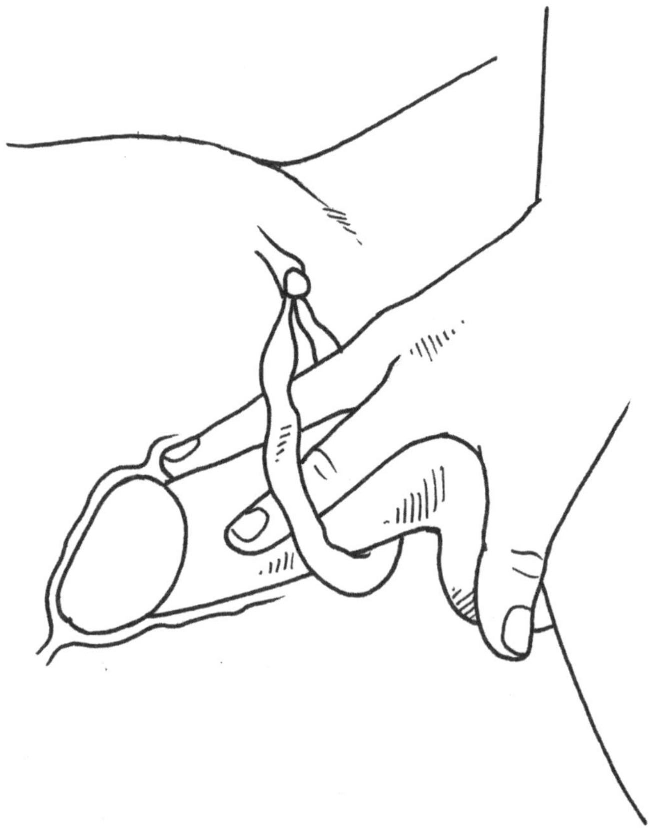

對人妻熟女進行3指添附也有好效果

這位人妻光是使用第一章的性運動就能獲得高潮，不過透過手指添附交合她也體會到了陰道口的強烈快感，並在一次性愛中獲得好幾次的高潮。這樣的愉悅程度也讓我有勃起一般愉悅感。3指交合也撐開了陰道口。

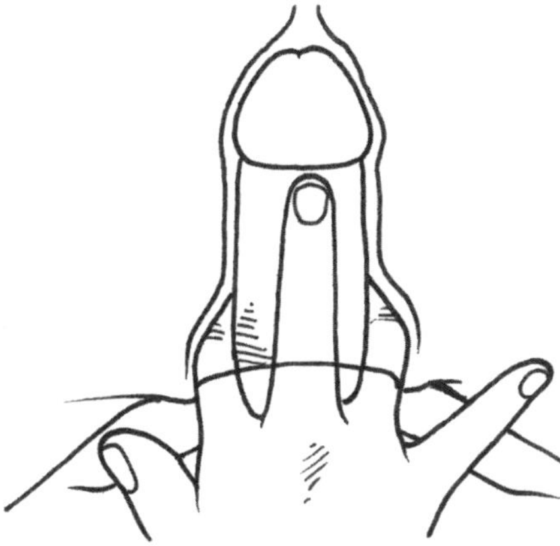

陰道口被撐開，在強烈摩擦時也能增強快感。

3指添附讓做了三回合的人妻熟女也能高潮

人妻熟女是百分之百的入口派。大動作且盡可能插入到深處之後，在第一回合中很快就高潮了。接下來進行第二回合。在那之後當小幅度且猛烈地摩擦陰道口之後，也藉此引來了第三回合和第四回合的高潮，不過人妻已經呈現失神狀態了。

大動作且盡可能插入到深處。

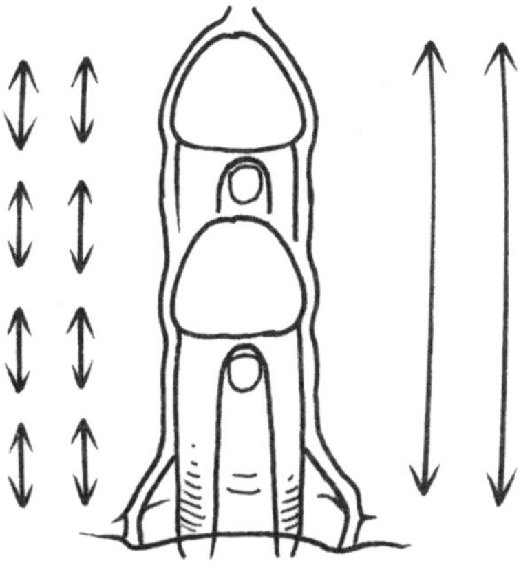

小幅度且猛烈地摩擦陰道口。

●熟女的起點就是陰道的入口

辰見老師去實際體驗採訪的人妻熟女好像已經37歲了。我也32歲了。離過一次婚，雖然不是人妻，但也已經要進入熟女階段了吧。我也和炮友嘗試了3指添附交合。

我和人妻熟女一樣，陰道口被強烈摩擦到受不了了～那真的很舒服。

就算不添附手指、只是一般的性愛也會很舒服。不過熟女的起點就是陰道的入口，3指添附交合的摩擦感會有懸殊的差異，所以只要進行活塞運動就很足夠了。

■對人妻熟女施以4指添附交合

最近，我太常使用陰莖了。對人妻熟女使用3指添附讓她高潮之後，我卻還是沒有射精。由於原本就打算嘗試到6指添附，所以在使用4指添附讓她高潮之後，就要求對方讓我從後面來，接著她也很樂意地把私處借給我。

這偶爾也能讓我忘卻工作樂在其中。我一邊揉搓著人妻熟女的豐滿臀部，一邊看著陰莖抽插著倒過來的私處而浸淫在快感之中。真是賺到、賺到了。

回到主題，我進行了更加淫蕩的前戲，使用兩手的食指和中指，共計4指的添附方式。「我會加上4隻手指來交合」當我這麼說之後，人妻迫不期待地說：「快點插進來，快一點，拜託你，我已經受不了了」。

已經和丈夫4年沒有性生活的她簡直就像要把4年份的快感拿回來一樣，貪婪欲求。我要求從後面來之後，她很快地就呈狗爬式地用豐滿的臀部朝向我。只要我要求她就會立刻配合。在陰莖加上4隻手指時，光是用前端稍微插入陰道口就讓下腹部瞬間緊縮了起來。從正常位去看望她豐滿的身體，感覺就像是在品嘗當季最高級的甜瓜。

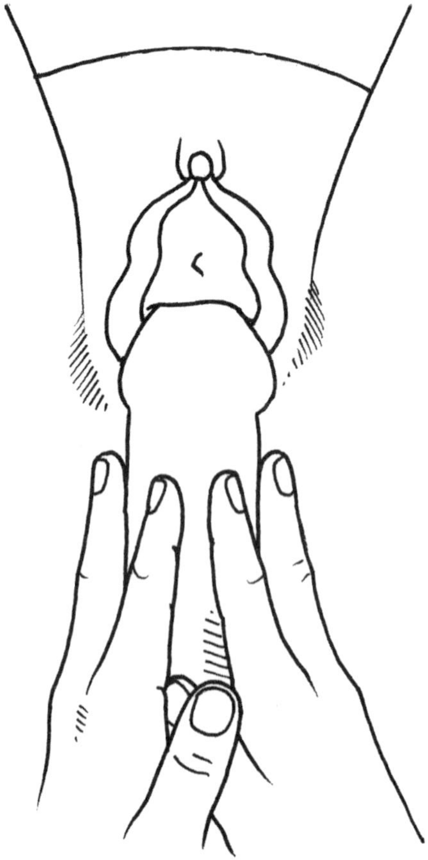

在陰莖加上兩手的中指和食指，共計4隻手指的添附交合。

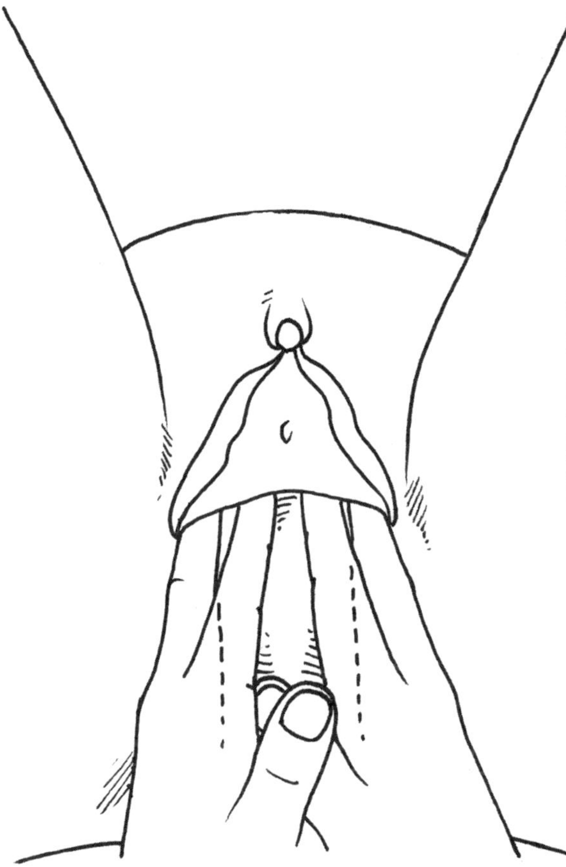

透過4指添附交合讓陰道口膨脹般地撐開。

透過4指添附交合來滿足人妻熟女

生過2個小孩的人妻熟女的陰道一使用4指添附交合之後，陰道口就膨脹般地撐開來，手指被陰道口壓迫的樣子相當淫蕩。擺動腰部的時候，陰道口大開，手指滑溜地被壓迫。此時陰道口也會被強烈地摩擦，人妻熟女也扭動著身體。從大幅度動作的活塞運動轉為小幅激烈的活塞運動。插入到無法再深入的程度之後對方就高潮了。

●毫無疑問，我試了4隻手指了

性愛真的很舒服又很開心哦～毫無疑問，這次我也和另一個炮友嘗試了4指添附交合。

他能很體諒我的工作，而他也對將4隻手指加在陰莖上的作法感到驚訝，交合之後卻無比感動。當然我的陰道也因為強烈的摩擦感而感動到無法言喻。

當手指覆在龜頭上之後，快感就會消失。對於持久力的調節就更加自在了。最棒的是，即便專注於龜頭的快感，女生也會早一步到達極限。不過就如辰見老師所說的，也有女性會因為手指插入而覺得疼痛。

■對人妻熟女施以6指添附並交合

對人妻熟女施以4指添附交合，讓她肉感的軀體抖動地直趨高潮，她之後換成狗爬式讓我從後面盡情地抽插，享受單方面的快感以作為謝禮，之後我一邊對人妻進行淫蕩的採訪過程，一邊讓陰莖獲得喘息。

不知是不是因為極度渴望的緣故，採訪過程中有一種淫蕩的氣氛，人妻熟女開始玩弄揉搓我的陰莖。當她用嘴巴含住之後，我的陰莖就自然地有了反應，呈現半勃起狀態。

「接著加上6隻手指來插入陰道好嗎？」當我一這麼問之後，她一邊口交一邊點頭答應。我讓她盡情地吸吮著陰莖，並透過淫蕩的前戲來讓陰道水潤，接著差不多可以進行6指添附交合了。

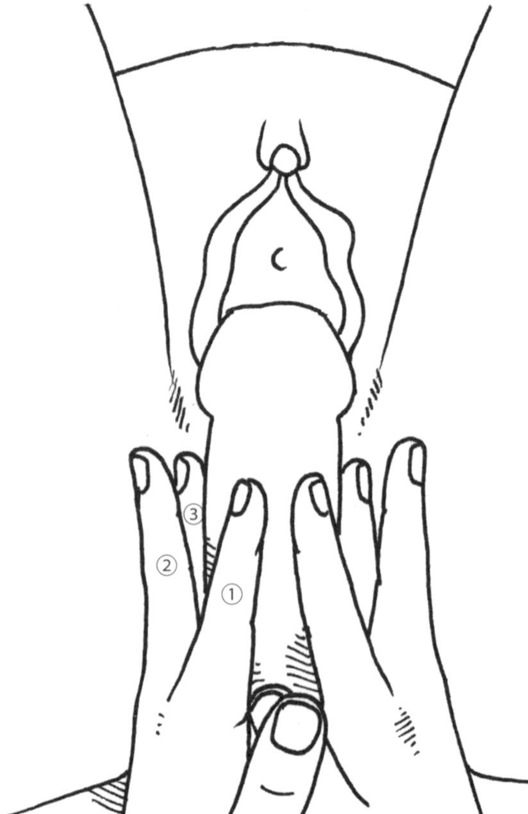

人妻熟女的陰道變得超級敏感

明明有著淫亂的本質，但卻忍耐4年不做愛的人妻熟女真的令人同情，這也驅使我使用全部的技巧，進行了最棒的前戲。人妻熟女的陰道變得超級敏感，已經快要高潮了。讓她這麼開心，我也開心地準備在陰莖加上兩手的①食指、②中指、③無名指，總共6隻手指來進行添附交合。她的陰道也溢出了愛液並且準備好要接受這樣的交合方式了。

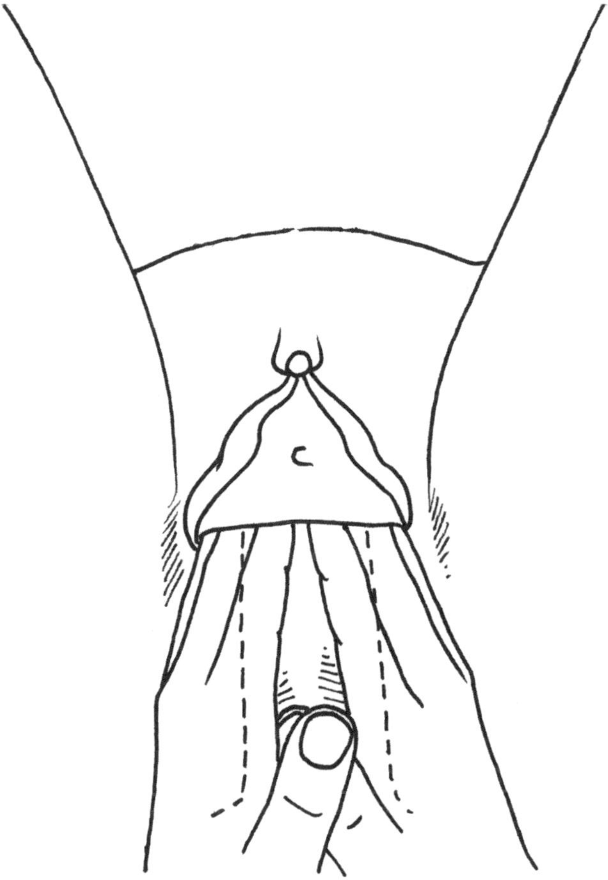

30秒就升天的淫亂人妻熟女

看著37歲擁有豐滿體態的淫亂人妻熟女升天的樣子，再使用6指添附交合進行活塞運動，讓我非常地興奮。已經快要高潮的她因為6指添附的活塞運動被撐開並摩擦陰道30秒，之後就立即升天了。陶醉在摩擦淫亂人妻熟女的陰道的我也忘了自己高潮的事情，而讓人妻獲得第二回合的高潮。然後第三回合也是如此。

●我到4隻手指為止都很舒服

我也嘗試過了6指添附交合。果然會稍微有些疼痛而無法專注於快感之中。不過，炮友卻好像蠻興奮的，對我毫不顧及地射精了。手指添附交合好像也會讓男性非常興奮。

即便如此，辰見老師對淫亂人妻熟女毫無疑問會是一次很愉快的採訪工作吧。在這個年紀下居然能夠持續地射精。真令我既驚訝又敬佩。

各位男性讀者，出版社的人也說過如果我能和辰見老師進行實際體驗採訪應該會很舒服的話，這可該怎麼辦呢？收到男性粉絲那麼多來信的我實在是左右為難啊。

■騎乘位＋手指添附交合

到目前為止已經介紹、解說了關於使用正常位所進行的手指添附交合。那位人妻熟女也是透過正常位的手指添附還到達好幾次的高潮，不過無論如何，久違四年的性愛以及和丈夫以外，跟我這個性愛作家做愛的興奮感實在是太大了。她看著我的時候還是露出一副渴望做愛到無法自拔的表情。我都興奮起來了。

和感覺清新的陽子小姐做愛也很好，不過眼前這位人妻熟女的裸體發散出濃厚的費洛蒙，讓我的陰莖又硬了起來。她好像也是第一次看情趣旅館的A片，所以興奮地揉搓著我的陰莖。接著我將介紹、解說使用正常位以外的體位，也就是她最喜歡的騎乘位手指添附交合。

不管怎麼做都會興奮的人妻

我是一位專業的性愛作家，所以他的丈夫和我不論是在技術上或是想像力上都是天差地別。因此，進行實際體驗時，她也把孩子和丈夫的事情拋之腦後。她的眼裡只有當下所感受到的現實快感與高潮。不管怎麼做她都會興奮地喘息，為了讓這樣的她獲得歡愉，我將2隻手指添附在陰莖上並換成騎乘位。大幅擺動且激烈的上下運動、小幅快速的上下運動。我用手掌頂撞著陰蒂。

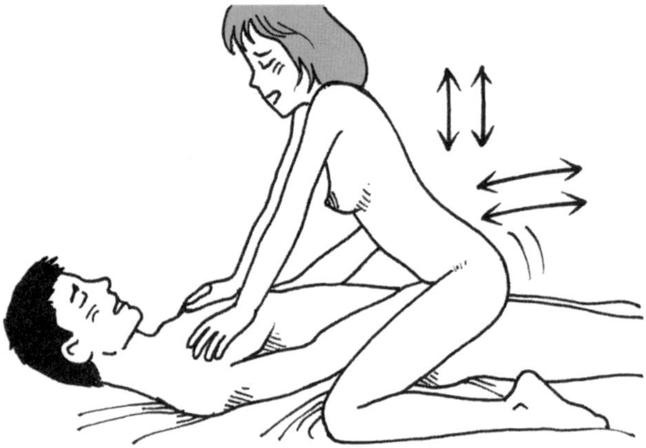

騎乘位的2指添附交合。

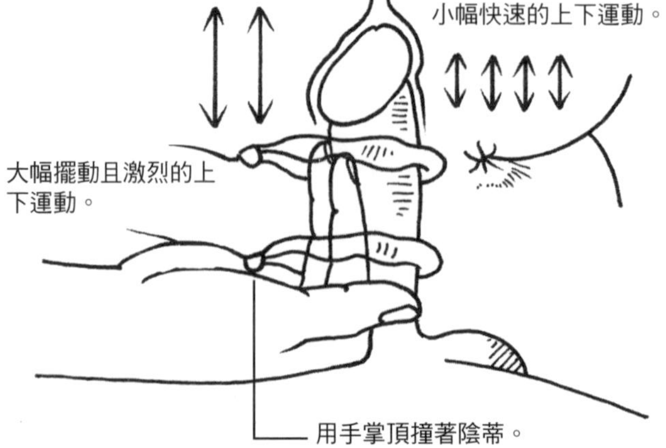

小幅快速的上下運動。
大幅擺動且激烈的上下運動。
用手掌頂撞著陰蒂。

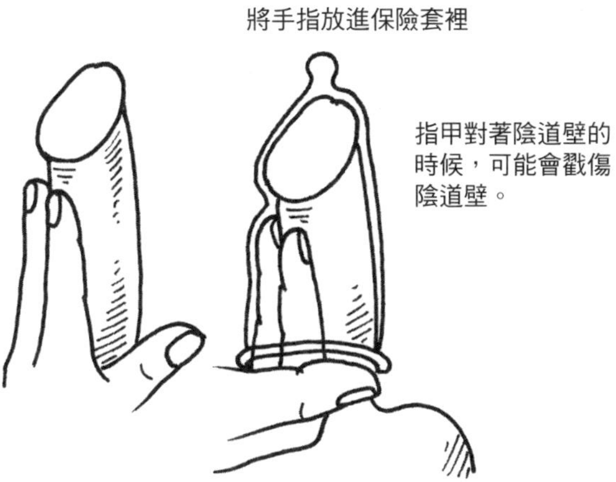
將手指放進保險套裡
指甲對著陰道壁的時候，可能會戳傷陰道壁。

將手指放進保險套裡

騎乘位的2指添附是基本的招式。當她興奮地激烈扭動之後，可能會戳傷陰道壁。尤其是指甲對著陰道壁的時候更是如此。因此我將手指放進保險套裡。

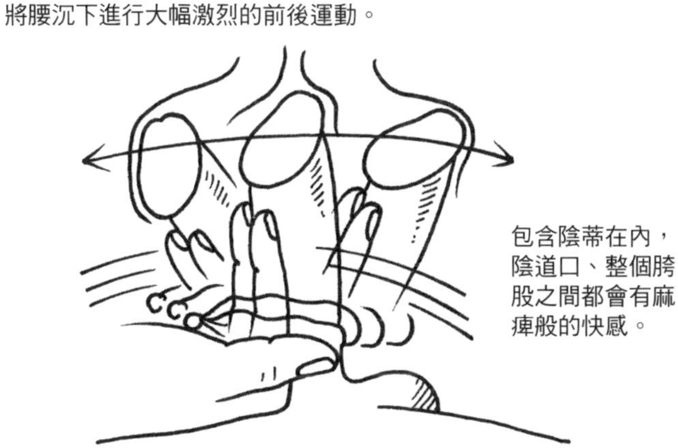
將腰沉下進行大幅激烈的前後運動。
包含陰蒂在內，陰道口、整個胯股之間都會有麻痺般的快感。

淫亂人妻熟女在前後運動高潮了

她感覺到上下運動的快感之後，就把腰往下沉開始進行前後運動。我前後激烈地擺動腰部，藉以讓手掌去撞著陰蒂。她因此說出「又要不行了」而有所變化。

●我的陰道變得超敏感

事前我和辰見老師有密切地進行討論，所以之後也和炮友體驗過了手指添附的招式。總而言之，手指添附可說是一種性愛革命。

騎乘位是一種能夠讓女性擺動腰部以獲得自己偏好快感的體位。進行上下運動時，陰莖＋2隻手指的摩擦感實在很舒服，再加上手掌揉搓陰蒂般地撞擊感，真的只要30秒的時間就快要到達高潮了。

腰部沉下的前後運動中，磨蹭胯股之間的擺動會讓陰蒂、陰道口、整個胯股之間都能感受到麻痺一般的快感，不要說人妻熟女，連我都已經受不了了。我的陰道會因此變得超敏感，而我的炮友也一樣處於興奮狀態。

■以正座抱上形來獲得快感

我從騎乘位去做變化，引導她轉換為如下面插圖所示的抱上形的正座位。我正坐著將她的身體稍微抬起之後，就能像騎乘位一樣由女性來進行性運動了。

已經快要到達極限的淫亂人妻熟女一邊感受2指添附的陰莖摩擦陰道口的快感，一邊又同時被我的手掌揉搓陰蒂。

我看著眼前的她嬌喘的姿態，還有她的肌膚變得泛紅且暈眩的樣子，真是一個最令人興奮的景象。進行過激烈的前後運動之後，就轉換成大幅度的腰部畫圓運動。那腰部的姿態也是令人垂涎三尺。

我離射精還有一段時間，但是淫亂人妻熟女的陰道已經到了極限了。她的大屁股誇張且激烈擺動著，讓我舒服地直驅高潮。

從騎乘位轉換到抱上形的正座位

她透過騎乘位也可以扭動腰部到高潮，而把她引導到抱上形的正座位則會帶來更大的效果。她的大屁股激烈地前後擺動，接著回轉著大屁股進行畫圓運動，這樣往高潮衝刺的女性實在既美麗又淫蕩。男性也可以透過這個體位來擺動腰部。透過融合運動來互相撞擊腰部之後，快感度也會增加。

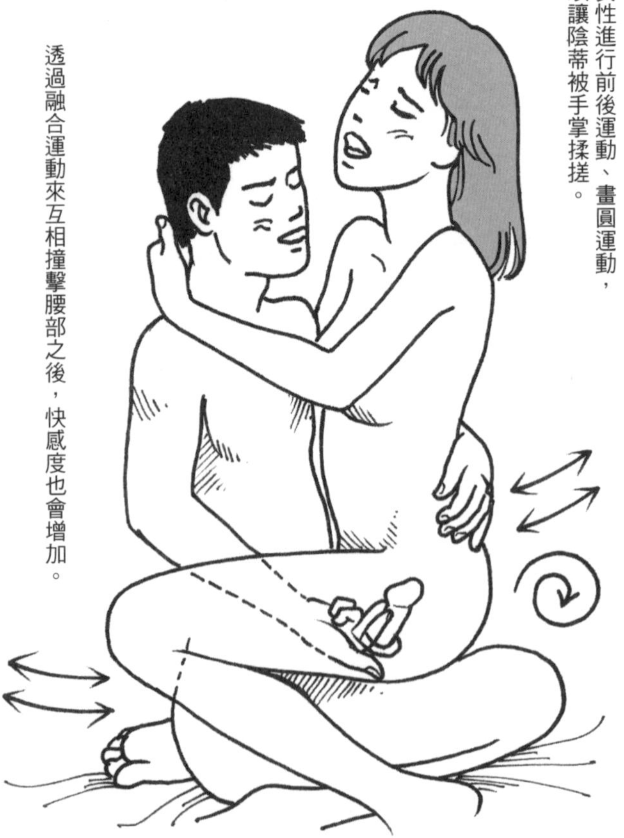
女性進行前後運動、畫圓運動，以讓陰蒂被手掌揉搓。
透過融合運動來互相撞擊腰部之後，快感度也會增加。

男生正坐著將她的身體稍微抬起。

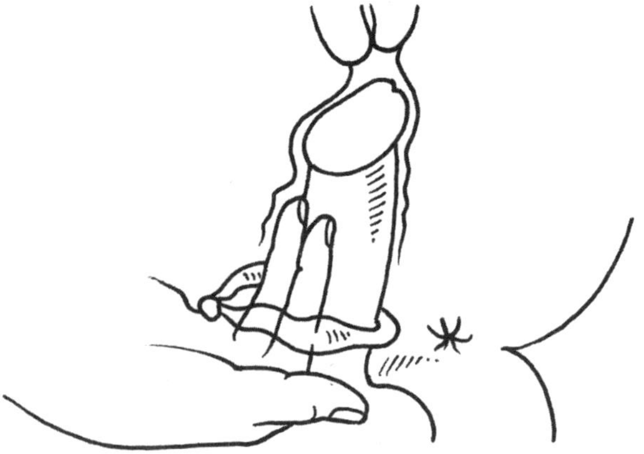

上頁下方的插圖中，2指添附交合的部位並不明顯，所以撐開陰道口並同時旋轉。2指添附可以增強陰道口的摩擦感，陰蒂也會因此被手指揉搓。這的確是一種劃時代的新方法。

融合運動就是相互進行性運動

透過這個體位的性運動可以進行女性偏好的性運動，並確實獲得高潮。男性同時也會透過往上頂撞的腰部動作來進行相互撞擊的擺動。

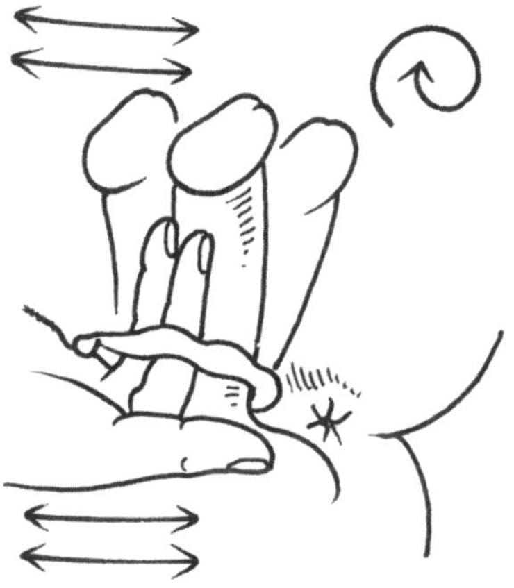

淫亂人妻誇張地前後擺動腰部，我也往上頂撞陰道來配合她之後，她就在爆發般的高潮中大聲地叫了出來並緊緊地抱著我。我之後被丟在一旁置之不理了嗎？不、不、她用嘴巴讓我高潮了。

●這次換我去實際體驗採訪

就算是淫亂的人妻熟女也能滿足不已了。作為謝禮，她好像也幫辰見少年仔直接用嘴巴好好地服務一下。他一邊使用女性上位的69式（這是性工作場合裡最常見的射精型態）來舔弄人妻的私處，一邊揉搓著豐滿的臀部，最後好像直接對著淫亂人妻熟女射在嘴巴裡了。

就這個情況來看，辰見老師就算七十歲了還是會繼續做性愛作家的工作!?說不定還會跟老婆婆進行實際體驗採訪喔。

不過，明明還有其他不同體位的手指添附交合，但卻就這樣交棒給我了。好啊，我可以和不同炮友去進行實際體驗採訪，到時候飯錢、旅館費和其他雜支我會以經費的名義寄請款書給你的。

●2指添附&摩擦陰蒂

現在就由從辰見老師那裡接棒的我（三井京子）來介紹、解說吧。我將告訴你關於那些特別舒服的手指添附方式，這些都是我會要求炮友做的招式。我將清楚地解說我的性癖好。

進行正常位的手指添附時，我喜歡在陰莖上方添附2隻手指的大動作活塞運動。當我要求炮友要同時摩擦到陰蒂，其中所產生的快感真的棒得受不了。

陰蒂當然也會獲得至高無上的歡愉，而這種快感會傳遞到陰道口，再加上2指添附陰莖的摩擦快感，真的舒服透了～。再也沒有什麼工作能這麼令人舒服的了。

掌握我（三井京子）的性癖好

有些女生不喜歡在交合時磨蹭陰蒂。這是因為女性無法專注於陰蒂和陰道的強烈快感中所致。不過我則偏好同時刺激陰道、陰蒂、花瓣和肛門的感覺。你能夠想像和炮友在旅館裡實際體驗而全身赤裸的我嗎。我可是即將成為熟女的淫亂女啊。

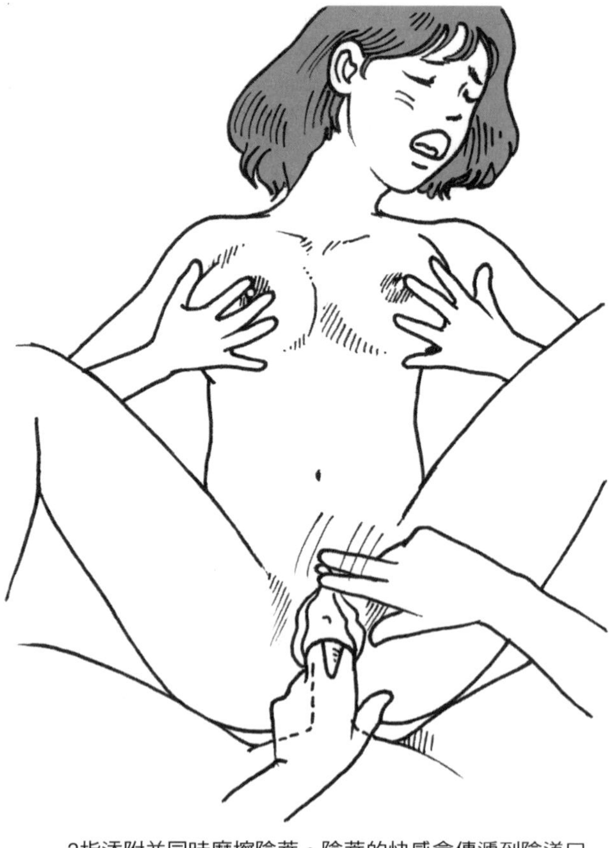

2指添附並同時摩擦陰蒂。陰蒂的快感會傳遞到陰道口而產生相乘效果。

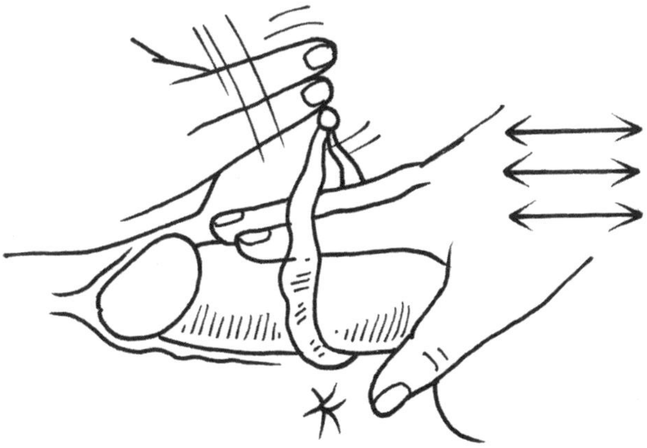

上頁的插圖可能難以表達清楚。此時的陰道是撐大的狀態。陰蒂的強烈快感會傳遞到陰道口。

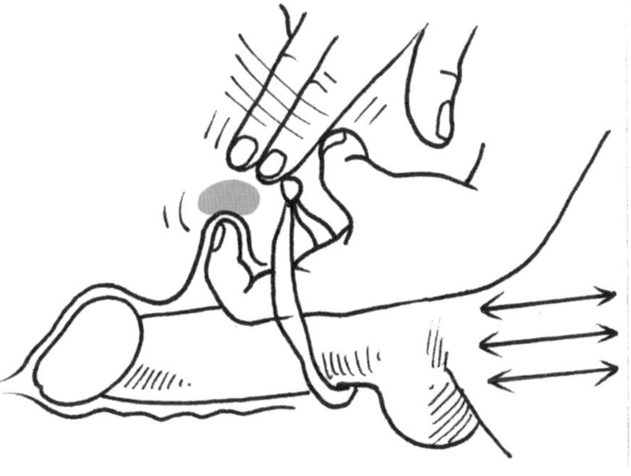

透過手指添附來同時磨蹭G點和陰蒂

G點刺激的地方可能有些女生自己也不清楚。進行2指添附並同時刺激G點和摩擦陰蒂感覺就好像會高潮了～

舒服的話就會變成淫亂女

包括三井京子在內，如果能讓女性真正感受舒服的話，他們就會更渴望獲得快感，你的女友或老婆就會變成淫亂女了。當我試著從字典去查「淫亂」這個詞時，字典裡的意思為「想要做出淫穢行為而有性方面的放縱（廣辭苑）」。性方面的放縱，好像是一種令人興奮又舒服的詞語啊。

平常行為成熟的女友或老婆在做愛的時候就會變成淫亂女。正因為感覺舒服，所以才會像三井京子那樣能夠積極地表現出淫亂女的樣了。在性愛中，驅使想像力來嘗試各種方式是很重要的。你也可以對女友或老婆問問看「想要怎麼做呢？」或是「這樣舒服嗎？」之類的問題。你就能知道一些出乎你意料之外的性癖好了。

●後背位＋2指添附交合

當我和炮友實踐了第一章所介紹的《口交&舔弄高潮指導手冊》之後，就呈狗爬式地進行後背位的2指添附交合。男生都愛用後背位。

我那變得很敏感的後方私處被上面添附2指的陰莖激烈地頂入。對女性而言，狗爬式是一種很令人害羞的姿勢。然而害羞程度和興奮感是成正比的，我的陰道口被強烈摩擦的感覺實在太棒了。

狗爬式的姿勢會讓肛門和私處一覽無遺。私處被看就算了，但肛門被看到的感覺比私處還要害羞。不過肛門和陰蒂都會變得渴望同時被刺激。

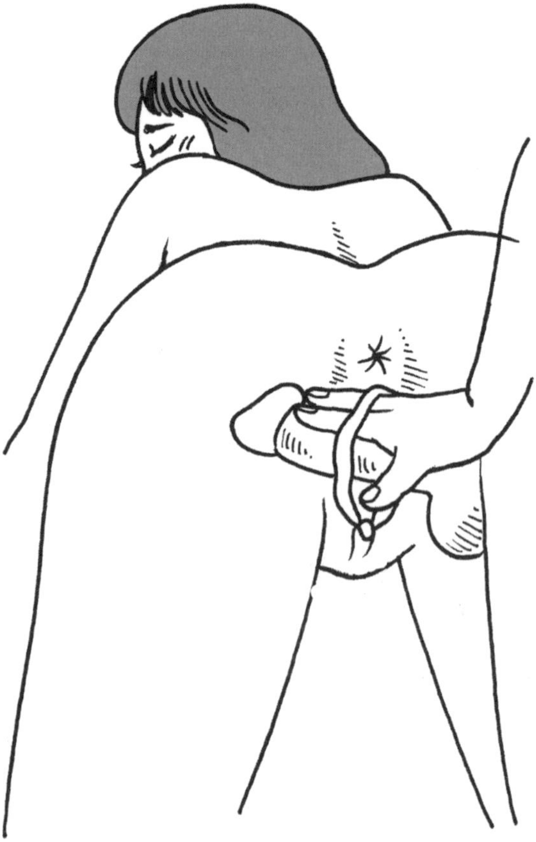

狗爬式的姿勢會有一種被侵犯的感覺

女生擺出狗爬式這樣害羞的姿勢，也會變得淫蕩無比。變得過度敏感的私處會因為狗爬式的姿勢而有備侵犯的感覺，興奮度和快感度也會提昇而無法自拔。

以狗爬式來使用2指添附後背位，會有被侵犯的感覺而感到興奮。

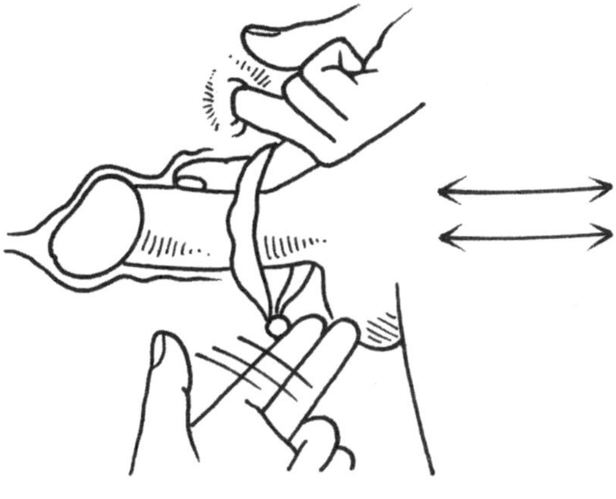

淫亂京子的歡愉要求

我也嘗試過肛交，所以也喜歡肛門被弄的感覺。我要求炮友進行食指添附交合＋中指插入＋陰蒂摩擦。

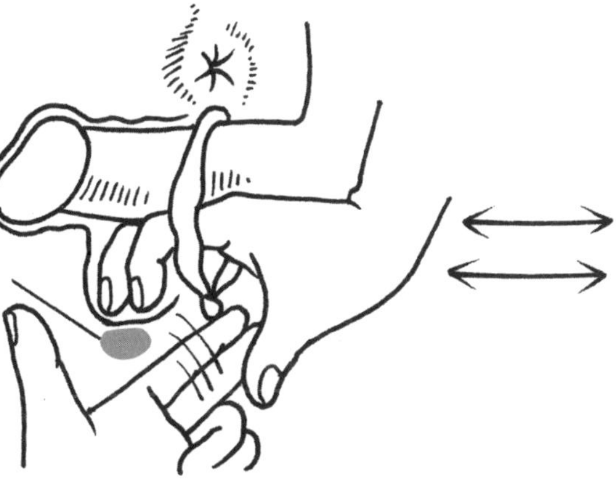

因為2指添附交合＋G點刺激＋陰蒂摩擦，我就會無法招架地說：「我不行了！」最後毫不顧慮地先高潮了。

■淫亂女的要求是淫亂的

三井京子對炮友做出「狗爬式之後就以2指添附的方式插入。食指插入並把中指塞入肛門。接著滑溜地摩擦陰蒂。從陰莖下方插入2隻手指來刺激G點並摩擦陰蒂」的具體說明與要求。

淫亂女的要求的確很淫亂。就算再怎麼舒服，你的女友或老婆要像三井京子這樣突然變成淫蕩女也是很難的。你可以對你的女友或老婆嘗試看看三井京子的要求。如此一來她們還是會慢慢地成為淫亂女的。

話說回來，我蠻想從後面看看三井京子的狗爬式姿勢。對吧，各位男性讀者。

●淫亂人妻熟女的真心話

如果想從後面看我的狗爬式姿勢的話，條件就是要讓我舒服。

舒服的實際體驗採訪就到這裡結束。本書是由辰見老師所企劃的，不過因為是共同著作的關係，所以與淫亂人妻的對談就由我來主導。人妻K子小姐與辰見老師體驗了久違四年的高潮性愛，而我則將和她進行一場淫蕩的對談，請各位繼續閱讀下去吧。

四年之間和丈夫一次也沒做過愛的人妻K子小姐被身為性愛專家的辰見老師多次引導至高潮，而我和辰見老師都很好奇，甚至擔心在那之後發生什麼事了。

京子／對談的場所是跟辰見老師在工作上有來往的AV男優的房間（借來的）。房內隨意擺放著A片或色情雜誌，甚至從情趣玩具到色情毛片（無碼A片）應有盡有。

對人妻K小姐的第一印象讓我覺得替她感到可惜。肉感的身體和那樣的美貌就算要發生多少次不倫關係或外遇都沒問題，實在很難想像她曾經四年沒有做過愛。

也對，我如果再過七、八年，說不定也會像人妻K子小姐一樣。互相自我介紹之後，一起喝了啤酒並開始閒話家常了起來。丈夫是某大型製造業的主任，家裡有兩個小孩和婆婆，是一個五人小家庭。

雖然說是某大型製造業，但是在現在環境不景氣下，因為裁員的關係讓責任制加班的狀況日益增加，床第之事根本就別想了。所幸婆婆人不錯，相信在家庭中表現正經的人妻K小姐說要去同學會的理由，才讓她接受實際體驗採訪。

為什麼人妻K子小姐會想要接受實際體驗採訪呢？這個就是採訪的重點。之後的事情雖然不能詳盡地告知說明，但這的確是一個勇敢的決定。

京子／這個房間很厲害吧。這是AV男優的家喔。

人妻K子／真的，好厲害喔。我還是第一次到AV男優的家。不過總覺得好害羞，心跳好快。這裡並不會有不舒服的感覺，連我都好奇。

A片也是在和辰見老師實際體驗的情趣旅館裡才第一次有機會觀賞。對了，辰見老師好嗎？我一直忘不了那次的實際體驗。回想起身體就會發熱，那裡都癢起來了。

京子／K子小姐，你和丈夫還是沒

做愛嗎？

人妻K子／…………（沉默不語地臉紅起來）

京子／原來如此。明明和辰見老師有了久違四年的性愛而且還高潮了，但之後卻還是沒做愛實在太殘忍了啊。我也是撰寫關於性愛和性行業的作家，所以請不要客氣喔。

我和炮友已經在實際體驗採訪中使用過手指添附交合了喔。你和辰見老師的手指添附交合，覺得如何呢（微笑）？

人妻K子／我在會面的地點等待的時候，心臟就好像要從嘴巴裡跳出來一樣，緊張得不得了。不過見面後覺得他很溫柔、具有紳士風度，所以緊張也消除許多了。

京子／原來如此啊，第一次見面雖然看起來是這樣，不過其實他是個很好色的人喔。

不知道是不是已經不緊張了，人妻K子小姐也笑著附和我說的話。

人妻K子／當我被帶到情趣旅館時，我興奮又緊張地步履蹣跚。我其實對久違四年的性愛有所期待，也同時糾結著去接受體驗採訪真的好嗎？

辰見老師並沒有太過積極，而是很自然地招待我，讓我覺得很自在。如果他一下子就露出一副好色又油嘴滑舌的嘴臉的話，我可能中途就會逃走了吧。

他進到情趣旅館就拿了一杯啤酒給我，並給我一本《口交&舔弄高潮指導手冊》，說是他寫的。

打開這本書一看，早已忘記性愛感覺的那裡馬上就熱起來了。雖然曾經幫丈夫用嘴巴含過，不過跟那本書比簡直天差地別（笑）。

心想如果是撰寫這本書的老師，應該也會照這樣對待我，緊張感頓時消失，有的只是期待感而已。好想快點做，興奮得讓我心跳好快。

京子／那麼，在開始之前你就已經濕了嗎？。K子小姐的陰道應該很舒服了吧。K子小姐不要再說什麼「那裡」了，請改說「陰道」吧。這樣一來，各位男性讀者也比較開心。

人妻K子／咦，是這樣嗎？那就，我的陰道已經濕了。他要我去淋浴梳洗一下，我就把手指伸進陰道裡清洗。那本書中有收錄關於舔弄肛門的照片，所以我也仔細地稍微用手指插到裡面清洗。

就算清洗陰道裡面也還是感覺得到裡面溼潤的感覺。走出淋浴間之後她就要我躺在床上，在老師洗好澡之前我就觀賞著A片。這讓我的期待感更強了，我就用面紙擦拭一下溼潤的陰道。

當老師一到床上之後，就一邊輕吻著一邊隔著浴衣揉搓著我的胸部，然後他就要我握住半勃起的陰莖並加以揉搓。當我把變硬的陰莖握在手中之後，啊～好久沒有這種感覺了，顧自在心中低語著。我的嘴巴和陰道都變得好想要陰莖喔。

體會到身為女性久違的興奮感，這讓我感覺都快要升天了。此時，我把孩子、丈夫和婆婆的事情全都拋在腦後。

他掀開胸前的浴衣，愛撫著胸部，並且用嘴巴吸吮、用手指愛撫乳頭，胸部的快感慢慢蔓延到全身。這種快感擴散到雙腳，老師的手指就插進陰道裡面。他撈弄著我的愛液並往敏感的地方……啊，陰蒂的感覺比較好。

他讓愛液弄濕陰蒂並用手指準確地擺動。啊～～好舒服啊。老師，陰道好舒服。一邊愛撫兩邊的乳頭，一邊準確地擦弄陰蒂之後，我已經忘我地把自己的身體交給老師了。

他脫掉我的浴衣，當我一絲不掛之後就突然把我的腳大大地張開，幫我吸吮著陰蒂。比起害羞的感覺，其中的快感更勝一籌，自己也情不自禁地把腳打開了。

他時而溫柔、時而激烈地吸吮著，整個陰道都被舔弄之後，就用舌尖頂弄陰蒂。那真的是太舒服了。在那之後，他用舌尖左右摩擦的感覺也很舒服。

京子／K子，你的陰道現在該不會已經濕了吧。我也想到跟炮友的實際體驗，所以陰道也熱起來了。辰見老師真是太厲害了。

人妻K子／咦，嗯，我覺得內褲好像已經濕了。老師豈止是厲害，我都想當他炮友了。光是像這樣談論這種事情，只要一回想就會變得想要做愛了。實在受不了。

他舔弄陰蒂之後就一邊舔弄著整個私處，一邊舔弄著屁眼。像那樣被舔弄私處，還是出生以來第一次感受過。我在丈夫之前雖然有跟三個男生有過關係，但是跟老師比的話，他們的技巧只是小兒科。

老師仰躺著，並把臉橫貼在私處要我把陰蒂貼在舌頭上。當我不知所措得時候，老師就引導我去做，這是我出生以來第一次把私處貼在男生的臉上。用力貼著並搖晃屁股之後，老師就從下方以兩手去愛撫乳頭。

我就這樣擺動著臀部，這讓我

快要無法自拔了。剛好此時，老師要求我舔弄陰莖。趁著舒服的興頭上，我就拼命地幫他口交了。一邊用嘴巴幫他含，一邊又再一次看見他陰莖那白皙的顏色。真是令人羨慕。

京子／顏色是白的，但是龜頭是粉紅色的。

人妻K子／你為什麼會知道呢？京子小姐也有和老師實際體驗過嗎？

京子／我和辰見老師沒有實際體驗過。不過另外一位跟他實際體驗過的女生曾經提過他的龜頭是粉紅色的。雖然常聽過陰蒂是粉紅色的，但是龜頭也是粉紅色實在太好笑了。

人妻K子／不過，實在很美味又很淫蕩。久違四年所嘗到的陰莖讓我忘我陶醉地舔弄吸吮。途中，我的愛液也一直溢出來。

那時我的整個胯股之間已經濕成一片。以前的男生或現在的丈夫都無法讓我那麼濕。「K子小姐，好舒服」被老師這麼說我又給他更多的回應。就這樣，我陶醉地幫他舔弄又吸吮。老師接著引導我變換成69式的姿勢。

老師要我像品嘗他的陰莖一樣地專注在陰道的快感之中，我就照著做了。這好像就是69式的精髓，一邊舔弄吸吮陰莖一邊浸淫在69式的快感之中。一定是老師的臉和我的愛液讓一切變得這麼厲害吧。

老師舔弄我陰道的聲音聽起來實在太淫蕩了。之後老師和我連接在一起，然後一下子幫我舔弄私處，一下子用兩手把陰道撐開，並淫蕩又誇張地幫我舔弄吸吮。

我已經受不了了，想要又硬又熱的陰莖插進陰道到無法自拔，並且一直求他趕快插進來。

陰道由於已經變得很敏感了，所以當陰莖插入的瞬間就萌生出一股感動無比的快感。睽違四年的陰莖插入陰道的那種舒服感真的好久沒有了，老師的腰擺動作也很厲害。總覺得他的一舉一動都能滿足私處。

這種此生未有的強烈快感讓我都大聲地呻吟起來了。我和丈夫的性愛大多時候都是他自己高潮完就把我丟在一邊，但是老師卻能在自己高潮之前讓我高潮，並溫柔地幫我用面紙擦拭。

我感動地也把老師勃起的陰莖從保險套裡掏出來，並用嘴巴幫他吸吮。

京子／真的很舒服耶。和老師實際

體驗過的女性好像都會很感動喔。他確實能把女性引導到高潮，所以K子小姐能夠參加實在太棒了。

人妻K子／是啊，能夠參加真的是太好了。我舔弄著老師的陰莖，但又控制不住陰道的興奮感。如果用嘴巴含過的陰莖直接被插入的話，可能又要高潮了。

不知道他是不是發現了這件事，所以突然就讓我仰躺，然後讓我抱住雙腳來讓雙腳開到不能開，而陰道則完全暴露在老師的面前。那種舔弄方式很厲害，老師故意吸啜愛液而發出淫蕩的聲音。

他撥開陰蒂，並用舌尖時而貼住、時而摩擦、時而挑弄。這是最舒服的了。之後她把手指插入陰道，並同時用手指刺激肛門。

我是第一次被這樣對待，所以也讓我第一次知道原來性愛是如此博大精深。他一邊將2隻手指插入陰道，一邊從陰蒂往下舔弄，並同時舔弄手指大小的花瓣，連肛門都舔到了。

我變得想要用嘴巴舔弄老師的陰莖，就主動地催促變為69式。老師靠著我的臉並讓我的嘴巴去含住陰莖。

我閉著眼睛陶醉地一邊品味陰莖，一邊專注在老師幫我舔弄陰蒂的快感裡。我覺得比起陰莖的快感，老師可能會更專注地帶給我陰道的快感。

「K子小姐，我會讓你舒服，所以請躺下來把腳打開」當她這麼說之後我就躺著把腳大大地打開等待著。他在我眼前戴上保險套並加上2隻手指插進來了。

啊～～～好厲害。那是一種陰道口被強烈摩擦的激烈快感。老師粗魯地往上頂進。我也像個淫亂女一般地激烈喘息著。

不知道老師的陰莖是不是也已經快要極限了，他持續地粗魯頂撞讓我早一步高潮了，不久之後老師也叫了一聲射精了。

我暫時抱著老師不動。老師剛才幫我擦拭私處，所以現在我也將保險套拿掉，幫他把被精液弄濕的陰莖好好舔乾淨。

我雖然是一位有老公、小孩的普通家庭主婦，但是卻能強烈意識到自己身為女人的感覺，實在好久沒有過了。接著在那一瞬間，我感受到一種至今不曾有過的解放感。

京子／K子小姐說這些事情時的表情真的很美。看起來白裡透紅、晶瑩剔透呢。

人妻K子／唉呀，真討厭。我說得太入迷了，真是害羞～

因為身為女人以來，我從沒有過這麼舒服的經歷啊。

京子／休息的時候辰見老師有對你進行情色的面談吧。我被吩咐要讓K子小姐說說看那時候的情景。那是什麼樣的面談內容呢？

人妻K子／做了兩次都高潮之後，我就洗完澡躺在床上一邊看A片一邊被問一些很情色的問題。

因為是第一次看A片，所以還一邊摸著老師的陰莖一邊看得很開心。老師有時也摸摸我的胸部，有時模模我的私處。

與其說是面談，不如說是老師為了要讓我興奮才進行這樣情色的對話。其實這讓我興奮到私處又濕了起來。

我當時很興奮、舒服又開心，所以對老師問的情色問題，我也回答得很下流。

因為已經四年沒有和丈夫做愛了，所以到現在偶爾還會透過自慰來克制自己的性慾。

生小孩之後，性愛感覺只是為了滿足丈夫自己的性慾。摸胸部的方式也是只顧自己興奮，根本談不上是愛撫，明明還沒有很濕，卻被強行插入並只顧自己地擺動著，然後很快就射精了。

當生完第二個小孩之後，明明讓我幫他口交，但卻不幫我舔陰。養育兩個小孩已經讓我精疲力盡，所以丈夫的要求我也就斷然拒絕了。被拒絕之後就要我用手幫他射出來，而我也就如他所願了。

不知道是不是因為無法再有得寸進尺的要求了，他變得只會要求我用手幫他，我在棉被裡幫他揉搓陰莖並覺得空虛不已。四年前就不再做愛了，只是繼續用手幫他射出來，兩年前開始連這樣的要求都沒有了。

丈夫平時是很溫和的人。孩子也很可愛，待人處事也很圓滿。因此，我的私處只作為排泄器官來看待也無怨無求了。

不過因為孩子變得不會讓我太操勞了，所以在時間上也變得充裕起來，讓我的性慾又復甦過來了。當我有了「我想當一個女人，而不是一個家庭主婦」的念頭時，偶然的情況下我就參加了一個募集活動。

撰寫《口交&舔弄高潮指導手冊》的老師實在太會做愛了。把腳張開在男人面前讓私處一覽無遺真的很害羞，需要很大的勇氣。不過被舔弄卻有突如其來的強烈舒服感，讓我忘我地主動把腳打開。

我已經四年沒有做愛了，但是

自己居然已經對剛初次見面的男人張開雙腳，讓他幫我舔弄而因此感動不已。真的很舒服，我們做了很多誇張的姿勢，例如把私處貼在男性的臉上、站著把私處貼上去、使用橋式體位、懸空吊腰體位，每一種都是既興奮又舒服（包含面談時的行為）。

好久沒有過如此激烈的性愛了。我濕得像是尿失禁一樣。和老師進行情色對話的途中，A片裡的女性居然開始激烈地喘息。老師的手指搓捏著我的陰蒂。我也揉搓著老師的陰莖而興奮不已。

京子小姐，我那時候很興奮又舒服，所以之後的對話我完全記不得了。總之就是興奮、舒服又開心，這樣的片刻好想一直持續下去不要結束。

京子／K子小姐，沒關係。你是因為太陶醉了所以才忘記的吧。久違四年，而且對象還是辰見老師，會如此陶醉忘我也是可以理解的。

人妻K子／掀開被子看見了老師的陰莖就幫他揉搓了。好久沒有這麼近距離地看著，讓我又害羞又舒服。我被老師稱讚很有女人味，身材也很好，覺得很開心。

我用嘴巴含住勃起的陰莖並加以品味。那味道真的挺下流又令人興奮的。老師看著口交的我說：「啊～K子小姐，好舒服啊」。我開心得陶醉地舔弄吸吮著。

老師透過橋式體位的動作，要我把私處挺出來。老師坐在我的胯股之間，縱向地幫我舔弄。

他伸出了雙手一邊愛撫乳頭，一邊用嘴巴含弄吸吮陰蒂。實在太舒服了，以至於我的下腹部一直起伏搖晃著。老師伸出舌頭貼著陰蒂，我則上下擺動腰部讓陰蒂貼住他的舌頭。如此淫蕩的事情實在讓我興奮又舒服得開心不已。

一直被舔弄個不停，讓我腰軟倒下，緊接著他就讓我做出懸空吊腰體位，又再一次不停地舔弄吸吮。有別於我的丈夫，他有一種擅長讓女生愉悅、令人開心的堅持。

京子小姐，你不覺得熱嗎？感覺好像喝醉一樣。我的私處已經變得愈來愈心癢難耐了。

京子／不必勉強喔。你是因為想起那些事所以才興奮的吧。問這些事的我也開始覺得私處都熱起來了。K子小姐，其實今晚的採訪費用應該都是直接由辰見老師支付的。還包括旅館費喔。

人妻K子／哇～～～！真的嗎～真開心！我跟婆婆說今天晚上可能會晚點回去。

對了對了，京子小姐，什麼時候才能見到面呢？好想趕快見面，想要像那時候一樣再做一次愛。

京子／不要著急啦。我手機裡有辰見老師的電話，你就直接跟他說吧。老師很關心Ｋ子小姐的事喔。他跟我說一定要讓你記住高潮的感覺，還覺得跟丈夫過無性生活的你實在太可憐了。

人妻Ｋ子／真開心。原以為老師已經不會把我當一回事了。雖然老師很謹守工作的分際。但是被那麼舒服地對待，就算是女人也是難以忘懷的。

京子／Ｋ子小姐別那麼興奮，在聯絡上老師之前，請繼續說下去吧。

人妻Ｋ子／啊、抱歉。不小心就太開心了。我說到哪裡了？

京子／Ｋ子小姐做出懸空吊腰體位。

人妻Ｋ子／對、對，我做了懸空吊腰體位。我之前並不知道懸空吊腰體位這種體位。如果被承諾會讓我高潮的男性做出懸空吊腰體位，我一定會過度興奮到高潮了吧。

藉由懸空吊腰體位把腳打開之後，肛門和私處就會被看得很清楚。這種尺度和興奮、愉悅相互交融，就好像身處一個夢幻世界一樣。白天是正經的家庭主婦，晚上就成了淫亂女，真的好精彩。人生真是快樂啊。透過懸空吊腰體位用嘴巴去愛撫陰蒂，並舔弄整個私處，甚至連肛門都會被舔弄吸吮。從陰蒂到肛門都會被不斷地舔弄吸吮。伸長舌頭插進陰道裡面的時候，實在令人感動。他居然能讓我如此地歡愉。

好想用嘴巴含弄老師的陰莖，並且讓我在上面用６９式用力地幫他吸吮。我當時就專注在陰莖所帶來的快感。真的很好，老師如果舒服的話，我也會感到興奮又舒服。

當我用嘴巴品嘗陰莖的味道時，陰道就會渴望起來，並且會去催促老師。老師的陰莖則會和兩隻手指一起插入，陰道上下也會被摩擦。

有時激烈地頂進，並來回搔弄中間部份一般地旋轉。之後再加上３隻手指、４隻手指到６隻手指來進行實際體驗採訪。

從２指添附到３指添附一樣很舒服，４指添附就有如ＳＭ一般而讓我興奮不已。當我加上六隻手指之後，伴隨痛苦的快感就會萌生出來。我或許也有ＳＭ的氣質。私處被激烈地搖晃著覺得很興奮。

之後又再一次口交和舔陰，並且做了６９式再加上２隻手指來摩擦陰道，然後再加入1隻手指，然後勃起的陰莖就會被3隻手指摩擦，並加以呻吟，不管幾次都會高潮。

這時候老師也還沒高潮。真是厲害啊。男人只要一勃起，不到射精是絕對不會克制的吧。當我家的老公要我用手幫他時，如果我沒有立刻幫他揉弄，他就會不高興。只要一興奮起來，不弄到射精是絕不罷休的。

我用手一邊磨蹭丈夫的陰莖，丈夫也一邊伸進我胸口裡揉搓胸部。因為他自己興奮起來了，所以也把手伸進睡褲裡面揉搓我的屁股。我簡直就像是丈夫的自慰道具一樣。

當快要射精時，我就會把衛生紙蓋在陰莖上去把精液處理掉。只要他滿足了，就會立刻轉身睡覺。擦弄勃起的陰莖也會讓我很興奮。不過卻一點也不想在丈夫身邊自慰。有時候我會在孩子和婆婆不在的時候，在房裡把門鎖上偷偷地自慰。

回想用手摩擦丈夫勃起陰莖的感覺，就會把手伸進裙子裡，並且把內褲稍微往下脫，然後磨蹭著陰蒂。不過比起自己來，還是被男人弄才會有數十倍以上的興奮感和愉悅感。自慰完之後總是會覺得空虛不已。

幾年前的我就是這樣子的。然後在那之後，性生活也漸漸消失，偶爾我會空虛地自慰來忍耐這樣的生活。多虧這樣的忍耐，才能夠遇見老師。

之後我們嘗試到6隻手指，我在4隻手指的時候就高潮了。老師因為還沒射精，所以幫他用嘴巴服務，之後他要我呈狗爬式的姿勢。當然我就做出狗爬式的姿勢了。

老師磨蹭我的臀部，並邊揉邊粗魯地腰擺撞擊。他感覺不像是在工作，而是真正地享受快感的樣子，他粗魯、粗魯地往前頂過來。我一邊晃動著，一邊覺得他讓我的陰道感覺舒服而開心不已，被抽插的時候，我的嬌喘聲也因此變大了。

陰莖把後面撐開之後，我就動一動把陰莖抽出來，再轉到正面幫他把保險套拿掉，用嘴巴幫他吹出來。這種事情我從沒幫丈夫做過。當他讓我舒服之後，我也會做出這樣大膽的事情。

那一晚我十分滿足地回家了。雖然不想讓老師的最後一絲溫存流失掉，但是性愛的濃郁餘味讓我得留意丈夫，所以就去梳洗乾淨，最後躺在背對我的丈夫身邊入睡。

那一晚發生的事情簡直就像做夢一樣。我那時一點也不想理丈夫，而是感覺到暢快的疲累而沉睡入眠了。隔天早上睡過頭差一點就趕不上吃早餐。

丈夫和孩子們對此都沒有什麼意見。丈夫反而對我從早上開始就神清氣爽的樣子露出訝異的表情。

從那之後過了一個禮拜了，我的心還是喜不自禁的。因為一般的家庭主婦不會有那樣的體驗，雖然不能說出來跟別人炫耀，但自己還是會在心裡感覺自滿。

我也不會自慰了。因為對我而言，感覺已經做完好幾年份的性愛而心滿意足。如果可以的話，我還是想要和老師進行體驗採訪。我還是無法想像這會是真的。

京子小姐，老師還沒打來嗎？

京子／應該馬上就會打來了吧。K子小姐，真慶幸這一切都不是夢啊。今晚，私處也會被大肆地舔弄吸吮喔。真令人羨慕啊～K子小姐，你臉都紅了喔。

人妻K子／真討厭～好害羞喔～

京子／採訪差不多要結束了，在辰見老師打過來之前，就玩個情趣玩具、看個A片來打發時間吧。

人妻K子小姐是第一次看到且摸到情趣玩具，所以當她打開開關之後就喧鬧了一下。我送給她的是全新的3點刺激按摩棒（在陰道裡旋轉搔弄，另有一個小突出物可以同時刺激陰蒂和肛門）和小型按摩棒。今晚跟辰見老師也用一下按摩棒吧。

●淫亂人妻熟女K子小姐的原稿

京子／與辰見老師見過面的人妻K子小姐當時的樣子我也寫在原稿裡了。雖然多少有些修改，不過人妻淫亂熟女K子小姐的興奮與快感卻會如實地呈現。

以下是人妻K子小姐對各位男性讀者所寫下的原稿。

人妻K子／我是K子。要告訴各位男性讀者們關於我的性經驗，這實在太害羞了。不過就像大多數男性告白一樣，感覺真的很興奮。京子小姐要我忠實地寫下來，所以我就直接寫了。

我一邊寫這些話，一邊覺得無法自拔，就使用從京子小姐那裡拿到的按摩棒自慰了。這個過程之後也會如實地寫出來。

我草草吃完飯走進情趣旅館之

後，就已經受不了了，我隔著褲子玩弄老師的陰莖，並且激烈地與他深吻。

老師的陰莖在我的手掌裡變大時，他要我用嘴巴吸吮。我跪著把他的褲子的皮帶解開，並把拉鍊拉開，連同內褲一起脫掉。

勃起的陰莖在我眼前跳出來，我把它含到喉嚨深處並含弄吸吮。啊~真好吃~。對女人來說，勃起的陰莖在嘴裡的感覺是一種至高無上的興奮與幸福。

老師也給我一些口交上的指導，他要我把嘴巴再縮緊一點，用舌頭去用力磨蹭龜頭內側，就像真空吸塵器一樣地激烈吸吮。當我用嘴巴毫無縫隙地吸吮之後，老師就擺動腰部並讓陰莖來回抽插。

往上一看，感覺舒服的老師和我的眼神相對，覺得挺開心的，就把嘴巴縮得更緊了。他對我說：「噢~K子小姐的嘴巴裡是最舒服的地方了」。對女性而言，這句話真會讓人興奮又開心。

老師在我嘴裡擺動著腰部，並同時把衣服脫光光。他讓我站起來之後，他就把舌頭伸進我那含過老師陰莖的嘴裡，並激烈地吸吮。同時他也把我的罩衫脫掉，並解開我的胸罩，一邊揉搓胸部一邊吸吮著乳頭。

他一邊把我胸部弄得很舒服，一邊脫掉我的短裙，老師跪著把鼻子埋進我內褲的胯股之間，並像深呼吸一般地嗅聞著味道。隔著內褲被聞到那裡的味道真的很害羞，但是卻很興奮。啊，應該不能說「那裡」，要說「陰道」才對。

陰道可能會有一點味道。老師把我的腳打開，並把鼻子盡可能擦弄著整個陰道。老師，好害羞喔。很淫蕩又很興奮。我的內褲已經溼透了。

他脫掉胯股之間的內褲，並一邊直接嗅聞著，一邊說著：「K子小姐的陰道味道，好興奮喔。」我都還沒洗澡就直接開始舔了。

之後老師教了我很多東西。不洗澡直接舔弄陰道好像叫做「立即舔陰」。順道一題，我直接含住老師的陰莖的作法，好像叫做「立即吹簫」。真的長知識了。

不過老師的陰莖卻有一股肥皂的味道。我的陰道昨晚洗過，到隔天晚上進到旅館之前，上了四次廁所，所以我覺得已經有一點蒸發完的味道了。我這才是真正的「立即舔陰」。

老師脫下我的內褲之後，就把臉靠上來，要我讓陰道去貼弄他的舌頭。我就直接站著、雙腳打開、橫跨在老師臉上，將老師的頭用兩手貼住並擺動腰部。

尚未清洗的陰道磨蹭著老師的臉和舌頭之後，真的有一股劇烈的興奮與舒服感。他教了我好多淫蕩又舒服的事情，讓我體會到身為女人的幸福。

老師從我胯股之間起身之後，就和我相互緊抱著並以舌頭交融。老師的嘴角有一點我陰道的味道。啊～好淫蕩啊。我就舔著老師那磨蹭過我陰道的嘴角。

移動到床上之後，就如同那次實際體驗採訪一樣，他不斷地幫我舔弄吸吮我的陰道和陰蒂。如果像這樣被舔弄吸吮的話，不論是哪個女生都會舒服到感激不已。各位男性讀者，請細心地、不停地舔弄吸吮女生的陰道吧。如此一來，女性就能早一步真正到達高潮了。

家裡都沒有人的時候，我就拿出從老師那裡拿到的《口交&舔弄高潮指導手冊》，然後開心地閱讀。因為是老師的著作，所以閱讀起來的感覺好像老師就在身邊一樣，我也會同時享受用按摩棒的歡愉。

老師的舌尖有時會磨蹭陰蒂，而這種被磨蹭的感覺是最舒服的了。為了回報他把我的陰道舔弄吸吮得這麼舒服，我就讓老師躺下，照著在書裡所學的那樣幫他口交。

書裡提到一種男性專屬的懸空吊腰體位。把老師的腳大大地張開，並且讓肛門、睪丸、當然還有陰莖都暴露在我的眼前。我還是第一次看到男性像這樣大開雙腳的樣子。

老師的姿勢好淫蕩啊。陰莖、睪丸和肛門都一覽無遺了。我幫他大肆地舔弄吸吮。一開始，我大肆地舔弄吸吮老師的陰莖，然後舔弄陰莖的莖部和睪丸，就連肛門我也是依照他對我做的方式來舔弄他。老師，舒服嗎？

幫他舔弄肛門之後，握著的陰莖變得硬梆梆的。我開心地覺得：「好舒服啊」，也用舌頭貼住肛門的中心並幫他大肆地舔弄。

之後又再一次吸吮舔弄，用舌頭頂住並磨蹭龜頭的內側。做了69式之後，他又再次幫我舔弄陰道，並且集中刺激陰蒂，然後再以正常位來進行2指添附交合。今晚由於是安全日，所以我要老師不要戴套直接插進來。

啊～！老師、老師好舒服啊。再頂進來一些。陰道口也很舒服。

我也有試著寫過這樣的文章。在寫的途中就興奮地濕起來了，之前也有說過我會自慰。真的很興奮、快樂、又舒服，老師和京子小姐的工作真令人羨慕啊。接下來使用騎在老師身上的騎乘位。他在陰道裡插了2隻手指，並進行不同的動作。我讓陰蒂一邊摩擦著老師的手掌，一邊擺動腰部之後，陰道就會有一種如痲痺一般的快感。啊、又要濕了。

我已經忍不下去，腰部前後搖擺並渴望著快感。手指在陰道裡被彎曲，並擦牆壁。陰道口也會很舒服，老師的手則會淫蕩地揉搓著我的胸部。

等到發現之後就突然被一種如痙攣一般的高潮席捲而來，因而癱軟在老師懷裡。當我浸淫在餘韻之中時，想到老師還沒射精，然後又把在陰道裡的陰莖拔出來，用嘴巴含住它。我拼命地吸吮著這根有著我的味道的陰莖。

我把陰莖從嘴裡鬆開，就對老師說能不能射在我嘴裡。老師兩手撩起我的頭髮並深望著我口交的樣子。過一陣子之後，我就被引導到69式的上位，老師舔弄品嘗著我的陰道，並撫摸揉搓著我那肉感極佳的臀部。

我專心地帶給老師快感，嘴巴毫無空隙地緊縮吸吮。舔弄陰道的程度變得更為激烈，由此可以感覺得到他已經快要射了。當我開心而陶醉地吸吮時，老師就把臉埋進我的私處說：「K子小姐，要射了，嗚～」，接著就射在我的嘴裡了。

「K子小姐，慢慢吸吮」，老師這麼說，我就慢慢地吸吮著陰莖，然後將精液一飲而盡。老師的精子進到我的胃裡，被消化成營養，最後被身體吸收。老師的精子就好像在我的身體裡面存活一樣，讓我有種極度興奮的感覺。

他讚美道：「謝謝妳，K子小姐，實在太舒服了。」因為精液卡在喉嚨裡，所以他從冰箱拿出一罐果汁讓我喝。我已經跟婆婆說今晚會晚點回家，所以從現在開始有四個小時的時間可以享受並愉悅舒服地度過。

我和老師一起洗鴛鴦浴。因為沒有和丈夫洗過鴛鴦浴，所以覺得可以和男生這麼做是一件開心的事。他幫我把全身都洗過，尤其洗到陰道的時候特別地溫柔。

當我的陰蒂一被剝出來清洗，馬上又想要做愛了，所以我就用手擦弄著老師的陰莖。他用手指插入陰道並撐開，然後以蓮蓬頭幫我清洗裡面。

我是第一次幫男生洗身體。當洗到陰莖的時候，它就慢慢地勃起成水平狀態。洗完之後一用嘴巴含弄吸吮之後，就會往上勃起。進到浴缸裡就以擁抱的姿態來交合。老師說這麼做陰道裡面也會變乾淨。真是舒服的沐浴啊。

洗完早之後，就一邊看A片一邊喝著冰涼的啤酒。在如此極佳的幸福感下，我就看著一絲不掛的老師並玩弄著他的陰莖。自己會出現在情趣旅館這件事還是讓我難以置信。

身為平凡家庭主婦的我居然能待在這樣令人興奮的世界。光是這麼想就讓我有不可思議的興奮。老師的手指伸到我的胯股之間，開始磨蹭著陰蒂。

陰蒂變得很舒服。我一邊玩弄陰莖一邊看著A片，儼然已經成為淫亂熟女人妻K子了。突然間，老師要我自己自慰。

毫無疑問，我從沒讓別人看過自己自慰的樣子。不過在這麼淫蕩的氣氛下，我就願意這麼做。我照著老師說的，靠坐在椅子上，並且把腳打開到臀部能往外突出的程度。

老師移動椅子來到我面前看著我自慰。當被老師看見時，讓我興奮地持續用手指摩擦陰蒂。被看見自慰的樣子真的會很令人興奮。

不知道老師是不是也很興奮，在陰莖勃起的狀態下也開始自慰起來了。當然，我也是第一次看過男人自慰的樣子。手的擺動真的又快又淫蕩。龜頭也膨脹起，而我手指的擺動也變快了。

老師突然站在我面前，並把陰莖放進我的嘴裡。陰莖真的好美味，陰蒂也很舒服。腰部擺動地讓陰莖在我嘴裡抽動，我則把嘴巴縮緊地去品嘗。他同時也搓揉著我的胸部並愛撫我的乳頭。

陰莖從嘴裡抽出來之後，老師就坐著開始舔弄私處。那真是既興奮又舒服，我已經把一切拋之腦後，並沉溺在性愛之中。

他用兩手把我的陰蒂撥開，並用嘴巴含弄吸吮或用舌尖時而壓迫、時而摩擦。啊～好舒服啊！

我和老師的所作所為全都是我的初體驗，實在太厲害了。不過就算是女生，如果能夠興奮又舒服的話，即便是害羞的事情也會概括接受。能把我的陰道舔弄得這麼舒服的人也只有他了。

這次換老師坐在椅子上，我則跪著幫他口交。老師只要感覺舒服，我也會開心得讓下面氾濫成災。像這樣子舔弄吸吮男性的陰莖是我的初體驗。把精液吞進去也是我的第一次喔。

如果把老師教給我的口交方式用在丈夫身上的話，不知道會怎麼樣，一想到這個我就一邊含弄著陰莖，一邊笑起來了。他說不定就會變得想要跟我做愛了吧。

老師引導我變換成擁抱的姿勢來交合。我被老師抱起上身，並前後擺動腰部，之後陰道和陰蒂都被摩擦到而舒服不已。我已經溼透了，擺動腰部的時候陰道被陰莖摩擦而發出淫蕩的聲音。

「淫亂人妻熟女K子小姐的陰道水潤滑溜地很舒服。腰再多動一點」。老師在進行途中也說了這樣淫蕩的話。就算是在自慰的時候，他也會要我說出哪裡覺得舒服，「陰道、陰道、K子的陰道好舒服。」我就會說出這樣的話而興奮不已。

我在老師上面擺動腰部時，真的覺得陰道漸漸麻痺了。此外胸部也被揉搓並同時被吸吮，所以那種興奮與快感實在難以言喻。他要我抱住他，我就把手腳都交纏住他的身體，而老師則在交合的狀態下站起身來擺動腰部。之後一問才知道那是一種名為火車便當的招式。

我的身材是肉感的，所以體重還蠻重的。當我聽說他有在鍛鍊之後也就不意外了。丈夫明明就比他年輕十歲，但老師的體力和陰莖卻比較有力。

我們直接從火車便當式的交合換到床上去，以正常位開始抽插。當我覺得會被激烈抽插時，他卻微微地抽插著讓我的陰道口很舒服。陰莖深入我的陰道裡，老師也用臀部畫圓，藉以摩擦陰道口，之後陰蒂也被強烈摩擦而感覺舒服。

我已經無法忍受地說：「老師，就這樣讓我高潮吧，拜託你。

我快高潮了。」—，此時老師的陰莖很用力地往上頂進。「啊、啊、老師、老師、要高潮了。啊！」我就像這樣喘息著。

老師也用陰莖很用力地一邊摩擦，一邊在我耳邊說：「K子小姐的陰道，滑溜滑溜地讓我快忍不住了」—，老師就早我一步先高潮了。

我陰道裡並沒有保險套，他直接把精液注入，讓我很開心，那也算是一種快感，不久我也到達了極佳的高潮。

這麼淫蕩、興奮的感覺，陰道變得相當地溼潤。女生那裡濕了就代表著對陰莖的渴望。各位男性讀者，如果能讓女生感覺淫蕩又舒服的話，她們就會興奮地濕得不得了。若能像我所寫的內容一樣被淫蕩地對待的話，就可以引導對方到達愉悅的高潮了。

老師用衛生紙溫柔地擦拭著私處。我也用嘴巴含住舔弄他那帶有陰道味道的陰莖。我完全忘了家人的事情，而是感受到身為一位女性的幸福感。我好喜歡做愛啊。

老師一邊抱著我，一邊聊了很多事情。聊到一半的時候，我就玩弄著他那沾到愛液和唾液的陰莖。

老師好像有要求京子小姐給我情趣玩具。老師從包包裡拿出了他的著作《性愛按摩棒合併使用指導手冊》。當我看了之後發現這是一本針對女性一邊使用按摩棒一邊做愛的書。

好厲害，居然會有這麼淫蕩又好像可以很舒服的招式，因此我就興奮地用力握住老師的陰莖。如果能夠跟按摩棒一起使用的話，應該就能輕鬆到達高潮了。

當他要我拿出按摩棒時，我就從手提包中拿出大型按摩棒和小型按摩棒。我興奮地想像老師會對我做出什麼事情。淫蕩的事情真的很讓人開心。兩個人開啟開關來使用之後，我的陰道很快就濕了。老師用小型按摩棒貼住我的乳頭，接著有一股如電流一般的快感朝我襲擊過來。

如果是第一次看過按摩棒的話，用在自己身上當然也是第一次了。我拿著的按摩棒是可以一邊振動陰道的前端部位並同時旋轉。除此之外，還有針對陰蒂和肛門使用的隆起物。

兩邊的乳頭相互被按摩棒磨蹭，我則同時跟老師舌頭交纏地激烈深吻。我手中淫亂擺動著的大型按摩棒，正發出淫蕩的聲音並振動著。

他一邊吸吮我的乳頭，並同時用按摩棒振動並強烈刺激另一邊的乳頭。胸部被弄得十分地舒服，這個按摩棒就一邊振動我的身體並往下游移到陰毛處，已經無法自拔的我就自己主動把腳張開了。老師的嘴巴含弄住我其中一邊的胸部，而另一邊的胸部則被繞過頸部的手去愛撫乳頭。

小型按摩棒前段頂著陰蒂之後，馬上就有一股強烈的快感遊走在胯股之間。實在沒想到按摩棒會有如此強烈的感覺。計算輕輕碰到也會很有感覺，當一被磨蹭之後就會非常舒服，下半身都會如同波浪起伏一邊地搖晃。

雖然舒服到過程全忘了，但是我覺得當時喘息的聲音愈來愈大。就這樣持續下去的話，一分鐘也撐不了吧。老師說：「愉悅感要再持續下去會更好」，所以就把按摩棒從陰蒂那兒拿開。就這樣直接高潮也很好，不過我也想要更舒服一點，所以就同意了。

老師移動到我張開的雙腳之間，並在腰部墊了一顆枕頭。這樣一來，陰道的位置就會提高，這樣比較容易舔弄，要做到一些淫蕩的動作好像也會更輕鬆。

他大肆地舔弄吸吮我那溼透的陰道，然後再讓我的陰蒂獲得極佳的歡愉，實在令我感激不已。陰道也感動地溢出愛液了。

各位男性讀者，老師應該是幫我的陰道自慰了。他用雙手剝開陰蒂，並從陰蒂下方用舌尖摩擦，再從上方以按摩棒輕輕觸碰。有生之年第一次感受到如此興奮與強烈的快感。

就這樣繼續下去的話，應該連一分鐘都撐不了吧。老師移動身子，讓我變換成69式的下位，這次我就一邊品嘗著陰莖，一邊用大型按摩棒插進陰道裡。

輕微地移動按摩棒之後，陰道口就會被摩擦到，裡面也會被前端部位來回旋轉攪弄，肛門則會被隆起物插入並振動。接著老師就用嘴巴含弄吸吮著陰蒂。

老師，好厲害。K子已經受不了了。光是回想著寫下這些事情，讓我的陰道都開始想用按摩棒了。想起我和老師的所作所為就會興奮地用大型按摩棒插進K子的陰道裡。很快地我就高潮了，暫時處於失神的狀態並享受著餘韻。我會把按摩棒藏在誰都找不到的地方。

老師又再次移動著，讓我呈狗爬式的姿勢。當我還期待著他要怎麼做時，他就把陰莖和小型按摩棒一起插進來了。啊～！老師，太厲害了～～～

按摩棒添附在老師陰莖的下方，然後就插了進來。你們瞭解嗎？陰道口就會被撐開，而有強烈的摩擦感，按摩棒的振動也會從陰道傳遞到陰蒂。「老師，我喜歡這樣，再頂進來一點。」

我用力抓著床單，拼命地承受住這樣強烈的快感。不過，我還是沒能忍下來。後方有一股如麻痺一般的快感席捲而來，我的呻吟聲大得像是在尖叫，然後就高潮了。

按摩棒和陰莖被拔出來之後，他就拿衛生紙從後方幫我擦拭已濕透的陰道。我反過來問他：「老師，你不射出來可以嗎？」他說：「因為有年紀了，所以射一次已經是極限了」。說得也對，可是我就是想要一次射在嘴裡，一次射在陰道裡啊。

男人啊，只要一興奮勃起，不到射精是絕不罷休的。丈夫也是性致來了就還是會要我用手幫他射出來啊。如果露出討厭的表情，他就會不開心，所以我都會用手幫他套弄到射精。他會一邊摸著我的胸部或臀部，一邊讓我弄到他自己興奮到射精為止。

老師應該也是顧慮到工作的關係吧，不過即便勃起卻在不射精的狀態下去取悅女性，這樣的老師真的很了不起。其實孩子們和婆婆都說過我變開朗了。的確是這樣沒錯，我和老師的性愛是我有生之年第一次有身為女性真好的感覺。

就算不跟丈夫做愛也沒關係。我也沒有外遇的打算。因為應該不會有像老師這樣工作上有一半的時間都在做愛的男人吧。要是能夠給我一個像老師這樣的男性，我可以考慮看看。

陰道溢出的愛液讓胯股之間都變得黏黏滑滑地很不舒服，所以我就去洗澡洗乾淨。陰道變清爽之後，我又想讓老師舔弄了，我完全已經成了淫亂人妻熟女了。

一看手錶發現還有一個小時半的時間，時間還很充裕。我在床上全裸著，和老師一邊喝啤酒，一邊看A片。我也一邊玩弄著老師的陰莖。

老師真的很淫蕩、很會做愛。而且還很溫柔。不論是幫我擦拭陰道，還是在吞精之後讓我喝果汁，這對女性而言都是一種溫柔。

此外，最後他讓我趴著，幫我做了全身按摩。其中也包括陰道按摩喔。

從頸部開始，肩膀、手腕、手掌、背部到臀部、腳跟、胯股之間，按摩到胯股之間時，他還從後面去揉搓陰道。大腿、小腿肚、腳踝、腳掌、腳趾都舒服到全身輕盈了起來，接著他就讓我仰躺著。

他從臉頰撫摸按摩，並揉著胸部周圍和整個胸部，接著用手指對乳頭時而轉弄、時而磨蹭，並把兩邊的乳暈和乳頭用5隻手指去擦弄。按磨得效果讓全身都放鬆了，感覺舒服到都要升天了。這種感覺好像是身體從床上漂浮起來的樣子。

被男生服務的快感，正是女性的無比幸福。他用手掌將胸部往上提地緩慢揉搓，並同時用兩邊的拇指來轉弄乳頭。啊～好舒服啊～。

他用兩手如輕撫一般地揉著側腹部，並延伸到下腹部、大腿根。手碰到陰道時有一種愉悅的快感。他揉著大腿之後就打開我的雙腳，幫我做私處的按摩。

這還是我第一次有這種感覺。手掌覆在私處並上下、左右、畫圓地揉搓著。此外，中指則會貼著陰蒂擦弄。真是一種不可思議的快感。陰蒂也會很舒服，整個私處都會很舒服。之後一問才知道，這好像是老師自創給女性專用的性感按摩。

他的右手手指一邊擦弄陰蒂，一邊給予壓迫，並有節奏地用手指輕拍陰蒂。左手手指則在胯股之間來回揉搓，或者用指尖擦弄兩邊的花瓣，這讓我有一種微妙的快感。

這真是一種最棒的療癒方式。疲累的時候只要接受這種性感按摩，私處就會變得性致勃勃。老師在陰道裡大概插進了2根手指，小指則插進肛門裡。接著他縱向地用2隻手指擦弄陰蒂。

陰蒂、陰道裡和肛門都有節奏地被溫柔刺激，經過一段時間之後，我已經忘我地沉浸在快感之中了。老師溫柔的愛撫開始慢慢地增強。

「啊～，老師，K子的陰道、陰道好舒服啊～」我自在地浸淫在快感裡，但是當刺激度愈來愈強烈時，我就無法自拔地激烈喘息。

這樣下去好像要高潮了，「快進來！求求你，我想用老師的陰莖高潮」我懇求老師快插進來。老師的陰莖一開始插入時還是有點萎軟的狀態，不過在裡面動著動著很快就硬起來了。

最後我被老師的身體貼著，身體緊貼著做就會讓我要高潮了。我讓老師自由擺布，一邊感受體溫，一邊照著老師所說的去專注在陰道的快感裡。他時而激烈地往上頂，時而輕微地擦弄陰道口，並且緊貼地進行8字運動。

「老師，我快高潮、高潮了，老師也快射」一說完，他就激烈地擺動腰部。陰道漸漸地麻痺起來，老師和我幾乎是同時到達高潮。高潮的時候，兩個人都發出很激烈的聲音。

一起到達高潮感覺像是兩個人的身體合而為一了。老師不把體重壓在我身上地一頭埋進我的胸部裡。我心疼地緊緊用雙手抱住老師的頭。兩個人都激烈地喘息著，恢復正常之後老師的陰莖也跟著縮小並拔了出來。

被我的愛液和老師的精液沾濕的陰莖就被我用嘴把含住，一滴不露地舔弄吸吮地幫他清洗乾淨。當晚，我帶著舔過老師陰莖的嘴巴，澡也不洗地直接回家了。

丈夫已經先睡了。因為是兩張單人床，所以和丈夫隔有一段距離，我把手指插進還殘留老師精液的陰道裡，並嗅聞著手指上的味道。果然有一種性愛的味道。嘴巴裡也還留有老師陰莖的餘味。

當晚，我還是在興奮的狀態，但是卻舒服地累到睡著了。隔天早上滿足地醒來，做早餐給家人吃之後就送他們出門了。婆婆每天的例行公事就是喝完茶後上二樓去看綜藝節目。到中午之前幾乎都不會再下樓了。

一個人獨處的我想起昨晚的事情，就竊笑著把手伸進內褲裡，並將手指插進陰道裡再聞著那一股味道？那裡還殘留著性愛的味道，陰道就濕了起來了。如果婆婆不在的話，就可以拿出被我藏起來的按摩棒玩了。

開始撰寫原稿不久後，心想能夠在老師和京子小姐的書裡插上一腳，就讓我心裡充實而開心不已。

因為寫的時候不能讓家人知道，所以花了一個禮拜才完成。

婆婆一週會去三次老人會的聚會。那時候我就會拿出大型按摩棒來玩。當我腦海裡浮現出和老師做過的事情後，陰道馬上就濕成一片，按摩棒就難以置信地滑溜進去。

家人都不在時，我一邊回想著一邊撰寫著原稿，每次都會讓我濕了。忍耐著繼續寫的話，內褲就會濕到令人難以置信的地步。我閉上眼睛一邊想著和老師的性愛，一邊也不停接受按摩棒的關愛。

這件事情我沒有跟好朋友們提起過。因為萬一我的女性好友也想要去實際體驗的話，我體驗的機會就會變少了吧。老師也已經跟我約好下次的實際體驗採訪了。

我平凡的生活完全變得不同了，每天都過很開心。只要知道這件事情，幾乎所有女性都會想要體驗看看吧。因為女人最喜歡勃起的陰莖了。各位，這是真的喔。

最後，各位男性讀者們，這本書一定能對你有所幫助。這是淫亂人妻熟女K子的衷心懇求。

京子／淫亂人妻熟女K子小姐的原稿就到此為止。辰見老師下流地讓女性興奮而持續出現淫蕩行為的過程大家都知道了吧。此外，女人就像K子小姐那樣，如果進行淫蕩又興奮的行為，就會進一步張開雙腳讓你觀賞自慰的樣子。

作為辰見老師的對象，已經變成淫亂人妻熟女的K子小姐被舒服地引導到高潮，他把精液吃進嘴裡並吞下去已作為謝禮。這如果是那種射後不理的性愛，肯定不會做出吞精這種事情。

K子小姐說她的生活完全變得不同了，每天都過得很開心。各位男性讀者，也讓女友或老婆的生活完全變得不同吧。性愛是伴侶之間的潤滑油。

第二章就到這裡告一段落。從第三章開始也是相當劃時代的主題「能夠擁有女孩喜歡的陰莖？」。你開始好奇了嗎？

第三章

能夠擁有女孩喜歡的陰莖？

■比起名刀，前戲更重要，我的只是普通大小？

我那和許多女性進行過實際體驗採訪的陰莖可能會稍微比男性勃起的平均長度還要小。當然這樣的陰莖要被稱為名刀（雄偉的陰莖）還差得遠。因此，我就必須透過非常充實的前戲來取悅女性。

想必各位都已經透過三井京子的採訪，認識了本書中進行過實際體驗採訪的兩位女性了吧。如果是一般的陰莖大小，只要透過充實的前戲和正確的性運動，就能輕易引導女性獲得高潮了。

被稱為名刀的陰莖，容易因為陰莖大而自滿，因此常只顧自己用陰莖來進行性運動。即便如此，男性還是會異常在意陰莖的大小與粗細度。在三井京子的採訪中，應該就能瞭解女性對於陰莖的喜好了。

●京子的陰莖測量採訪

男性的陰莖測量採訪？哇！我喜歡這種令人興奮而害羞的採訪（笑）。可惜，我並不是親手讓陰莖勃起再實際去做測量。

在我淫蕩計畫的驅使下，我到十組情侶的家中去拜訪，我讓老婆或女友用自己喜歡的方式去幫丈夫或男友的陰莖勃起，再由這些女性去進行測量。

就形狀而言，我用拍立得相機拍攝之後再用Illustrator繪圖設計軟體描繪下來。我一直覺得每一根陰莖的形狀有它不同的特色，絕對不會有長得一模一樣的陰莖。這也同樣印證於私處上。

事前我會先寄文章的採訪內容和辰見老師的口交性愛書過去。其中不乏興奮地不停口交的女性，或是褲襠一直隆起的年輕男性。

雖然沒有情侶會當場就做愛，但想必十位心癢難耐的男性都讓女性用嘴巴和手弄到射精了。

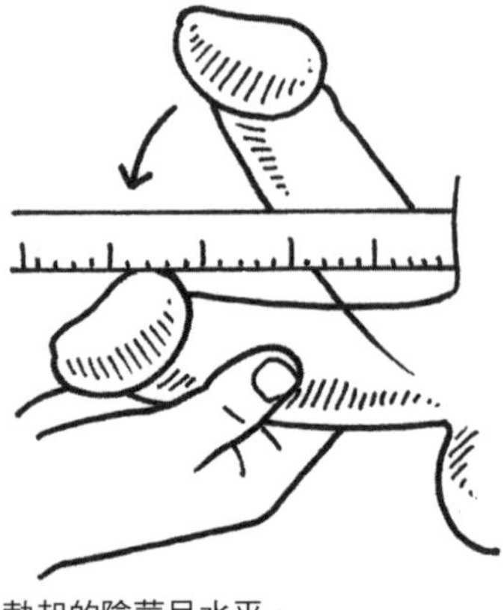

勃起的陰莖呈水平，
並從根部開始測量。

●久美小姐還是陰蒂派的

第一對情侶檔是同居中的久美小姐（假名．19歲．專科學校學生）與建二先生（假名．20歲．大學生）。從老家到東京就學的建二與第一次做愛的久美小姐，還有有過陰莖摩擦陰道而高潮的經驗，只有透過陰蒂才會有高潮的感覺。

久美／《口交&舔弄》的書真的很厲害耶。我和建二一起看了之後，當晚就讓他幫我舔陰了。我還是第一次透過舔陰而高潮，為了答謝他讓我舒服到高潮，我也把那裡借給建二，讓他滿足了四次喔～。

久美小姐的手一開始會先揉搓建二的胯股之間。兩個年輕人每天晚上好像都會做愛，一邊說著色色的話，一邊讓他站著，幫他脫下內褲。建二那根從一開始就完全勃起的陰莖即便長度還不到標準值，但是粗度幾乎已到標準值了。

形狀和顏色都很均勻，久美小姐把它含在嘴裡，之後就無法再繼續觀察了。繼續進行口交一陣子後，我就催促他們進行陰莖的測量，結果是長度9・6cm，直徑3・1cm。建二的陰莖性能良好。建二對還不瞭解陰道摩擦快感的她進行非常充實的前戲，並照著本書的方式去進行性運動之後，久美小姐馬上就感覺到陰道帶來的高潮感了。久美小姐陶醉在勃起的陰莖上，在不間斷地口交和手部動作的驅使下讓建二射精了。呼～

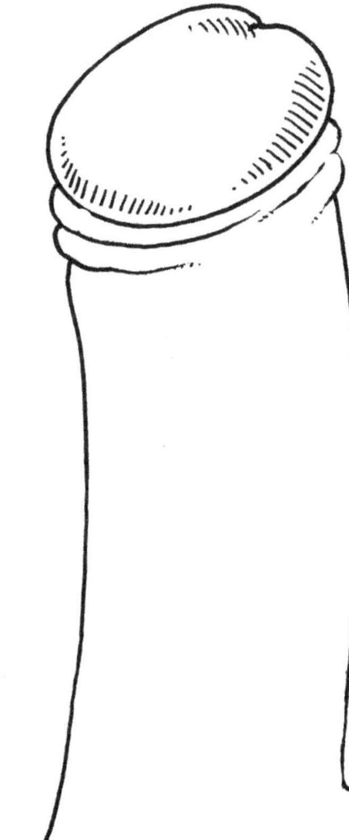

●十分滿足的41歲主婦

接下來進行陰莖採訪的是一對40歲出頭的夫婦。丈夫幹夫先生（假名．43歲．上班族）、妻子明子小姐（假名．41歲．家庭主婦）。幹夫先生是辰見老師的粉絲，除了《口交&舔弄》的書之外，也細讀了許多作品。他可以說是辰見老師著作的實踐者。

很快地，幹夫先生就坐在沙發上把下半身全部脫光，妻子則以巧妙的手部動作開始揉搓那根萎軟的陰莖。幹夫先生一邊看我的眼神好像要舔過我的全身一樣，並同時興奮地慢慢勃起。我也興奮到內褲都濕了。

幹夫先生的陰莖長度為9．7cm。直徑為3．1cm長度和粗度都在標準值以下，不過妻子卻好像很滿足。陰莖的功能並沒有什麼問題，此外，幹夫先生在一絲不苟的前戲下進行交合，2～3分鐘過後就好像到達高潮了。

我目睹了這對夫妻10分鐘的過程。丈夫也敞開妻子的胸部，並一邊揉搓胸部一邊激吻，妻子手部的套弄動作簡直就像男性在自慰一樣地熟練。

不久後，妻子就跪在丈夫面前，激烈地擺動著頭部來進行口交。我的陰道也因此熱了起來，變得想要做愛了。好像會一直吹個不停的口交也讓丈夫「嗚！」地一聲就在妻子的嘴裡射精了。嘴巴移開後，陰莖前段和嘴唇還有絲唾液。

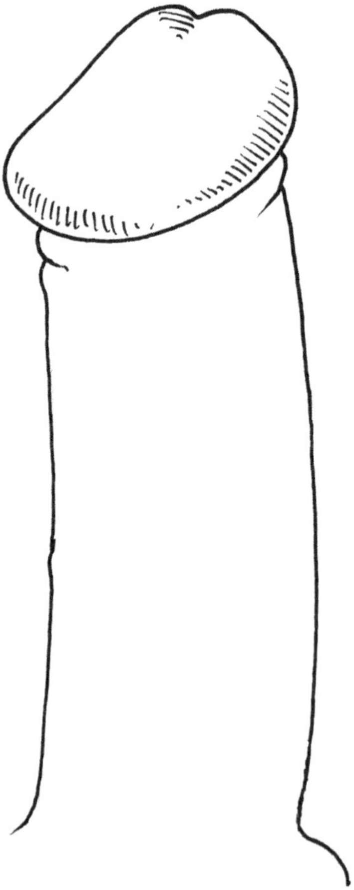

●京子也常見到的平均大小

浩司先生（假名・31歲・上班族）與禮子小姐（假名・26歲）是一對交往六年的情侶。最近有結婚的打算。今天則是在禮子小姐的房間裡進行陰莖採訪。

禮子小姐是入口派的，不過因為浩司先生的早洩問題，所以四次只有一次會到達高潮。浩司先生不用擔心，只要將《口交&舔弄》的書合併使用的話，你的陰莖就不會有問題了。

已經交往六年的情侶，呼吸一致的動作配合，浩司先生和禮子小姐都裸誠相見了。浩司先生的陰莖呈現半勃起的狀態。禮子小姐倒過來躺下並含住浩司先生的陰莖幫他口交。浩司先生的上半身以側位姿勢去舔弄陰道，並同時揉搓胸部。毫無疑問，他們是第一次接受這種淫蕩的採訪，所以彼此都處於極大興奮的狀態。而我的內褲也呈極溼潤的狀態了。好想加入啊。途中我中斷他們，而禮子小姐握住還橫躺著的浩司先生的陰莖進行測量。長度為11・8cm，直徑為3・3cm。幾乎算是日本人的標準大小了，這也是我常見到的大小。

禮子／小浩，你沒有早洩耶。《口交&舔弄》的書和接受採訪的書一起使用的話，簡直完美到我好像都能早你一步高潮了。

浩司／那是因為小禮的陰道真的太舒服了啦。

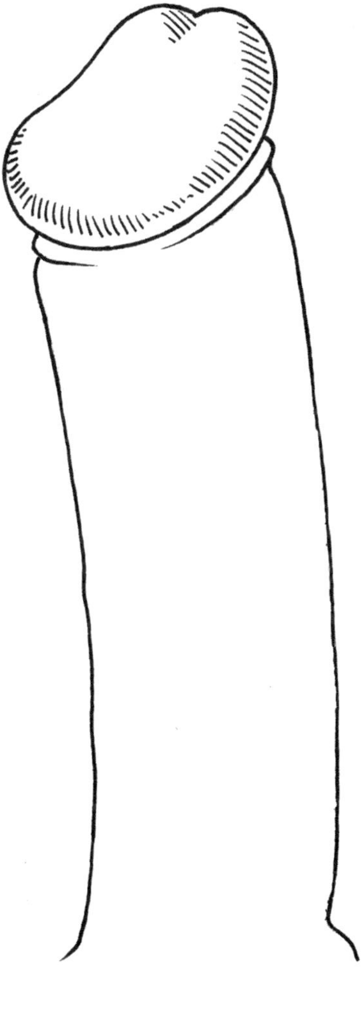

●一習慣之後就會難以承受摩擦感

悟先生（假名．34歲．身體勞動？）與道子小姐（假名．27歲．打工族）倆夫妻見了面就實踐了口交&舔弄的書並獲得至高無上的歡愉。

悟先生將道子小姐的手帶到胯股之間，一邊讓她揉搓，一邊用淫蕩的眼神看著我的臉而興奮不已。道子小姐把褲子的皮帶解開，並把內褲也一起脫下，還沒有完全勃起的陰莖看起來非常大？就這樣繼續勃起的話，可會是根巨屌，之後發現長度並不長，但直徑卻很粗。

他讓道子小姐幫他口交，並同時用眼神強姦我的身體。我就特別把腳稍微打開，藉以凸顯大腿的部位來讓他更加興奮。完全勃起時，道子小姐就進行陰莖水平測量。

長度為10・5cm，直徑最粗來到5・0cm。道子小姐則是陰蒂&入口派。

道子／一開始很痛。但是等到習慣之後，陰道口就會撐開被摩擦而舒服不已。插入到根部一邊旋轉腰部，一邊磨蹭著陰蒂實在太舒服了。

她一邊說，一邊磨蹭著悟先生勃起的陰莖。

悟／京子小姐也想吃看看我的陰莖嗎？果然粗的比較好吧。你可以摸摸看喔。

京子／我會拿拍立得拍下來。

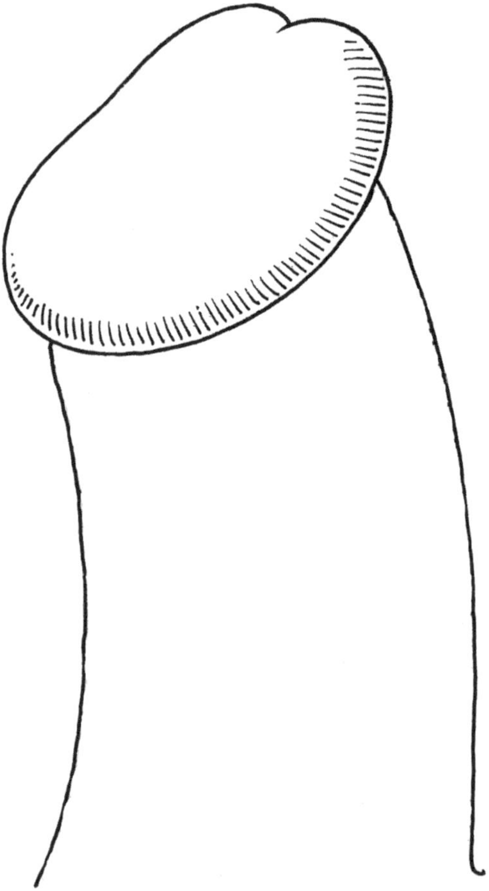

●比起勃起力更要用前戲來彌補不足？

47歲和49歲的夫妻。現在一個禮拜也還是會做上四次，是感情很好的夫妻，他們看起來非常的幸福。丈夫也有辰見老師的書，對於拿到同樣是老師作品的《口交&舔弄》指南書感到相當開心。當然，夜生活應該也會很開心吧。

丈夫自己把褲子脫下並坐在沙發上，妻子則把手伸了過去。丈夫的陰莖在正常情況下是包莖的狀態。不知道是不是因為緊張，妻子就算再怎麼擦弄都還是無法勃起。此時我中斷妻子的動作，並由我來幫他處理一下。因為如果不勃起的話就無法進行採訪了。

「能被年輕的女性擦弄，真是光榮啊。」他邊說著，陰莖就慢慢地勃起了。當一勃起之後，我就直接交棒給他的妻子繼續擦弄。即便勃起但依舊處於水平狀態，不過妻子看起來好像蠻舒服的。長度為10・5cm，直徑為3・4cm。

妻子／上了年紀之後比較容易感覺舒服了。年輕的時候，丈夫都早我一步高潮，每次我都被冷落在一旁而讓我很不滿。不過最近變得比較持久了，所以也願意花一些時間幫我擦弄那裡。唉呀，說這種事情真害羞。

丈夫／最近比起勃起力而言，我用更多前戲來彌補我的不足。已經用了好幾年的女性生殖器也不錯喔。長久下來都知道哪裡會有感覺，所以妻子也會很開心。

妻子／親愛的，你可以射出來了喔。

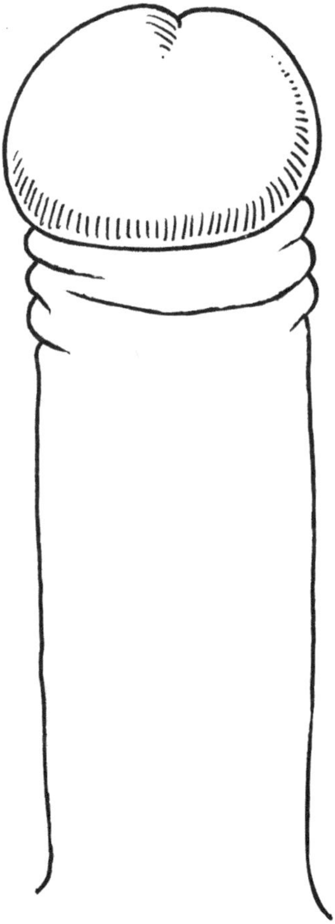

●年輕夫婦每晚都做愛

一到這對夫妻居住的公寓時，年輕的太太美咲小姐（假名・21歲・上班族）就出來迎接我了。走到客廳喝了咖啡之後，年輕的丈夫真二先生（假名・22歲・上班族）就裹著一條浴巾走進客廳裡了。

突然間，美咲小姐就說：「小真，把浴巾拿掉，我要看陰莖」。當浴巾拿掉之後，我看到胯股之間那根仍萎縮但卻已經很大的陰莖往下垂著。由於之前都有先說好了，所以大家才能在淫蕩的氣氛下讓我進行採訪。

我跪在站立的真二先生面前，我用還不熟練的方式擦弄，那根年輕而淫蕩的陰莖映入我的眼裡。真二也對我有感覺吧。他就急遽地勃起並呈現如一棵松茸般的形狀。

雖然不是我所期望的大小，但形狀卻很漂亮。美咲小姐反握著陰莖並一邊擦弄一邊拿尺來測量。長度為11・9cm，形同松茸的冠狀部位直徑為3・2cm。

美咲／我那裡還沒感受過高潮的感覺。不過有這本書作為參考，晚上應該會很開心。

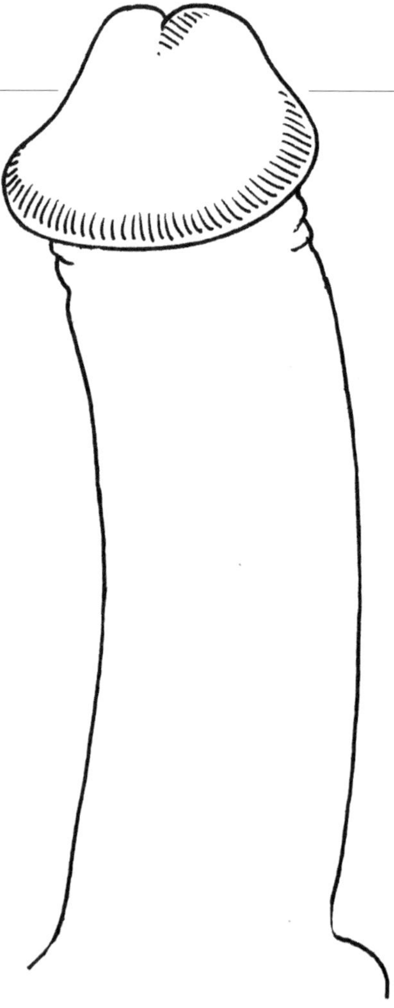

●年輕的陰莖是活力的來源，但是……

34歲的單身事務員，昭子小姐（假名）與大學生洋一先生（假名．20歲）有著一段很乾脆不囉唆的交往關係。換句話說，兩個人是炮友關係。

一進到昭子小姐的單人套房，洋一半裸著且陰莖也已完全勃起。20歲的陰莖好像要碰到下腹部般地往上彎起。

昭子／年輕人的陰莖翹起來感覺很有活力吧。年輕的陰莖是活力的來源喔。但是他卻比我還早忍不住，所以這也是年輕陰莖的缺點。洋一，我要測量陰莖了喔。這個嘛～長度是12・5cm，直徑是3・4cm。很厲害吧。

一週會見兩到三次，也都會做愛，我每次都積累了很多性慾，所以不在我裡面連續射上三次的話，這種性愛是無法讓我有感覺的。

今天也積了很多性慾，一到我房間他就呈現勃起狀態。洋一被京子小姐看的感覺很興奮吧。讓我用嘴巴幫你吧。

洋一的陰莖馬上就忍不住了，就在昭子小姐的手裡射出了大量的精液。即使射完了卻依然勃起著。

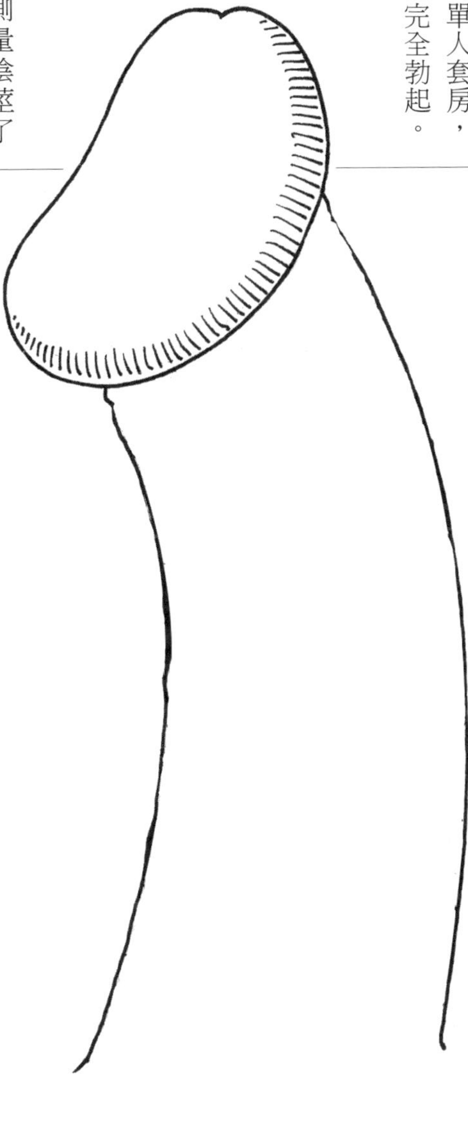

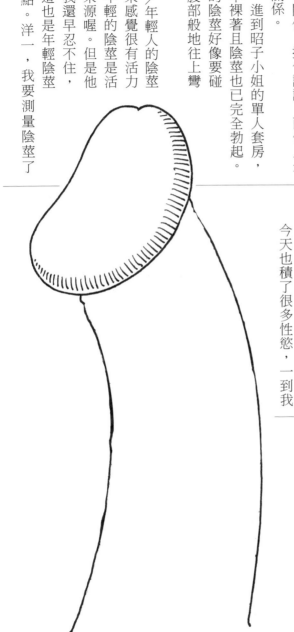

●大很可能是小的範本

接下來的夫妻檔，太太和我是朋友。聽太太說丈夫的陰莖很大，所以就滿懷期待地去採訪了。即便在正常的時候，他的大小也已經超越了日本男性陰莖勃起時的長度，當陰莖被太太磨蹭之後，長度居…居然有17．0cm、直接有5．9cm。龜頭的直徑則有6．5cm，真是讓我看到相當棒的玩意兒了。

太太／我和丈夫第一次做愛的時候，我還誤會他是不是把別的東西給放進來了。那時我被他粗魯地抽插到深處很痛，結束之後那裡都受傷了，丈夫的那玩意兒也都沾著血。雖然我看著它舔弄的時候覺得興奮，但我卻還沒習慣這種疼痛感。因此，我用雙手把那裡撐開，先用尖端的部位來回抽插。我會讓丈夫用手和嘴巴幫我弄到高潮，而這也就足夠了。

●只看過丈夫陰莖的太太

丈夫誠治先生（假名・31歲・上班族）對自己陰莖不大的事情感到有些自卑。當說明過本書可以幫他消除這種自卑之後，他就很乾脆地答應採訪了。

妻子佳子小姐（假名・29歲・打工族）的第一個男人就是她的丈夫，她並沒有看過其他男性的陰莖，因此她認為丈夫的陰莖就是標準大小了。

他紅著臉害羞地擦弄丈夫陰莖的姿態可能會深得辰見老師的心喔。佳子小姐試著去測量之後，結果長度為9・6cm，直徑為2・9cm。保險套的尺寸好像也是S。

太太聽了一些關於性愛的事情之後，「丈夫的那個東西從來沒有讓我高潮過。不過他用手和嘴巴幫我也可以很舒服，所以我覺得這樣就可以了。但是拿到這本《口交&舔弄》的書，丈夫也照著書上的方法讓我覺得很舒服，感覺就像是第一次被插進去一樣。」

之後如果能照本書正確進行性運動的話，這對夫婦應該就沒有問題了，不過總歸來說還是丈夫太太在意大小的問題了。這個解決方法將會在本書的151頁介紹、解說。太太的丈夫聽到之後相當的開心。太太的表情也興奮地紅／起來了。真是一對美好的夫妻。順道一提，太太有感覺的部位好像是在陰道口。154頁的丈夫所遇到的情況會比較嚴重。

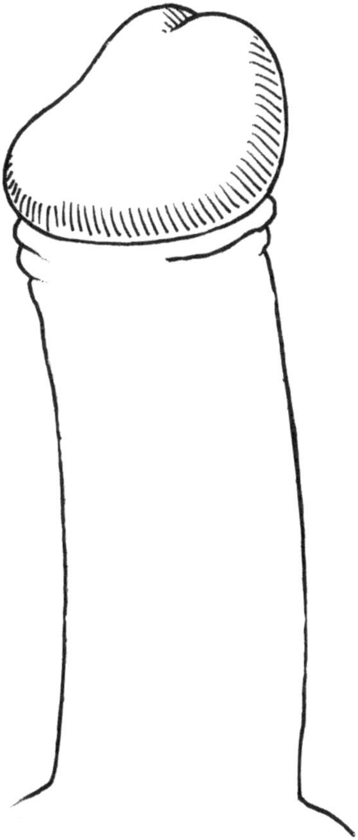

●51歲的丈夫與29歲的太太

丈夫是再婚，太太則是第一次結婚。27歲結婚的太太在第一次做愛的時候就立刻感覺到高潮，因而感激不已。總之，他們的前戲淫蕩、興奮又舒服，交合時也是進行有緩急之分的性運動，所以她說這是她有生之年第一次透過陰道來感覺到高潮。

丈夫的樣子感覺好像跟誰很像，之後我就想到了，沒錯，他很像辰見老師。即便看起來有紳士風度，但卻有一種異常的淫蕩感，對性愛的想像力也很豐富，對取悅女性上有著異常的熱情。

有著紳士風度的丈夫跟太太和我一起並坐在沙發上，他在我們眼前開始套弄著陰莖，他一邊交互看著我和太太，一邊套弄大概一分鐘左右。突然急遽勃起的陰莖形狀長得很像小芥子（日本圓頭圓身的小木偶人）。

他要太太測量，並開心地握著陰莖進行測量。長度為11・8cm，直徑為3・5cm。接著他居然要我用手幫他擦弄，而我也照做了。丈夫的手在太太的內褲裡游移著。手指的動作應該會很舒服吧。她搶走我手裡的陰莖，不停地口交。簡直就像在看《口交&舔弄的書》一樣，我也快要受不了了。最後丈夫在她嘴裡射精。呼～

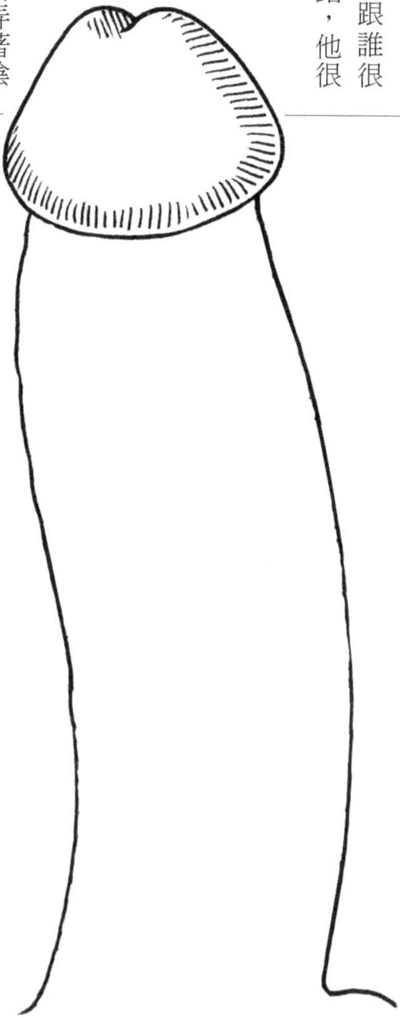

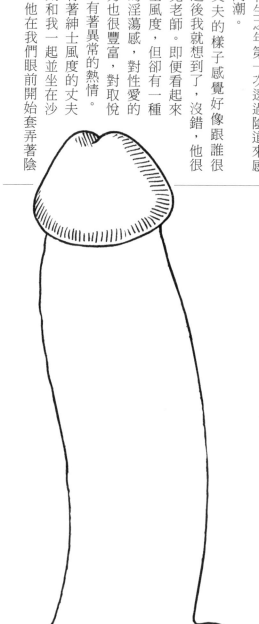

■別煩惱，可會變成壓力的

正如保險套的尺寸可分為S、M、L一樣，陰莖也可以分成S、M、L。如果在這個範圍之內，性愛是不會有什麼問題的。早洩的問題只要充分進行前戲並在性運動中配合女性進行複合運動，還是可以確實引導至高潮。

L以上、S以下的陰莖大小雖然會有問題，但是S以下的陰莖也可以變身為女友喜歡的陰莖。就如本書好幾次提到過的，女性會感覺舒服是因為陰莖的莖部擦弄著陰道所致。當然每個女性對於摩擦感的喜好也會有所差異。

陰莖長度即便是S，如果粗度是M、L的話是不會有問題的。重點就在於陰莖莖部是否能摩擦陰道口來給予對方歡愉，交合也是以此為前提。

142頁開始將會介紹、解說由三井京子發明（？）的終極陰莖改造法。我（辰見）雖然會在性愛上有一些相當淫蕩的想像，但是這是由擁有陰道的三井京子才想得到的發想。

各位男性讀者，你們都能夠輕而易舉地讓陰莖變粗，並讓陰莖變身進而帶給女友或太太都喜歡的摩擦感。我也親自嘗試過了。當然，我兩次的體驗都是和那位淫亂人妻熟女K子小姐在實際體驗採訪中所進行的。

我用變粗的陰莖讓喜極而泣的淫亂人妻熟女K子小姐在自己的陰道口上獲得至高無上的快感。

●藉由矽膠胸墊來讓陰莖變身？

男性雖然對陰莖會有一些自卑感，但是女性卻不會跟男性一樣對自己的性器有自卑感。陰道對於各種陰莖都會有包容力的。

女生的話，有些人可能會對胸部存有自卑感。胸部要比貧乳大一點比較好，形狀漂亮一點也比較能抬頭挺胸地生活。在海邊看到布料少的女生也都是那些胸部大的女生吧。女性就是一種會突顯胸部的生物。

我對自己的胸部也很有自信。為了不要下垂，每天都努力地在保養。因此，我並不需要仰賴胸墊。而一切就要從我朋友給我看矽膠胸墊開始說起。

●矽膠胸墊是救世主？

這裡不會出現商品名稱，但大家都知道矽膠胸墊。貼在胸部的部份具有黏著性，是一種只要清洗過後就可以重複使用的絕佳單品。我的女性朋友們讓我看，並實際裝在我的胸部上。

女生就算跳來跳去，或是再怎麼往後挺腰，也還是可以聞風不動地吸附住。此外也可以輕易的剝落，貼住胸部的部份用指腹壓住之後就可以吸附住了。

不想輸給辰見老師的我突然有一個念頭閃過去。這也可以吸附在陰莖上？矽膠胸墊說不定就是陰莖自卑感的救世主。我的胸部雖然不需要這個東西，但是試戴時一觸模就覺得觸感很好。

矽膠胸墊的人體肌膚觸感與彈性

我（三井京子）第一次看到矽膠胸墊的實體。就如我一直提到的，我的胸部已大得經逐漸下垂了，所以比起矽膠胸墊而言，防止下垂的運動對我來說比較重要，所以不做愛的時候，每天晚上都會做上30分鐘左右。朋友讓我試戴上去，從上面揉搓地觸模時，覺得它有彈性而且觸感很好。接著我穿上T恤從上面去摸之後，覺得應該會跟真的胸部搞混吧。因此不把這個東西試戴到陰莖上實在說不過去。

女性友人為了三井京子試戴的矽膠胸墊而閃閃發光的樣子。

試著裝在手指上

當我對她說：「試著把它裝在陰莖上吧」之後，就興致勃勃地把其中一個矽膠胸墊讓給我。她也很喜歡色色的事情。我身邊的人都很喜歡性愛耶。我把兩個胸墊分開，並把其中一個試裝在手指上。這玩意兒剛好服貼在手指上，我就更加確信了。這也適合套在陰莖上，讓陰莖得以大變身。一摸摸看之後，其適當的彈性讓矽膠胸墊就算插進去也會跟陰莖的觸感幾乎一樣吧。陰道口好像會很舒服。

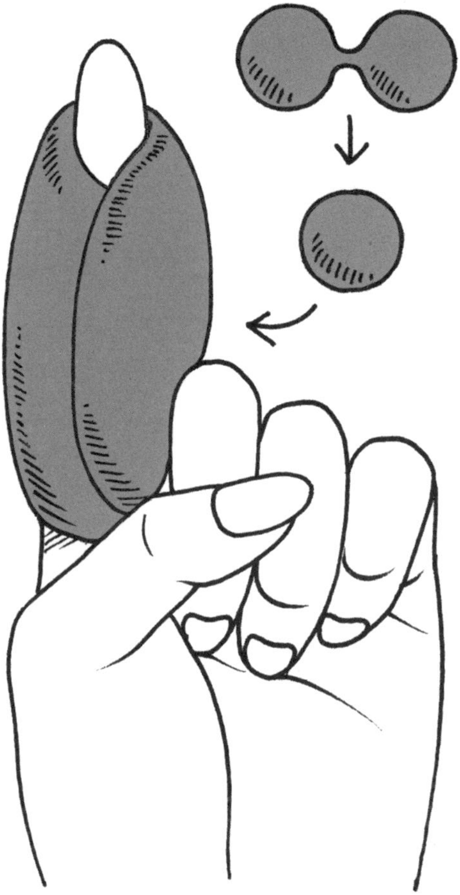

把兩個胸罩分開，將其中一個胸墊裝在手指上而確信不已的三井京子。

■老師，真是低估你了

我（辰見拓郎）一直被三井京子稱呼為老師，但是從現在開始我得要稱她為三井老師了。這真是那些對陰莖自卑的男性的救世主。三井老師，我真是低估你了。

三井老師好像也有和炮友進行實際體驗採訪，雖然沒有必要，但是我也想要在實際體驗採訪上給予協助。

如果要稱呼三井老師的話，整篇文章很難再修改過，所以在文章上我還是會省略名諱，直接稱呼三井京子，請多多包涵。

我也沒有使用過矽膠胸墊，所以並沒有什麼興趣，但是當我拿到實物觸摸看看之後，發現這個東西的觸感的確很好。

●透過炮友來實際體驗取材

很快地，我就把炮友約出來，這次就直接到情趣旅館。一起洗澡之後，並仔細地幫他清洗陰莖，再仔細地用浴巾擦拭，然後用手擦弄到勃起。炮友也興致勃勃的。

我將未加工過的其中一個矽膠胸墊裝在陰莖的外側，並往內側纏繞。果然正如我所想像的一樣。這完全服貼在勃起的陰莖上，並變身成粗寬的陰莖。

下方插圖的裝戴方法中，細窄的陰莖會變粗，另外龜頭也會稍微被覆蓋住，所以也可以因應早洩的問題。真是一石二鳥，不，這好像也會讓陰道感覺舒服，所以應該是一石三鳥才對。當然就這樣直接進行實際體驗了。

三井京子的實際體驗採訪感想

左邊插圖的裝戴方法中，陰莖中間、左右都會變粗。往下到根部的地方就會漸漸變細。我由於是入口派的，所以陰莖莖部中間部份會變粗，而這一段陰莖的中段部位就會摩擦到陰道口。這應該誰都會覺得舒服的吧～～～（淫笑）。直接這樣摩擦的話，感覺就跟變粗的陰莖沒兩樣了。這真是一個優良單品啊。我，三井老師可是大家的救世主啊！當我問炮友有什麼感覺時，他也回答我說快感可以持久而舒服。他可以毫無顧慮地頂撞我的陰道，並欣賞我喘息的姿態。

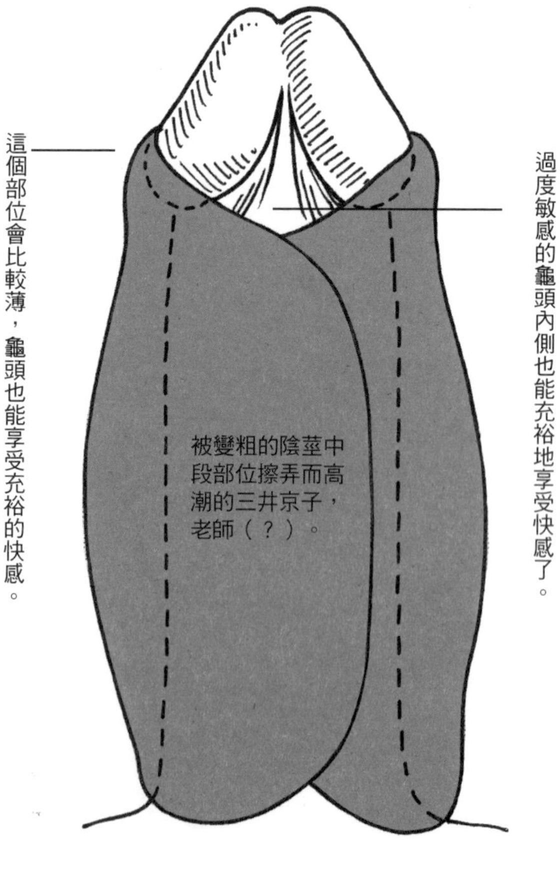
過度敏感的龜頭內側也能充裕地享受快感了。
被變粗的陰莖中段部位擦弄而高潮的三井京子，老師（？）。
這個部位會比較薄，龜頭也能享受充裕的快感。

●加工一下讓根部變粗

我的陰道是入口派，所以如果不將矽膠胸墊加工的話，炮友的陰莖會太胖（？）而即便深入到根部來摩擦也無法使快感提高太多。

因此我把矽膠胸墊切成兩塊，最後的那個部份就裝到陰莖根部。以此來進行第二回合。

我的炮友只要我想做什麼，他就會幫我做。當我拜託他之後，他就會長達四十分鐘不停地舔弄陰道。

當處於安全日的陰道已經受不了的時候，把事前加工的矽膠胸墊套上勃起的陰莖，然後一次插入到根部！啊～～

矽膠的觸感很適合陰道

勃起的陰莖在陰道裡的感覺就跟真的肉棒一樣，不過矽膠陰莖就像是裝在撐開陰道肉棒上的脂肪一樣的觸感，這種被撐開摩擦的感覺對陰道口來說很滑順而且舒服。可以依照喜好等分成兩塊之後，讓根部變成最厚的部位，或是切掉四分之三，以四分之一的部份來使用，請以適合陰道的厚度來使用。我的陰道比較喜歡根部大而粗的感覺。就如同左邊插圖那樣，把胸墊等分成兩塊，並把厚度較厚的那一塊裝在陰莖根部。這樣一來會比平常更舒服，高潮也會更早來。我回想起來了～

矽膠胸墊的某一邊：二分之一會是最厚的。
可以依照喜好切成四分之三、四分之一。

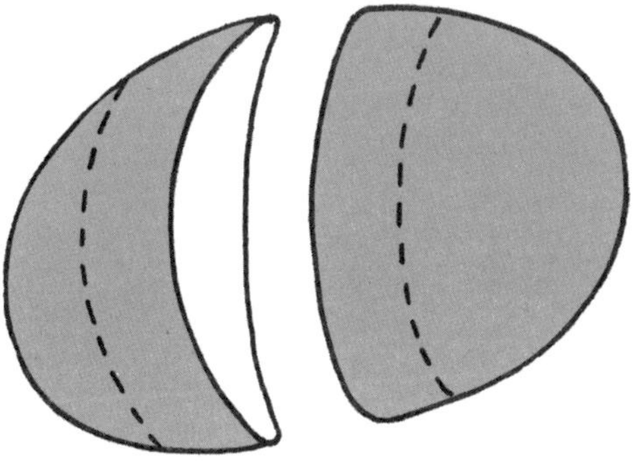

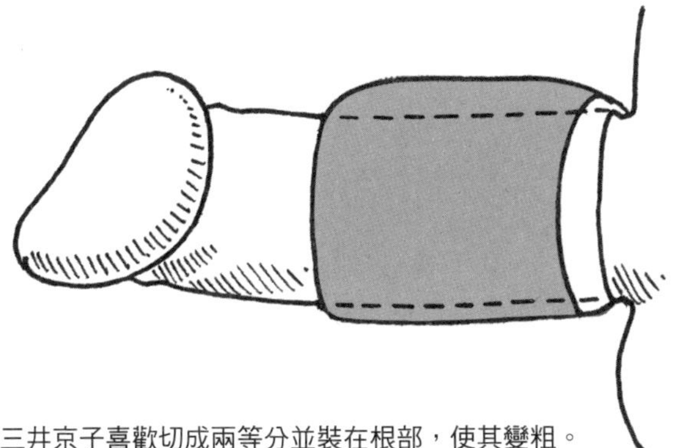

三井京子喜歡切成兩等分並裝在根部，使其變粗。

●根部的哪個部位變粗了呢？

陰莖根部的哪個部位變粗了呢？在口交勃起的陰莖上，藉由被切成兩等分的矽膠胸墊來嘗試加粗下側、左右兩側。下側加粗之後，整個陰道口都會被撐開，摩擦感會增強，下側的摩擦感果然會變強。

我的陰道口快感在一八〇度畫圓之後，陰道口上側會是最有感覺的部位。因此，我自己還是比較偏好陰莖上側加粗的裝戴方法。接著我嘗試了加粗陰莖左右兩側的方法。對我而言這是一種全新的發現。

在陰莖根部下側加粗的情況下

對女性而言，有感度多少都會有些差異，而我（三井京子）自己偏好將根部上側加粗，讓陰道口上部感覺舒服。每個人的陰道所感覺到的陰道口快感各有差異，所以請多嘗試看看。

※口交後把陰莖擦乾淨在裝戴。

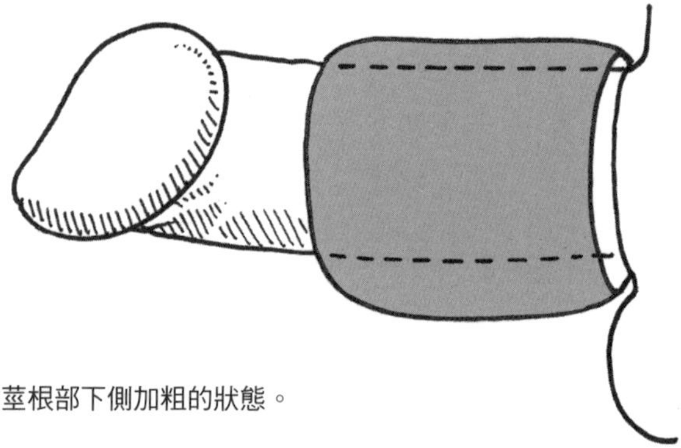

陰莖根部下側加粗的狀態。

在陰莖根部左右兩側加粗的情況下

一開始先加粗陰莖根部的左側，裝戴上去後再交合看看。啊，還蠻舒服的。接著加粗根部右側再試試看。這樣子也是很舒服。

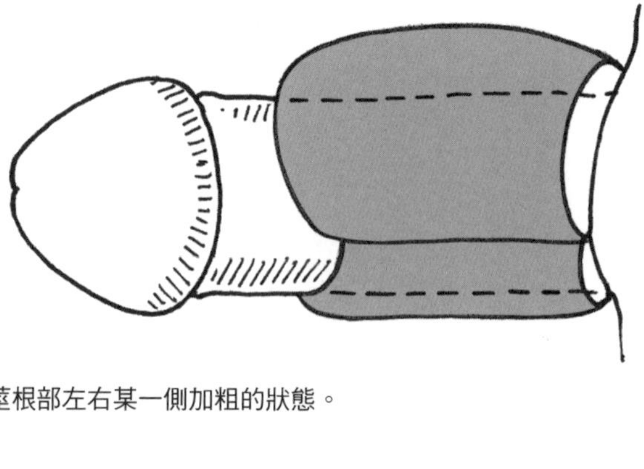

陰莖根部左右某一側加粗的狀態。

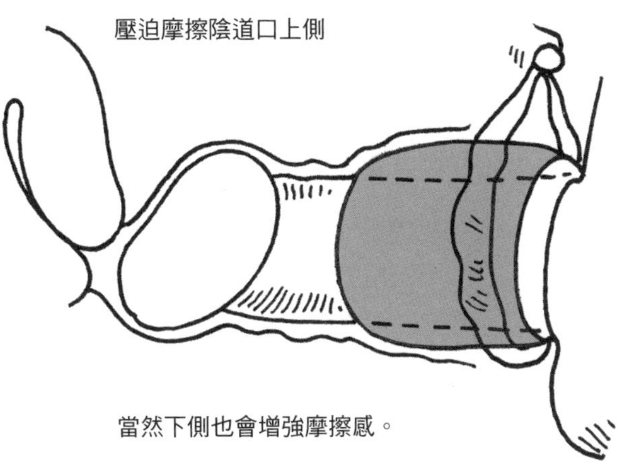

壓迫摩擦陰道口上側
當然下側也會增強摩擦感。

果然還是陰莖根部上側最好

加粗陰莖根部右側的裝戴方式會讓陰道口右上方感覺良好，這算是一種新發現。不過我自己還是覺得上側加粗的摩擦感最舒服了。

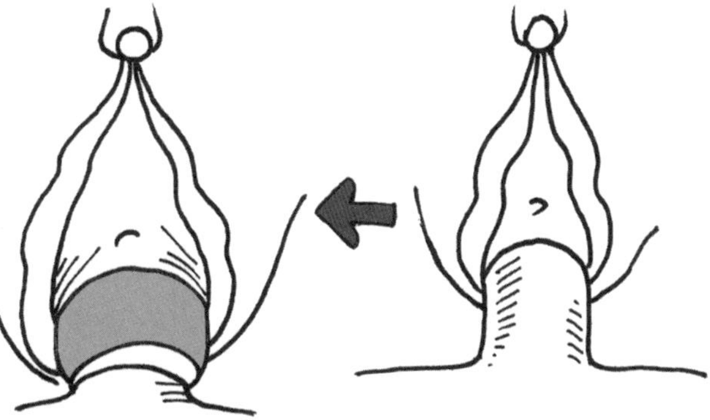

裝戴矽膠胸墊會更渴望快感。

即便是標準大小也很舒服。

渴望更淫蕩的快感

炮友勃起時的陰莖大小幾乎是在標準值。因此，充足地進行前戲再交合的話，每一次都能獲得高潮。不過，利用矽膠胸墊的話就更渴望得到更淫蕩的快感了。

●消除對陰莖的自卑

前面已經有提到：即便是S尺寸的陰莖，只要充足地進行前戲，也還是可以引導女性到達高潮，但有很多男性還是會對陰莖感覺自卑。

到目前為止，可知藉由矽膠胸墊可以讓標準大小的陰莖變得更粗來獲得歡愉，不過在S以下的男性我也實際試用了矽膠胸墊了。

雖然說是這麼說，但我並不會對男性直接進行試用。對男性自己而言，這是一個很敏感的問題，所以只好以女性為採訪對象了。這在本書中是最難採訪的一部分。

以女性為採訪對象，她就能去測試男友或丈夫的陰莖，我讓其中三位女性試用了矽膠胸墊，並詢問她們的感想。

●只看過丈夫的陰莖

家庭主婦夏江小姐（假名．29歲），20歲時以處女之身的狀態嫁給丈夫勝男先生（假名．上班族）已經是第九年了。她沒有被丈夫的陰莖弄到高潮的經驗過，她說只有在愛撫之後被手指弄到高潮過而已。

丈夫身高180cm，是很健壯的類型。不過他卻對陰莖有自卑感，新婚初夜好像也是一拖再拖。丈夫也覺得很愧疚，之後他就表明了自己的問題，最後總算是有了新婚初夜。

她讓我看了丈夫的照片，還真是個美男子。身材好到讓人會有種陰莖也很大的錯覺。不過實際上就如下面插圖所示，勃起時的大小長度為7．4cm，直徑為2．2cm。

就算短小，只要變粗就能帶來高潮

夫妻倆好像很喜歡做愛。因此我告訴夏江小姐這個計畫，並要她讓勝男先生嘗試這種矽膠胸墊。戴上去之後測量時發現直徑從2．2cm變粗到4．3cm。夏江小姐結婚以來想必也是第一次被勝男先生變粗的陰莖擦弄到高潮的吧。勝男先生也對能夠取悅夏江小姐而感到相當高興，每晚都好想取悅夏江小姐。勝男先生真是溫柔貼心啊～

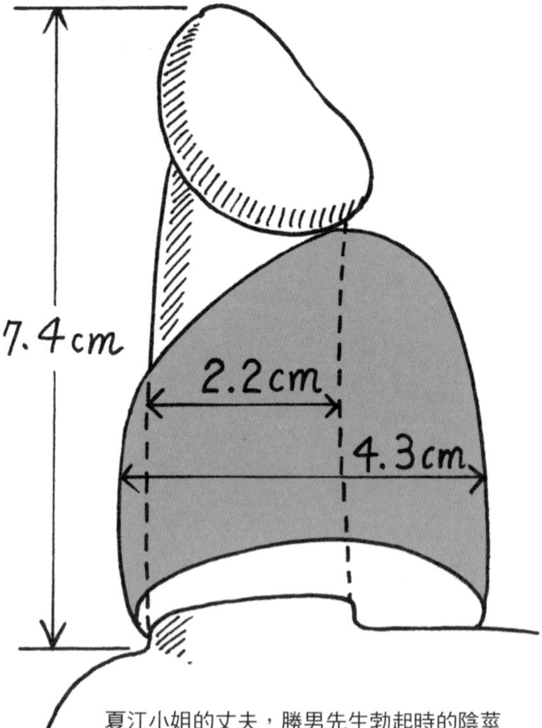

夏江小姐的丈夫，勝男先生勃起時的陰莖
2.2cm　7.4cm
矽膠胸墊　4.3cm

●如同新婚時期的好感情

丈夫勝男先生對自己的陰莖能夠讓夏江小姐高潮而萌生了自信，私生活和工作也變得更順利了。

比起用嘴巴和手弄到高潮，女人還是想要被男人的陰莖弄到高潮吧。勝男先生要是陰莖跟人一樣出色的話，這麼俊美的男生說不定就會外遇了。不過幸好他們夫妻倆因此變得更甜蜜了，每天晚上好像都會做愛喔。啊，我忘了說，《口交&舔弄》的書也有送一本給他們。

京子／矽膠胸墊好像已經用得很熟練了唷。勝男先生的陰莖如何了？

夏江／丈夫陰莖的樣子真是令人害羞。當我跟他提到京子小姐所說的事情之後，他也很有興趣。

我和丈夫一起參考《口交&舔弄》的書來進行前戲，接著用切成一半的矽膠胸墊套在丈夫那裡的根部，然後再戴上保險套。丈夫的那話兒一進入到那裡時，那裡瞬間就被撐開，接著在丈夫擺動的時候，那裡就會被強烈的摩擦而舒服不已。這是我有生之年第一次感覺這麼舒服，我就把雙手緊緊環抱住丈夫的身體。

激烈的聲音愈來愈大聲並且喘個不同，丈夫也興奮地往前頂進。第一次感覺到那裡的入口和深處都漸漸麻痺，丈夫的那話兒第一次讓我高潮了。我真的感動到都哭了。

丈夫也在我體內高潮了，所以他完全像新婚初夜時一樣溫柔地抱著我。丈夫說真的很感謝三井京子小姐。

京子／這樣說實在讓我很開心。陰莖果然是陰道裡不可或缺的東西啊。

夏江／的確是如此。我也察覺到丈夫那話兒的舒服感，丈夫看到我舒服會很開心，我們每天晚上都會做愛。

最近我會用嘴巴幫他，並拿面紙仔細地把唾液擦掉，再將矽膠胸墊套在丈夫那話兒上並套上保險套，然後騎在他身上。

一騎在上面之後，就可以照自己喜歡的方式去動，這我蠻喜歡的。丈夫則會從下面伸手愛撫著我的乳房。真是幸福啊，京子小姐。

●小幅擺動的龜頭也是對陰道壁的包容力

丈夫洋司先生（假名．28歲．公務員）的陰莖在勃起時的長度是9．9cm，雖然長度不是問題，但是從太太順子小姐（假名．31歲．家庭主婦）談的內容中，問題好像出在直徑。

根據順子小姐的測量，直徑為2．0cm。如果和日本男性的平均值3．5cm相比的話，是屬於比較細的類型。如果跟以前的男性比較的話，由於會對丈夫洋司先生有些失禮，所以這情況並不會對洋司先生說。

陰道壁不論是什麼大小的男性陰莖，都能有包容力地給予龜頭舒服感。洋司先生小型龜頭也會被順子小姐的陰道壁摩擦而舒服地射精。

只要有粗度，就算長度不足也沒問題

即便是洋司先生的陰莖，只要直徑在平均值的話就沒問題了，不過直徑2．0cm對於陰道口的摩擦感確實是太弱了，我認為順子小姐很難藉此獲得高潮。事實上，順子小姐也好像沒有過被洋司先生的陰莖弄到高潮過。因此我和順子小姐商談之後，讓她試著將矽膠胸墊戴在洋司先生的陰莖上。看到順子小姐舒服，洋司先生好像也會感覺舒服。無論如何，直徑都可以加粗到4．0cm。

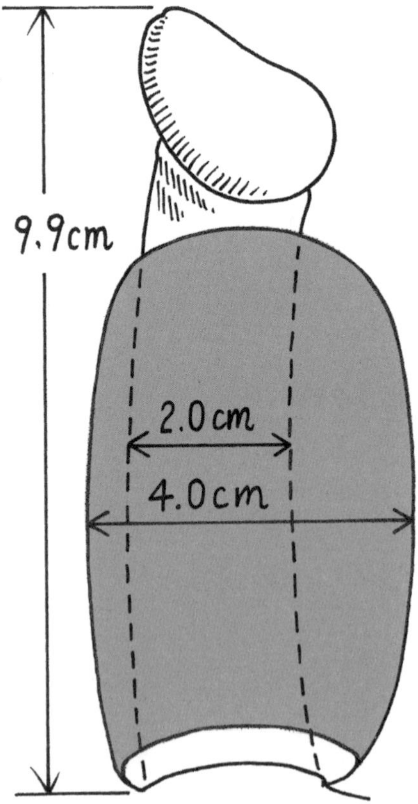

順子小姐的丈夫，洋司先生勃起時的陰莖
2.0cm　9.9cm
矽膠胸墊　4.0cm

●第一次被丈夫的陰莖弄到高潮的愉悅

丈夫洋司先生好像有意識到自己的陰莖不大，粗度還特別地細。對於只有自己舒服地射精而感到有些愧疚，他就會用情趣玩具讓順子小姐滿足。

順子／謝謝你的《口交&舔弄》的書。丈夫也很開心地試用在我身上。我也參考書裡的內容用嘴巴幫丈夫的那話兒弄到舒服。如果是丈夫的話，應該也可被我的嘴弄到高潮了吧。

丈夫就是很貼心的人。因此，我覺得那話兒的大小並不重要。自己如果想高潮，他就用情趣玩具幫我弄到高潮。因為弄的時候很淫蕩，所以他也興奮得很舒服。

我覺得這樣就行了，不過被京子小姐這麼一說，我也就試用了矽膠胸墊，然後我發現丈夫的陰莖變粗了，也能滿足我期待地讓那裡舒服地無法自拔。

就跟我想的一樣，他滿足我的期待，丈夫的那話兒插入並撐開那裡時，我感受到強烈的摩擦感。被男人的那話兒擦弄的感覺果然是最興奮舒服的。

我的呻吟聲愈來愈大，丈夫就讓我更加舒服，並且問了好幾次「順子，舒服嗎？舒服嗎？」，我也興奮地回答他：「洋司、洋司的陰莖好舒服。」

我還是第一次感覺到丈夫是如此地強而有力。他自信滿滿地往前頂進。那裡被這麼強烈地摩擦也是我的初體驗。當我專注於那裡的快感之後，陰道深處就麻痺起來了，突然間激烈的高潮席捲而來。

結束之後，我回憶起新婚的時候，被丈夫抱著的那種幸福感。當晚，又回到新婚時期一樣，總共大戰了三個回合。

矽膠胸墊我會清洗完後慎重地保管。當我被兩個孩子說：「媽媽，最近好像變得美麗又有精神了耶。」我每天都過得很開心。

我和丈夫討論過了。這次會用更有厚度的矽膠胸墊來試用看看。京子小姐，夫妻的性生活如果順利的話，全家人好像也會變得幸福了。

●最歡愉的夫婦

我任性地要求人妻里香小姐（假名・38歲・打工族）去測量丈夫康二先生（假名・43歲・自營業）在勃起時的陰莖長度。

長度為5・8cm，直徑為2・4cm。這個數字遠低於平均值。順道一提，他們已經生了三個小孩了。康二先生和里香小姐好像也能互相體諒陰莖不大的事情。凌駕在這件事上面的就是丈夫的溫柔和穩定的經濟條件。

我認為里香小姐做愛的時候會給予丈夫讚美。因為有康二先生拼命的工作，所以才能有現在的生活。這樣一想，比起自己的快感，丈夫只要能滿足我也就夠了。

比陰莖大小更重要的溫柔與經濟力

就算擁有再怎麼了不起的陰莖，如果沒有溫柔和經濟力的話，是無法滿足里香小姐這樣美麗的妻子的。里香小姐給予康二先生的讚美，以及無視自己的快感，只要康二先生舒服地射精就夠了。這樣的觀念也把愛情加入到這種單方面的性愛中。要改變兩個人的看法，就得靠我贈送的《口交&舔弄》的書了。疼惜里香小姐的康二先生可以參考書裡的內容來給予她快感。

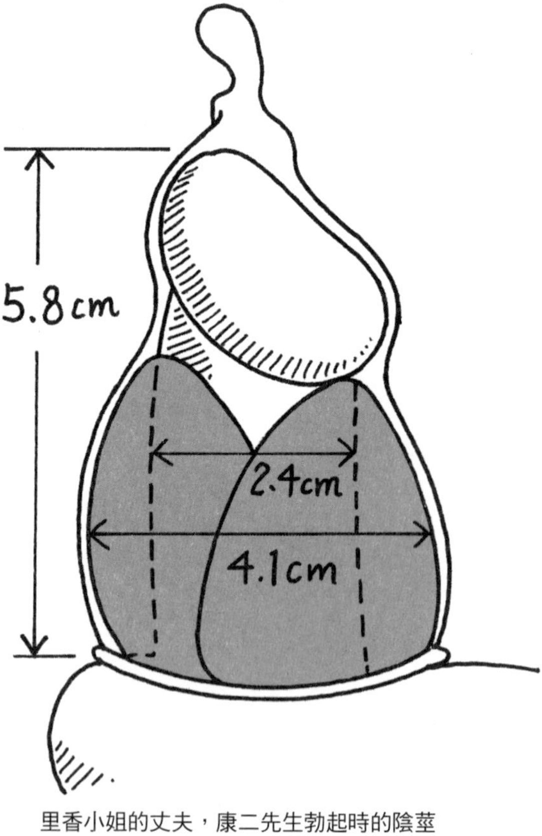

里香小姐的丈夫，康二先生勃起時的陰莖
2.4cm　5.8cm
矽膠胸墊　4.1cm

●想念對方的相互快感

聽說晚上里香小姐光是聽到丈夫康二先生的求歡就濕了。溫柔且拼命工作的丈夫能夠在自己的陰道裡舒服地射精而獲得療癒，她光是這樣就能濕成一片。這正是因為母性本能所致。

里香／丈夫是勤勞的人，對小孩和我也都很溫柔。丈夫從來都沒有拒絕過我的要求。因此，丈夫如果想要在我身體裡獲得歡愉，我自然就會濕了起來。

然而，之前拿到的《口交&舔弄》的書卻讓我們兩個人都變了。在這之前，草草結束前戲就插入的丈夫參考了《口交&舔弄》的書，用嘴巴幫我弄得非常舒服。

當我被那樣用嘴巴弄得很舒服之後，就會變得想要用那裡去擦弄丈夫的那話兒。照著京子小姐跟我說的，我把矽膠胸墊套在丈夫的那話兒，再興奮地戴上保險套。

我就心癢難耐地騎在丈夫身上。這種事情還是我第一次做。腰部下沉擺動之後，敏感的部位和陰道口都會有感覺，而我就陶醉地擺動著腰部。

沒想到丈夫一看到之後，就舒服地、開心地盯著我瞧。彼此都能顧及彼此的快感更是讓快感增強許多。

我一邊凝視丈夫的眼睛，一邊前後、畫圓地擺動腰部。不久之後，那裡就麻痺起來，丈夫變粗的那話兒讓我獲得了高潮。丈夫也在不久後射精了，而他可能是開心地好像自己高潮一樣，居然激烈地用嘴巴吸吮我那裡。

在那之後，丈夫就變了。丈夫好像很高興可以用自己的那話兒來取悅我，所以在我高潮升天之前，他一定會拼命地做。我也會很舒服，所以就任由丈夫擺佈了。

有如第二次新婚一樣，每天晚上都會做愛。他會幫我大肆舔弄那裡，我也會大肆幫他口交。

丈夫的那話兒因為很小，所以含在嘴裡就可以用舌頭來回搔弄，他感覺好像很舒服。之後仔細地擦拭乾淨，我就會幫他戴上矽膠胸墊。

●3條溝槽的矽膠胸墊

接下來是在與辰見拓郎（筆名・51歲・本書共同作者）實地體驗採訪中出現過的淫亂人妻熟女K子小姐（37歲・家庭主婦）。我要K子小姐去測量辰見老師勃起時的陰莖，結果其長度為11・5cm、直徑3・0cm。嗯，差不多是一般大小啊（笑）。

另外，跟老師的陰莖比起來，老師的下流大腦應該就不只一般程度了。戴上自己仔細加工過的矽膠胸墊之後，直徑變粗到5・0cm，而且還在胸墊上雕出了三條溝槽。用這個部份來擦弄陰道口好像會很舒服。從人妻K子那兒聽到一些淫蕩又舒服的感想。

勃起的陰莖和附有溝槽的矽膠胸墊

左邊插圖是辰見老師勃起陰莖的真實尺寸。確實正如老師自己所說得，長度和粗度都稍微低於日本男性的平均值。不過，那麼有情色想像力的老師竟在矽膠胸墊上雕出三條深溝，做出能讓陰道口被強烈摩擦的加工。之後我會一一讓每一對夫妻都知道這個方式。辰見老師的實際體驗者K子小姐也因而成了淫亂人妻熟女並做了四次都高潮。K子小姐，真是太好了。

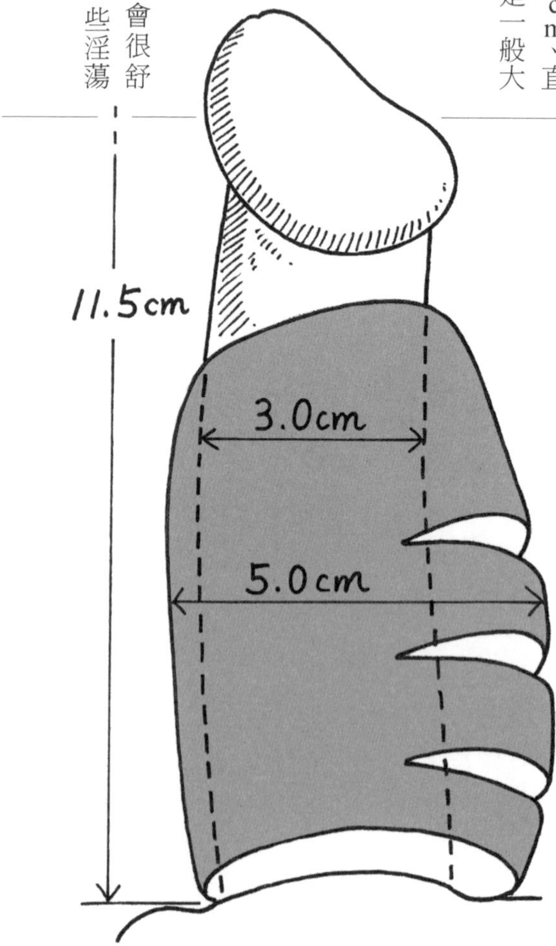

辰見拓郎勃起時的陰莖（淫亂人妻熟女K子小姐測量）
11.5cm　3.0cm
矽膠胸墊　5.0cm

●陰道無法忍受了～

京子／K子小姐，還可以接受辰見老師的實際體驗採訪實在太好了。我聽老師說你做了四次都高潮喔。

人妻K子／因為老師真的很色，而且讓我很舒服，所以我四次都高潮了。有溝槽的矽膠胸墊看了就覺得很色，插入到陰道裡也很舒服。

在快要高潮之前，他都會淫蕩地幫我舔弄得很舒服，然後老師變粗的陰莖以及有溝槽矽膠胸墊都能強烈地擦弄陰道口。一下子我就高潮了。

京子／K子小姐，真的變得很活潑了耶。果然得歸功於性愛嗎？

人妻K子／丈夫總是要求我擦弄陰莖到結束就好了，所以感覺實在太空虛了。能被男生好好地服務，並承諾能帶給我高潮，這對女人來說才是最棒的幸福。活力滿滿！

我和老師做愛的時候，每次都會要求我做不同的事情，之前是要我自慰吧。這次是要我在洗澡時把腳打開來小便。

我在興奮狀態下在老師面前用雙手撐開陰道並且小便了。如果是被丈夫要求的話，一定會斷然拒絕他說：「笨蛋」，但如果是被老師要求的話，就會興奮起來了。居然要讓他看比自慰還要更害羞的小便的樣子，讓我在浴室裡全身都錯亂地無法自拔了。啊～～好厲害啊。

這次老師只有射精一次而已。不過我卻高潮四次而腰軟無力了。矽膠胸墊真是厲害的發明啊。這是京子小姐的主意吧。

如果是老師的話，讓我高潮三次之後，就會讓我幫他乳交。我用雙手把胸部往內擠，老師則往我胸部來回擺動腰部。我學會了各種淫蕩的事情，對於性愛這方面也比一般女性還要瞭解了。

本書中的實際體驗就在這裡告一段落。不過等本書的樣書出來時，老師就會直接帶到旅館裡給我。在那之前，我會忍耐不去自慰，希望能早點見到面。

■讓早洩陰莖持久的方法

年輕陰莖難免都會有早洩的問題。不過就算好不容易學會了本書的技巧，但是早洩問題依舊無法滿足女友。因此，這裡將傳授你一定要知道的早洩對策。

三井京子透過矽膠胸墊發明了一個了不起的方法，而早洩只要稍微下點工夫就能夠變得持久了。材料是醫療用膠帶，藥局都有販賣各種不同的種類，所以必須仔細閱讀說明書再做挑選。

就如下面的插圖一樣，插入前在最敏感的龜頭內側貼上膠帶，接著戴上保險套進行交合。進行毫無顧忌的活塞運動，而你的女友或太太即便激烈地喘息，但是你的陰莖還是有充裕的持久力。不過，在進行畫圓運動等招式時，就要讓膠帶移位。

女性最不滿的早洩

陰莖莖部持續擦弄陰道口，深處愈來愈麻痺時，陰莖就忍不住射精了。女性最不滿的就是被冷落在一邊。前面已經提過好幾次了，交合並不是透過龜頭，而是要透過莖部來摩擦，不過男性的陰莖通常都會有早洩的問題。用自己的陰莖進行女性滿意的姿勢，看到都會興奮開心起來。就如左邊插圖一樣，在過度敏感的龜頭內側貼上膠帶之後，陰莖就能充裕地引導對方到達高潮。

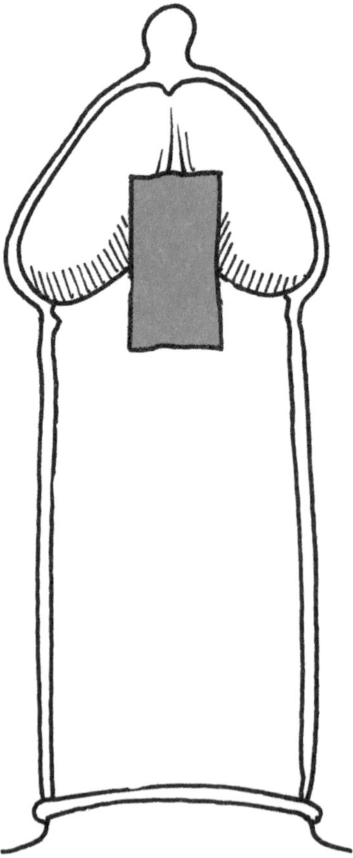

插入前變得過度敏感的龜頭內側則會用膠帶貼住，並戴上保險套。

稍微的練習可以在女友沒發現的情況之下去貼。

貼上適合陰莖的膠帶

自己加工調整膠帶大小、長度、寬度之後再試用看看。戴上保險套，用潤滑液或肥皂讓手潤滑，再握住陰莖試著擺動腰部。如此就能掌握膠帶如何加工才能獲得充裕的快感。

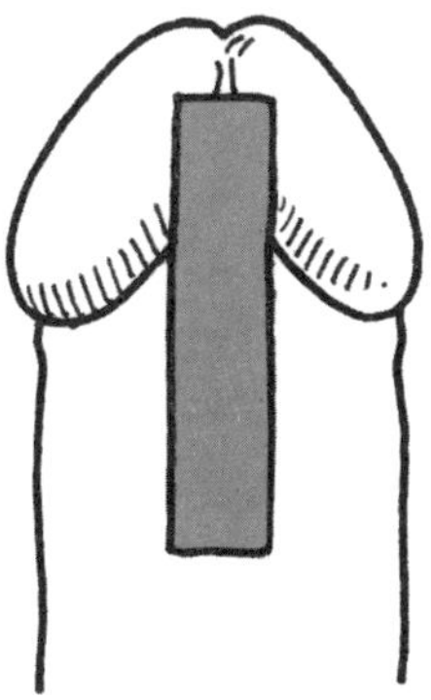

膠帶裁細之後，快感就會增強。
進行適合自己的加工。

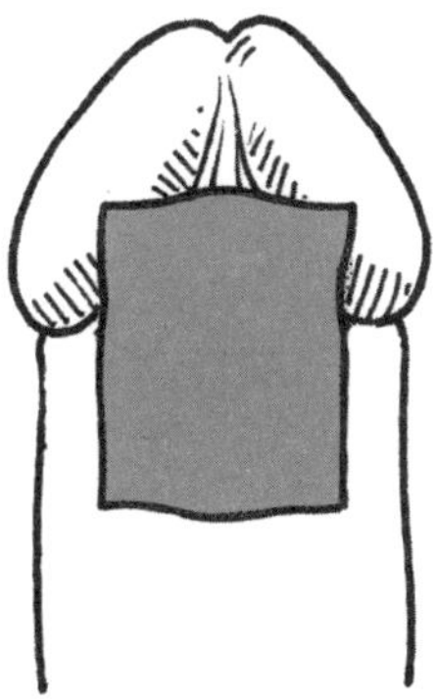

過於敏感的龜頭可以
增大膠帶的寬度。

交合過程中讓膠帶移位

女友或太太快要高潮之前，如果活塞運動以外的激烈畫圓運動之後，貼在龜頭內側的膠帶就會移位，之後就可以無後顧之憂地浸淫在快感中來往前衝刺即可。

激烈的畫圓運動會讓膠帶移位。

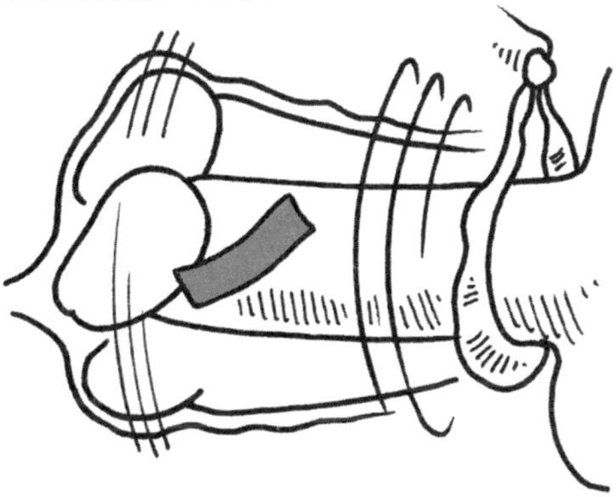

●掌控陰莖的快感

我（三井京子）包括辰見老師在內，本書中所登場的人物都會積極且淫蕩興奮地去做愛。然而幾乎所有的女性就算被冷落在一旁也會把不滿隱藏起來。

對興奮地擺動腰部的男性說出「還不能射出來」時，有很多時候都已經為時已晚了。很多陰莖都是在關鍵時刻失守。一邊想著「今晚他可能會比我早高潮」一邊做愛的女性就無法滿足專注在性愛之中。

我真的很喜歡能讓我高潮的陰莖。請透過貼在龜頭內側的膠帶來掌控陰莖的快感，藉以確實引導對方到達高潮吧。

●早洩陰莖持久的採訪

我（三井京子）的人脈與網路的驅使之下（真的很誇張喔，辰見老師），才得以採訪到許多女性。其中我也挑選了一些淫蕩、興奮又能獲得歡愉的女性。

我將介紹讓男友或丈夫的早洩陰莖得以持久的獨特又舒服的方法。除了在龜頭內側貼上膠帶的方法之外，雖然有穿戴兩層保險套的常用方法，不過也有一些是採訪之後才知道的方法。

尤其是超過敏陰莖的冷卻法是在急遽讓陰莖冷靜的時候，同時讓冷卻的陰莖帶給炙熱的陰道冰冷的刺激而達到無法自拔的地步。在夏天時使用會很舒服喔。

●冷卻的陰莖是冰棒（？）

我是25歲的ＯＬ。我和22歲年紀比我小的丈夫一起組成雙薪家庭。彼此都忙於工作，所以決定在星期五和星期六會做愛。

尤其星期五晚上，正人（假名．年紀比我小的丈夫）因為積了許多性慾，所以會很急。他一插入我體內之後就會無法持久，並搶先就射了一發。此外，由於無法持久，讓我爆發心中的不滿，因而說出：「陰莖怎麼不去冷卻一下再來～」。

結果正人真的去把陰莖冷卻再插進來了。那累積了許多不滿足的陰莖插入到灼熱的陰道裡時真的覺得很舒服。之後，我們會在床邊準備一桶冰水，把陰莖冷卻之後就會當冰棒使用。

●捲上保鮮膜就能持久

請一定要在我不知情的情況下去做。結婚已八年。丈夫33歲是一位上班族。我們有兩個小孩已經讀小學，而我現在是家庭主婦。

丈夫看起來很健壯，所以會給人一種那話兒也會很大的印象。不過，他真的很快。是的，他就是早洩。而且還是快得很誇張的那種。

他插進我裡面可能只能撐個幾十秒。在廚房用保鮮膜把剩餘的香腸包起來時，看到那根香腸就想起丈夫的那話兒，讓我興奮地把保鮮膜都擰掉了。我就因此有了個主意，在做愛的時候用保鮮膜把丈夫的陰莖捲起來。這樣還蠻能持久的。

●涼涼的曼秀雷敦可以持久

能夠忍住的陰莖是最棒的。因為只要它能幫我擦弄得很久，女生就能真正獲得高潮。啊，我都還沒介紹我自己。我是39歲的人妻。丈夫是43歲的餐廳主廚。

由於他會工作到很晚，所以因為疲倦勃起（譯註：指男性在肉體疲累時，身體會基於防衛本能刺激副交感神經運作，因而間接導致陰莖勃起。）的關係，很快就會想要做愛。我也不是很排斥，所以都會配合他，不過疲倦勃起也會讓他忍不住立刻射出來了。

我表露出自己的不滿而催促他再做一次，他卻說「射一次已經足夠了」而不願配合我。當我把手邊的曼秀雷敦塗在陰莖來惡整他之後，他卻說涼涼地很舒服。戴上保險套騎在他上面之後，這種方法居然可以持久。

●忍住就能持久

交往三年以來都是同居的狀態。他是大學生，我是ＯＬ。他那年輕陰莖的忍受度並不高，所以我會讓他戴上兩個保險套。不過，拿到《口交＆舔弄》的書並閱讀過後，這才瞭解我做的一些事情是會讓他早洩的。

只要年輕力壯的他能夠舒服，他就能夠讓我更舒服，所以我就拼命地幫他口交。在這樣的情況下交合，他會忍不住也是理所當然的。

因此，我參考《口交＆舔弄》的書，我也在接受他無微不至的服務之後再交合。當然也沒忘了要戴上兩個保險套。

●捏丈夫的屁股就能持久

同居三年以來，我還是第一次能夠比他早高潮。太感動了，這真的很舒服。

我只有在高中的時候有過一次男性經驗而已。在那之後出社會，21歲就和丈夫結婚了，六年過去我已經27歲了，現在我和讀小學的孩子，以及上班族的丈夫（31歲）組成一個三人家庭。

夫妻生活中我從來沒高潮的感覺。不過孩子出生半年之後，有一陣子也讓我變得想要做愛到心癢難耐的地步。

由於我一直無法高潮，所以就會掐他的臀部。把腳張開讓丈夫的那話兒插進來之後，就會用力掐住丈夫的臀部。忘我地掐捏之後那裡就會舒服起來。第一次感覺到這種高潮感，在那之後我都會捏著他的屁股。丈夫的屁股滿是瘀傷。

■延遲射精的問題可以輕易治癒

延遲射精的問題惡化的話，就會轉為不射精症，如果不能射精的話，心情就會愈來愈著急而讓射精更加不易。大多為精神層面的原因，如果已經到了這樣的情形，請及早與醫師治談會更容易治癒。

本書中也介紹了一些針對延遲射精問題的處理方法。延遲射精多半是因為心理問題，透過提高興奮度多半都能輕易地被治癒。

之前已經介紹過性工作的69式了，而其興奮度和快感度也還是能讓延遲射精輕易地到達射精的狀態。只要去一次性工作場所就會知道了。

客人會一邊品嘗陰道，一邊專注在陰莖的快感，心理層面上也能夠安心地到達射精狀態。

性行業的69式快感

左圖是性行業中廣受歡迎的影射形態。客人在被動的狀態之下來品味陰道，並撫揉臀部來獲得興奮，並同時專注於性工作者那技巧高超的口交快感中。女友或妻子的對象即便有延遲射精的問題，到了性工作者那裡都會變成早洩的問題。有一些接觸好幾次性行業的男性也能因此治好延遲射精的問題。重點就在於要紓解心理層面的問題。也可以讓女友或妻子在你身上，以69式的體位閉上眼睛並想像著其他女性。

回想起性行業的69式，並想像其他女性。

從69式倒騎乘位

延遲射精的陰莖暫時禁止使用正常位。從女性上位的69式轉變成騎乘位。閉上眼睛並置身於女性擺動腰部的快感中，接著全心專注於龜頭的快感之中。伸出腳使勁會更有效。

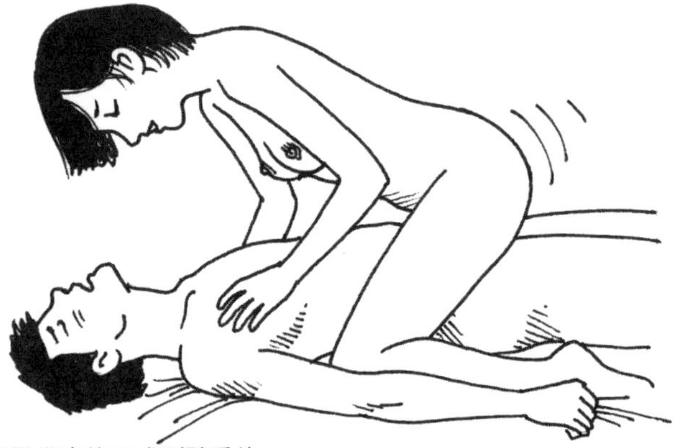

從風俗店的69式到騎乘位。

從69式到興奮的後背位

陰莖習慣之後，就從69式轉變為後背位來進行即可。雖然不是在被動的狀態下，但是後背位不會和女性面對面，所以能夠專注於單方面的興奮與快感之中。粗魯地往上頂進，女性的身體就會晃動而感覺興奮。

粗魯地往上頂進，專注於單方面的興奮並到達射精狀態。

●延遲射精是興奮的春藥

在我的經驗中，陰莖本身是一種非常單純的東西。不過勃起的機制卻是非常的複雜。然而，對男性卻不會有任何改變。興奮度一提高之後，就會變為單純的陰莖，興奮感就會成為一種春藥，讓延遲射精問題可以輕鬆達到射精狀態。

有延遲射精問題的男性多半是個性正經的人。雖然大家都應該知道，但是也有一些男性就算平常正經，但在做愛的時候卻是很色。這樣的男性跟延遲射精應該是無緣。我的炮友和辰見老師都很用心地認真工作，但骨子裡卻是個色鬼。藉由妻子和女友的幫助，以好色下流的性愛來獲得興奮吧。

●疑似延遲射精也能有早洩的興奮度

這裡所介紹的女性中，她們的男友或丈夫都沒有延遲射精的問題，不過延遲射精的狀況也能像早洩那樣興奮地做愛。請加以參考進而提高興奮度。

性愛中，理智的防備心而造成興奮度降低的男性容易有延遲射精的情形，女性則容易有性感缺乏症。能讓彼此都可以卸去理智的防備心，最重要的就是要真正感覺到舒服。

以第一章中介紹到辰見老師的著作《口交&舔弄高潮指導手冊》為參考，請藉此充裕地進行前戲。如此一來，只要進行這裡所介紹的興奮行為之後，就能讓理智的防備心瞬間消散了~。

●漏尿、放尿、好興奮

我32歲，是一個有在打工的家庭主婦。丈夫34歲正值壯年時期，陰莖也很有活力，讓我很幸福。最近我們想要有小孩，所以都沒有避孕。

晚上我們會一起喝酒之後，在喝到有點微醺的時候做愛是最棒的。有時候，已經喝醉的我會站在廁所裡，丈夫就會要我給他看我小便的樣子。被這麼要求的我尿了出來，不由得就讓他看了。

就算是夫妻，小便這種事情還是覺得很害羞耶。不過，這種害羞的行為只要被看到一次之後，就好像解開緊箍咒一樣被解放，對於更害羞的行為也會變得更加興奮。

看到小便的樣子而覺得興奮的丈夫的陰莖大得好像快要撐破一樣。當時覺得他一定能在我體內射入很有活力的精子。

小便之後，丈夫會把買來的尿布讓我穿上，再讓我尿出來。我全裸只穿著尿布喝著酒，而丈夫也是全裸著，我握住他的陰莖戲弄著。每天晚上兩個人都能有一個開心的夜晚。

當我慌張地說：「啊~好像要尿出來了」，丈夫的表情就變得非常淫蕩。「尿出來的時候要說喔」。「啊~~，老公，我尿出來了」。

丈夫讓我坐在沙發上，藉以讓我那裡能挺出來，接著他就要我把尿布拿掉。「你真的尿出來了嗎？」一邊這麼說，一邊用嘴巴幫我舔陰。

●用泳衣來激發嫉妒心並增加興奮度

我是一個29歲的人妻。丈夫是一間小超市的店長（34歲）。在這個時代中，工作是很辛苦的，所以我們常一起去海邊散散心。我雖然是人妻，但多虧白天有鍛鍊身體的習慣，所以身材還是維持得很好。

只要穿上露出度高的泳裝，周圍的年輕男生就會垂涎三尺地看著我，讓丈夫有些吃味。「你這套泳裝也太露了吧。」被這麼說我也若無其事地繼續挑撥著他。

明明有讓人垂涎欲滴的身材，但是丈夫那一陣子卻完全沒來光顧我。因此，回到家之後的隔天晚上，我算好丈夫回家的時間，就換上了泳裝。這下果然奏效了。我之後也會穿著泳裝做家事。

●和服是我身體的包裝紙

讀小學的孩子睡著之後，我就會去洗澡並穿上年輕時的和服。不論是哪個家庭裡，都會有幾件和服是都沒在穿的吧。我想把一些一輩子都沒穿過的和服拿來活用一下，就能讓性愛變得更舒服了。和服就是我身體的包裝紙。

我是34歲的家庭主婦，丈夫是43歲的自營業者。最近我們都沒有性生活，我也覺得沒有什麼不好。誰知道有一次在曬和服時，丈夫突然走進房間要我試穿那些和服看看。

不知道是不是跟平常的我看起來不一樣，他就當場把我撲倒了，我們做愛了，而這次的做愛讓我那裡感受到那種好久沒有過的疼痛感。從那之後，他就會一邊要我脫掉和服，一邊興奮地繼續做愛。

●一起鑑賞A片

我們才新婚兩個月，感情還熱得很。不過新婚初夜以來，卻沒有任何性生活。因為愛，所以我就忍了下來，不過在打掃丈夫房間時，卻發現了A片讓我很錯愕。

就算沒有性生活，也還是會一邊看A片一邊自慰。心想明明就有我了，卻還做出這種事。

丈夫和我都是高學歷，丈夫是公務員。彼此對性愛這種事都很保守，並不會拿出來討論。因此我就直接跟丈夫表明了。

「我們一起看A片吧」，他一開始雖然有嚇到，但是現在我們已經會一邊看A片一邊做愛了。

■保持中高年勃起狀態良好的方法

雖然會和對於延遲射精的春藥及興奮方法有所雷同，不過這裡將要針對中高年改善勃起狀況的方法來做介紹。

因為工作的關係，我（辰見）有很多接觸女性的機會，所以接觸年輕有彈性的肌膚也讓我的勃起狀況非常好。對一般的中高年男性而言，能夠有這樣的事情實在罕見，多半都只會把心放在太太一個人身上吧。我在很～偶然的情況之下也會幫太太服務。

一般的性愛中，彼此都會有些難為情，所以這對於勃起的狀態來說實在不好。因此我洗好澡之後就會讓太太趴著，並幫她進行按摩。「老公，好舒服啊～」被這麼一說我也開心地陰莖都硬起來了。

對太太按摩的效果極佳

年輕的時候的性愛就像兩塊磁鐵相吸一樣，只是到了中高年之後，很多男性卻因為害羞而逃避，好讓自己不要太有壓力。不過，正是因為到了中高年了才要透過性愛來作為彼此的潤滑劑。只要從按摩開始，就不會覺得難為情，這種舒服的感覺也會讓太太放鬆並萌生性愛的氣氛。讓她趴著來進行全身按摩之後，再讓太太仰躺著一邊脫掉她的睡衣，一邊進行性感的按摩。太太也會久違地有想做愛的感覺，並且產生一種新鮮感。

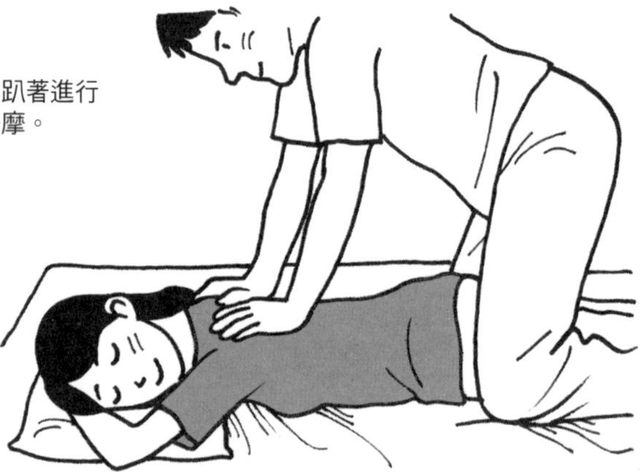

讓太太趴著進行全身按摩。

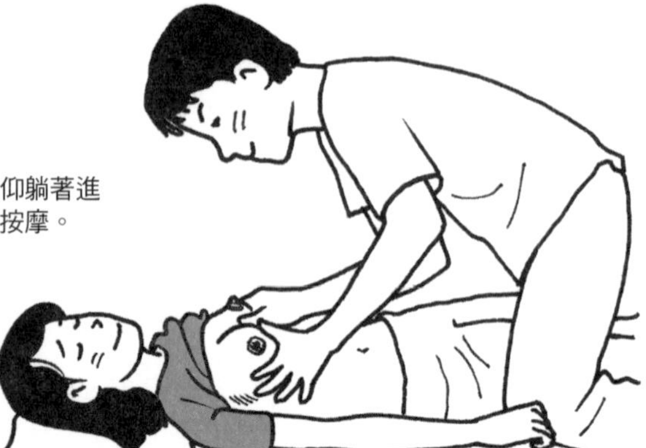

讓太太仰躺著進行性感按摩。

進行與平常不同的性愛

各位中高年讀者，您是不是做愛的時候都只有一種模式而已呢？對太太進行性感按摩，好不容易才有了想做愛的感覺，所以就用與平常不同的方式來取悅太太吧。您的身價就能夠急遽地上升了。這對女性來說也是一樣的道理。重點就在於參考《口交&舔弄高潮指導手冊》來對萌生性愛氣氛的太太大肆地舔弄私處。太太也會感激地吸吮舔弄陰莖，以增加勃起度。

參考《口交&舔弄》的書來舔弄吸吮太太的私處。太太就會心生感激。

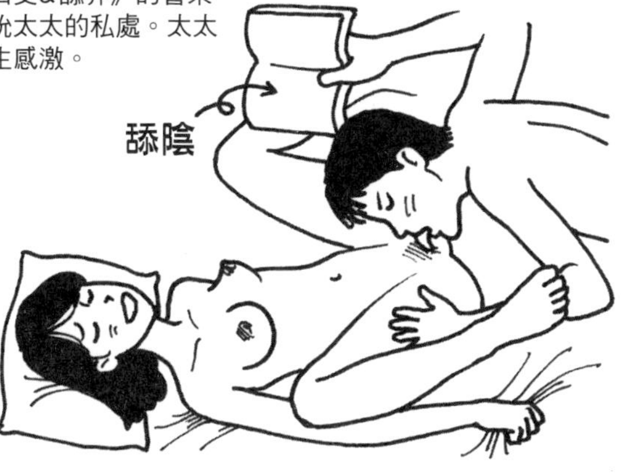

心生感激的太太就會回報這樣的快感，吸吮舔弄丈夫的陰莖來提昇勃起度。

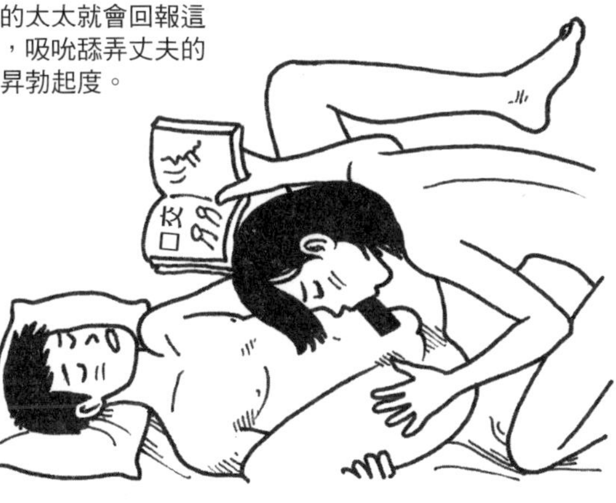

●互相按摩就能提昇勃起度

採訪的過程中我也發現中高年族群有很多都是過著無性生活。雖然這樣說很失禮，但是中高年歐巴桑明明還很有活力，但是中高年歐吉桑卻毫無活力。

歐吉桑！太太和小孩能夠過生活都要歸功於歐吉桑啊。請再硬起來吧。我的父母是絕對不會討好小孩的。母親常常會對我和弟弟說我們都托父親的福才能過生活。

聽到辰見老師對太太按摩的事情，也想起我的父母也會互相幫彼此按摩。雖然不知道按摩完之後有沒有做愛，但是如果有，我想也會讓他們感情和睦而美好。

●中高年的按摩是前戲？

我在前頁有寫到關於我的父母的事情，不過之後詢問母親時，她跟我說按摩好像是一種前戲。雖然是我問這個問題的，但有人會跟女兒說這種事嗎？我害羞到連父親的臉都不敢直視了。順道一提，父親已經56歲了，而且還沒退休，而母親是52歲，興趣廣泛的家庭主婦。

採訪時覺得意外的是像他們這樣年紀在中高年且感情良好的夫妻，會願意付出體力幫彼此進行按摩。她說在感覺舒服之後，彼此也會變得比較直率，藉以進展為各種性感按摩。

這裡只介紹會互相幫彼此按摩的伴侶以提昇中高年勃起度的案例。我也想要被按摩看看。

●每晚按摩，一週一次

我已經54歲了。丈夫是剩兩年就退休的58歲主管。3個小孩都已經成家而且孫子也經有四個了。孩子們都有自己的家庭之後，最後可以依賴的就只有我們夫妻倆了。

我有時也會跟丈夫吵架，也有過離婚的念頭。不過呢，最近卻有了體貼彼此的感覺，丈夫更是會主動幫我按摩肩膀呢。

被如此對待之後，我也會溫柔地幫丈夫按摩肩膀。途中，他幫我按摩全身，因而讓已經中斷10年的夜生活再度復活了。現在每晚都會互相幫彼此按摩，並維持一週一次的性生活。丈夫真是有活力啊。

●用按摩來互相觸摸

我是54歲的家庭主婦。丈夫（63歲）退休之後就變得對我很溫柔。丈夫過了50歲之後已經有十年以上沒有性生活了，但是居然會幫我按摩，這也十幾年不曾有過。

之後一問才知道，從十幾年前開始，那裡好像就硬不起來了，所以他覺得丟臉才變得不想做愛。

雖然還是沒有以前那麼有活力了，但他依舊保有能確實插入的硬度。這也要歸功於按摩。彼此都能接納彼此的肉體衰老，透過按摩揉搓觸摸彼此的身體已達到相互刺激。光是互相觸摸胸部和生殖器就是一種幸福了。

●幫傾吐苦水的丈夫按摩

丈夫是大男人主義，性愛上也是只顧自己舒服而已。因為泡沫經濟的崩壞，使得他遭遇鉅變之後就不再有性生活了，夫妻之間的談話也沒了。丈夫（53歲）是保險公司的外勤業務。明明孩子還在讀大學，但卻被減薪10％、紅利減少50％。

他很罕見地在我（47歲）面前傾吐苦水，所以我也慰勞地幫躺在床上的丈夫按摩。在那之後，我一邊聊天一邊繼續幫他按摩。

當我說出自己也想去兼職打工時，丈夫第一次對我說：「真抱歉。」按摩得效果真的太棒了，他還說要幫我按摩身體前面呢。

●從按摩到性愛

丈夫清志（39歲．假名）是高空作業人員。由於是戶外的工作，所以一回到家幾乎就不想動了。洗完澡之後就會一邊喝啤酒一邊吃飯。等到喝得有點醉之後就會一如往常地要求我幫他按摩。

36歲的我哄完小孩睡覺之後，就會按摩趴在床上的清志。他為我努力工作賺錢，為了將來拼命存錢，所以我也願意幫他服務。

清志仰躺之後，睡褲那裡就會漲硬起來。我會幫他脫掉褲子，然後按摩陰莖再用嘴巴吸吮。肉體勞動工人的陰莖還真有活力。之後就會用騎乘位做愛。

●按摩器的男女口交

即便到了70歲也還是會跟丈夫做愛喔。丈夫（75歲）很早就已經退休，並依賴年金過日子了。兩個人的樂趣就是那台按摩器了。

洗完澡之後，丈夫就會全裸坐在按摩器上來放鬆，之後就會要我幫他把那話兒弄舒服。很難為情啊，但是也很興奮。

我用手幫他之後，原本軟軟的陰莖就會呈半勃起狀態。之後用拿掉假牙的嘴巴幫他含弄，感覺好像很舒服喔。陰莖軟得沒辦法插進去了。所以我就用手幫他射出來。這次就換我享受了，我把腳張開坐在按摩器上。

●按摩是性愛的暗號

「老公，今晚幫你按摩」是我們做愛的暗號。丈夫56歲，目前經營一家小小的中華料理店。從以前到現在就很常被誇獎拉麵的味道很棒。當然我（52歲）也會去店裡幫忙。

我有嚴重的肩膀痠痛，右肩沒有辦法往上舉。丈夫很少見地來關心我，並熱好洗澡水，還幫我按摩。這真是太～舒服了。

不知道丈夫為什麼這麼興奮，居然要我把衣服全脫光。我照著他所說的全裸著，而他就幫我從肩膀、背部到腰部好好地按摩一番了。接著就讓我仰躺著，用嘴巴幫我含弄那裡，真是很舒服。

●性感按摩就能夫妻圓滿

從年輕的時候開始，我們就會全裸互相幫彼此按摩了。當孩子漸漸長大之後，期間雖然有中斷一段時間，但是長女可以獨立生活，而長男也住進大學宿舍之後，就又恢復了原本的生活了。

我49歲時也開始打工了。丈夫56歲是一位上班族。家裡只剩夫妻兩個人之後，就回憶起新婚時代的生活了。當一開始按摩之後，怎麼樣都會變成淫蕩的性感按摩，然而我也舒服到點燃好久不見的性致。

現在一週會有三次互相為對方進行性感按摩。生理上已經不會有懷孕的擔憂了，因而萌生的解放感也很棒。

●從按摩開始揉撫陰莖

丈夫（47歲）都會待在自己的房間盯著電腦看一整天。我捧著茶進到房裡之後，他就會做出如肩膀痠痛一般的回頭動作。這就是暗號，我（47歲）就會開始幫丈夫按揉肩膀。

感覺好像很舒服的丈夫一直被我按揉著肩膀，接著我把手伸到褲襠上去幫他揉搓。他很快就硬了，接著我跪在丈夫面前，把陰莖掏出來用嘴巴含弄。疲累時的口交感覺好像非常地舒服。

在那之後就會進寢室從白天就開始做愛。那真的非常興奮又開心呢。結束之後，丈夫就又回到電腦前開始工作。在孩子回家之前，再做一次吧。

●被裁員就能夫妻圓滿？

我是第一次知道這件事。丈夫（51歲）在被裁員之前，都在家人面前裝著一切都很平和，真相都沒有告訴任何人。有一次突然有急事打到丈夫的公司之後，這才知道他已經辭職了。我（49歲）這才意識到他已經被裁員了。

將近一個月以來都若無其事地假裝出門上班的丈夫讓我覺得很替他不捨，而令我潸然淚下。當晚，我就替回到家中的丈夫按摩，向他提起有打電話到公司的事情，並好好地安慰地。

我讓丈夫仰躺著，脫下他的褲子並用嘴巴幫他服務。丈夫也對我心懷感激，並燃起久違的性致。丈夫真是一位家庭的守護者。全家人都團結在一起了！

●因為按摩而被感謝了

正是在不高興的時候，幫丈夫（58歲）按摩才會有效。總是沉默寡言的丈夫居然對我說出「謝謝你」。如果對方不高興的時候還用一樣的態度回應的話，那兩個人就會變成冷戰了。

孩子們都已經自己獨立生活之後，只有兩個人一起過著含飴弄孫的生活。多虧了按摩，丈夫邀我去溫泉旅行，並在男女混浴裡享受真的～好久不曾有過的感覺。

即便到了這個歲數，用手指或嘴巴挑弄敏感的地方時還是會覺得很舒服，孩子們也對我說「媽媽，你變年輕了耶」。連爸爸都愈來愈年輕了。按摩得持續下去才行。

●性愛的一開始就是按摩

我在性愛的一開始就會按摩。我（51歲）被按摩的時候，會趴著接受按摩來獲得放鬆，接著仰躺著讓丈夫（49歲）來取悅我。閉上眼睛，那裡被嘴巴舔弄的時候，真的覺得很舒服。

丈夫被我按摩的時候，特別會幫他按摩腰部，之後仰躺時就會呈現半勃起的狀態。我用手套弄到勃起之後，就會參考拿到的《口交&舔弄》的書來進行口交。

不論到了幾歲，身體接觸都會是夫妻圓滿的關鍵。按摩真是太棒了。

■有陰莖強化法嗎

從以前就有的春藥到壯陽劑，或是從冷卻法到穴道刺激，甚至到最後的拍打法。正式因為如此，光用想的就覺得好像很有壓力了。即便是補充精力的飲食方式，也只要均衡的飲食攝取也就沒問題。

十幾歲、二十幾歲的陰莖是很厲害的，三十幾歲、四十幾歲的陰莖就要巧妙地藉由前戲來取悅女性。已經四十歲的各位讀者，如果你覺得陰莖已經衰老的話，就要注意體力和氣力的流失。

我雖然已經51歲了，而射精是我工作的一部分，但是我並不會特別注意飲食，更別說是仰賴春藥或壯陽劑了。我也沒用過威而剛。

陰莖就是人生（？）的指標

在故鄉破處男之身並對這樣的歡愉心懷感激的我（辰見）來到東京讀完美術大學，進到廣告公司上班之前的四年之間，一直渴望著性愛並一心只想要插入陰道。因此要說血氣方剛的我是和陰莖一同走過人生也不為過。時光飛逝，在快三十歲的時候結婚。獨立生活並盡情享受工作與玩女人，不過我對於取悅女性也有著異常的快感。誰知道泡沫經濟的崩壞，讓我和陰莖也一起萎縮起來了。

陰莖就是人生的指標

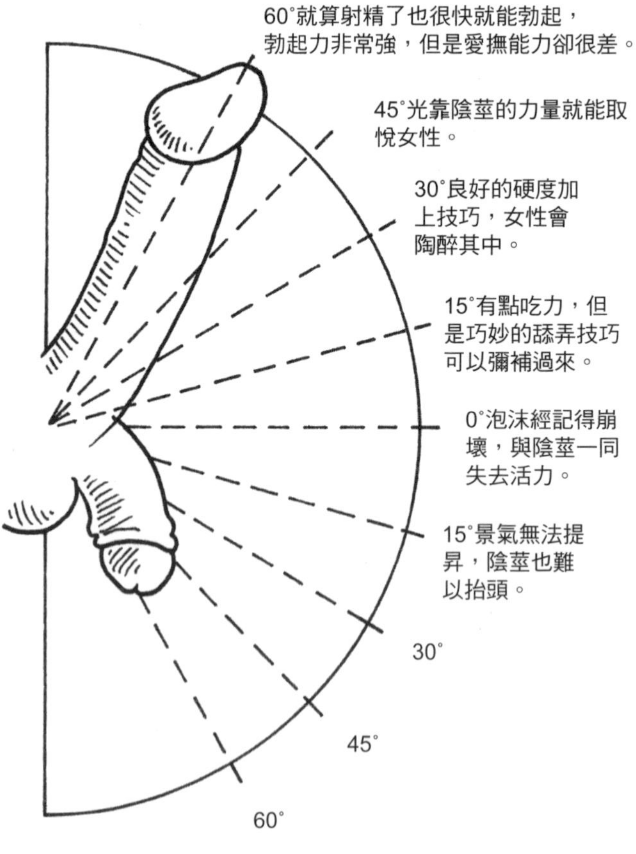

60°就算射精了也很快就能勃起，勃起力非常強，但是愛撫能力卻很差。
45°光靠陰莖的力量就能取悅女性。
30°良好的硬度加上技巧，女性會陶醉其中。
15°有點吃力，但是巧妙的舔弄技巧可以彌補過來。
0°泡沫經記得崩壞，與陰莖一同失去活力。
15°景氣無法提昇，陰莖也難以抬頭。
30°
45°
60°

■體力持久度和勃起力持久度有關

泡沫經濟崩壞後，努力過頭的我發現周圍的朋友們都一個一個失去聯絡，或是破產而走投無路。曾經待過的老牌廣告公司也破產了。我自己的狀況則是拿房子做抵押來向銀行借貸生活費。

陰莖真的是人生的指標，我現在已經與陰莖走到15°的地步了。能夠從那裡東山再起則是因為出版業的關係。體力和氣力都衰弱的我一心想要勃起……抱歉，是一心想要振作起來，拼命地強化體力。

我的第一本書是《色情業的指南書》。我當時也有進行實際體驗採訪，在計畫統整的期間也努力地進行鍛鍊。各位家裡附近應該都會有公共的體育館吧，我所居住的城市中也有市民綜合體育館，裡面就有訓練室。

接受講習的課程之後，就能以兩個小時兩百日圓的價格來自由使用訓練室。從我的體驗來看的話，就像那些對體力很有自信地在鍛鍊身體的人一樣，只要一使用訓練器材就會驚愕地意識到自己是毫無體力可言，所以幾乎很多人都是只來一次就不來了。

有在訓練的人大家都是肌肉男，這種觀念簡直是大錯特錯。比起聰明人而言，很多其實是有毅力的人。就連我一開始的時候也是軟弱無力，在別人眼裡就像是一個快70歲、只能舉起體重三分之二重量的男人。

我並不在意他人的眼光，照著自己的步調，一週進行兩次的訓練，一個月以後，我的體力和氣力都恢復了。當然陰莖也提升到30°了。就這樣我也重生變為一位性愛作家了。

各位男性讀者，陰莖強化法中最有效的就是運動了。只要體力一增強，什麼事情都能夠變得積極，陰莖的勃起程度當然也會改善。

進行指導老師教導的伸展運動，一開始先從輕微的運動進行即可。慢慢踩著健身腳踏車（室內腳踏車），再從輕微的訓練開始，長久時間下來慢慢讓身體習慣即可。

高血壓或糖尿病等有身體問題的人請和你的指導老師諮詢適合的運動。最好先詢問過醫生再進行。逐漸習慣訓練之後，就能像我一樣，一組20次的腹肌和背肌訓練都能各做上5組和10組了。

■下半身強化讓陰莖也強化

下半身會漸漸衰弱，當然陰莖也會逐漸衰弱。然而即便是中高年族群，也能夠強化下半身，因此陰莖當然也可以強化。

除了採訪工作以外，一直坐著工作的我卻沒有腰痛、肩膀痠痛的問題。這也要歸功於訓練。只要慢慢地持續訓練的話，就能像51歲的我一樣讓陰莖的角度恢復到30°或45°了。那麼，我就介紹一下我的陰莖強化訓練吧。

雖然我說過一週兩次的訓練很快就會有效果，但對於沒時間的人來說，一週只要進行一次訓練即可。我的情況會在星期日和星期三來進行訓練。

首先，換上訓練用的衣服，在自家進行十分鐘左右的伸展操之後，將運動飲料、運動鞋、毛巾、零錢、手機、硬紙封面的書裝入背包裡，戴上帽子快走17分鐘到體育館。此時身體已經活動了27分鐘了。

到櫃台去出示聽課證，支付兩百日圓，並把背包寄放在更衣室裡，再前往訓練室。此時身體已經能量全開，一邊喝著運動飲料，一邊稍微休息一下等待心跳數降下來。接著進行少量的水分補給。

使用各種器材來鍛鍊各個部位的肌肉之後，一個小時的時間很快就過去了。在這之間，要進行少量的水分補給。首先將訓練台傾斜並進行腹肌運動。做五組二十次總共一百次之後就再把訓練台恢復到水平狀態，接著坐著一邊稍做休息一邊補充水分。

由於已經沒有運動飲料了，所以將體育館供應的冷水裝入空瓶中再飲用。平均要攝取1.5公升以上的水分。

接著在水平的訓練台上趴著進行背肌運動。做五組二十次總共一百次之後再坐著一邊稍做休息一邊補充水分。心跳數回到正常值之後，胯坐在健身腳踏車上，以不超過心跳150下為原則來進行15分鐘的踩踏，這樣的有氧運動是最容易流汗的。

到這裡為止先讓身體冷卻下來，接著在按摩台（醫療用）坐上大約十分鐘，「啊～～～真舒服。好像要勃起了。」像這樣舒服的疲累感就能使陰莖獲得療癒。

接下來踩上圓盤，用力地左右扭轉腰部。這具有緊縮腰部的效

坐在按摩台之後，舒服的疲累感就能療癒陰莖並產生勃起的感覺。

果，對於腰痛也有效。結束後補充水分，再將安全帶圍住腰部並激烈地搖晃，最後讓使用過的肌肉進行伸展運動就結束了。期間大約是兩個小時。

接著我會在體育館隔壁的輕食餐廳裡吃飯是每天的例行公事。為了運動後補充優質的蛋白質，我會一邊吃著薑汁燒肉定食，再一邊閱讀硬紙封面的書，這真是一種片刻的幸福啊。

最近減少了抽煙的支數。飯後會抽上一根，用20分鐘閱讀之後才會離開輕食餐廳。回家途中會一邊欣賞風景一邊快走著。運動時間總計2小時44分鐘。夏天的時候一回到家馬上就會去洗澡，但是清洗陰莖的時候會讓陰莖勃起至30°。體驗採訪中如果對象是年輕女孩的話，就能勃起到45°了吧。

我因為工作的關係，所以一定得維持體力與勃起力，不過一般讀者並不需要做到這種程度。在訓練室裡進行輕微的下半身訓練即可。重點是要持續保有勃起力。

肥胖是萬病之源，而且也會讓勃起力降低。順道一提，我肥胖時的體重是82公斤。現在的身高是170cm、體重是61kg、體脂肪是10%左右。

下腹部的皮下脂肪、內臟脂肪只要一減少，下腹部就會變得輕盈，而陰莖的勃起度也能確實上升。體態肥胖的中高年族容易罹患生活習慣病。最近年輕人罹患糖尿病的人數也增加了。

●深蹲強化下半身

我（三井京子）在結束採訪之後，多半的時間都會坐在書桌前撰寫原稿。當壓力一累積時，我就會全裸一邊照著鏡子，一邊做伸展操，接著進行不讓豐盈的胸部下垂的運動，並同時做100次左右的深蹲然後再休息。

強化男性下半身關係著陰莖的勃起力，女性下半身的強化也關係著年輕度與陰道的緊縮程度。看著自己全裸的樣子來運動是為了三十歲之後還能夠維持住體態。

結束運動並調整呼吸之後，就去浸泡暖和的半身浴30分鐘左右，等出了一身汗之後再去清洗全身，全身清爽之後就會變得渴望男人了。

我（三井京子）會全裸進行下半身強化＆提胸運動。

下半身強化會提昇陰道敏感度。

女性也能透過下半身強化使敏感度變好

交合時刻意去收縮肛門的話，就能使用到肛門的括約肌，陰道口也會因此緊縮而緊緊包覆住陰莖。當然陰道口的摩擦感也會有所增強。因此，像我一樣為了強化下半身而運動的話，陰道的敏感度就會變好，

也會變得喜歡做愛了。我透過採訪所認識到的女生大多都透露她們都有踩健身腳踏車或訓練的習慣。她們的緊縮度一定很好，敏感度也會很棒吧。花上一個月來強化下半身吧。

第四章

只要懂了說不定就能「勃」得歡心

■如果陰道鬆弛的話

交合時感覺到陰道鬆弛雖然也可能是因為陰道天生就是鬆弛的，不過有時候是因為被不到標準大小的陰莖插入才會有鬆弛的感覺。

交合時，雖然有要求女生雙手像堵住陰道口一樣去縮緊的方法，但是這樣卻會讓女生覺得掃興。因此要自然地縮緊陰道口的方法就是透過正常位的變化——伸展位（閉腳形）來進行性運動即可。陰道的緊縮感會增強，這是一種讓彼此都容易獲得快感的體位。

接下來是後背位的變化——基本形（閉腳形）。女性併合雙腳並呈狗爬式，男生則從後方用雙膝夾緊女性的雙腳來擺動腰部。陰道口就會因此緊縮並增強摩擦感。

正常位的變化——伸展位（閉腳形）

在對方是第一次做愛的女性時、或是前戲沒有感覺，到了交合時才發現陰道鬆弛的時候，都可以從正常位的基本形變化成伸展位（閉腳形）。如此就能增加彼此的敏感度。

正常位的變化——伸展位（閉腳形）。鬆弛的陰道也能緊縮。

後背位的基本形（閉腳形）

享受鬆弛陰道的體位。透過正常位的變化——伸展位（閉腳形）射精也可以，不過為了要享受體位的歡愉，也可以嘗試看看後背位的基本形（閉腳形）。男性從後方用兩膝夾住女生的雙腳來進行。

後背位的基本形（閉腳形）。男性用兩膝用力夾住女生的雙腳來擺動腰部。

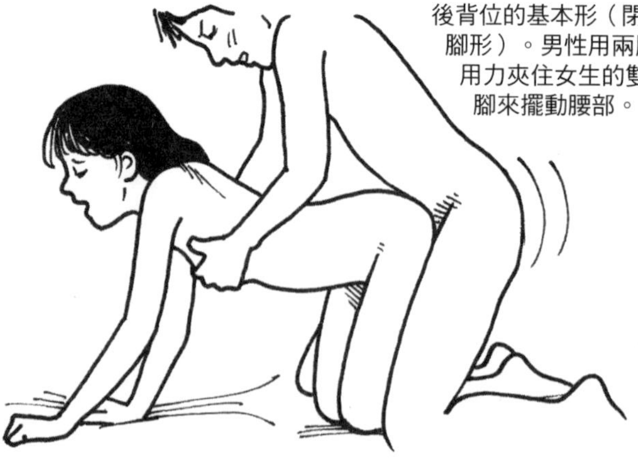

●入口狹隘的歡愉

即便陰道沒有特別鬆弛，正常位的變化——伸展位（閉腳形）和後背位的基本形（閉腳形）也都能讓摩擦感更加強化，彼此都會很舒服，所以請大家務必嘗試看看。

辰見老師說「交合時，雖然有要求女生將雙手像堵住陰道口一樣去縮緊的方法，但是這樣卻會讓女生覺得掃興。」其實也不見得如此。

我如果覺得舒服的話，怎樣我都會去嘗試，所以自己把陰道口縮緊如果可以加強勃起陰莖莖部的強烈摩擦，就算你對女生這麼說，她也不會覺得掃興，而且會主動用雙手像堵住陰道口一樣去縮緊吧。

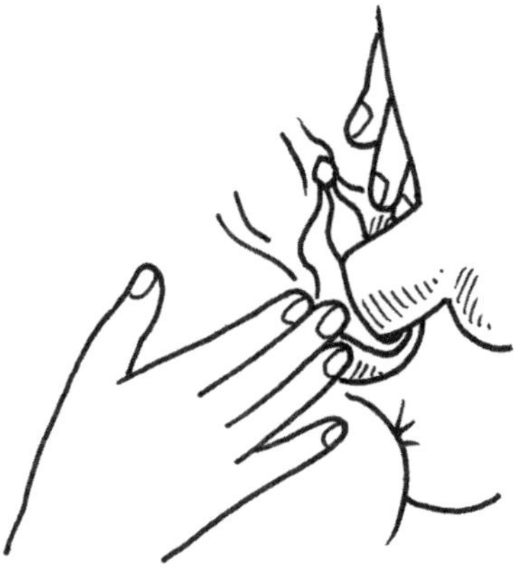

正常位的變化，從懸空吊腰體位的姿勢來自己縮緊陰道口。

陰莖莖部強烈摩擦陰道口會很舒服。

●反而過度過敏的陰道

陰道如果鬆弛的話，敏感度也會變得遲鈍，不過有時候陰道反而也會變得過度敏感。這就像陰道會早洩一樣，陰道口適度地緊縮，也是所有男性都喜歡的女性身上會有的條件。一旦被搭訕之後，不知不覺就被帶到旅館，對男生來說這種女生就會是隨便的女生吧。

這跟年輕男性無法抑制助興衝動一樣，也有女性的陰道心癢難耐，一樣無法抑制她的性衝動。這樣的女生對男生來說就會成為令人興奮的對象。如果舒服的話，什麼事都會做。只要實踐《口交&舔弄》的書中幾個篇幅的話，很快就會忍不住變得想要勃起的陰莖了。到時就能盡情往前衝刺了。

●超級大陰莖和超窄小陰道

男性會有炫耀自傲的陰莖的傾向，但是如果陰莖變得超級大也是會有煩惱的。我也有在採訪時見過超級大陰莖，摸了就會很興奮，不過插入的時候應該只會覺得很痛。即便適合觀賞用（？），也不會太實用。

各位讀者之中，就算您是超級大陰莖本人也請您安心。就如每根陰莖的形狀、大小都天差地別一樣，陰道的形狀、寬度和深度也是各有差別。你一定能夠遇到陰道鬆緊度是完全適合你的。

窄小陰道也是一樣的道理。如果用超級大陰莖可能會被搞壞，不過也有拇指大小的陰莖存在，所以請多多交朋友吧。

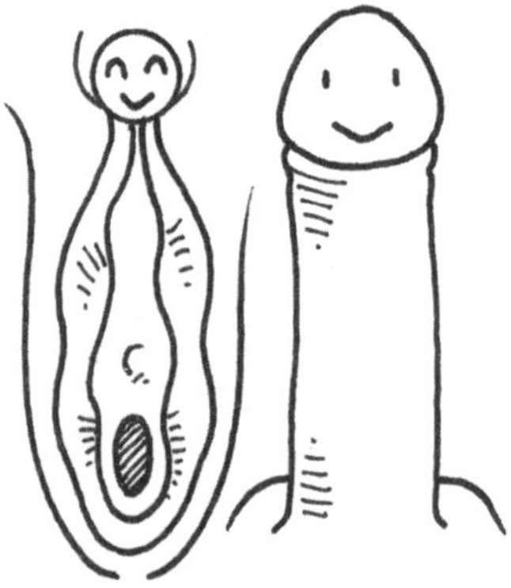

超窄小陰道完全適合極細陰莖。

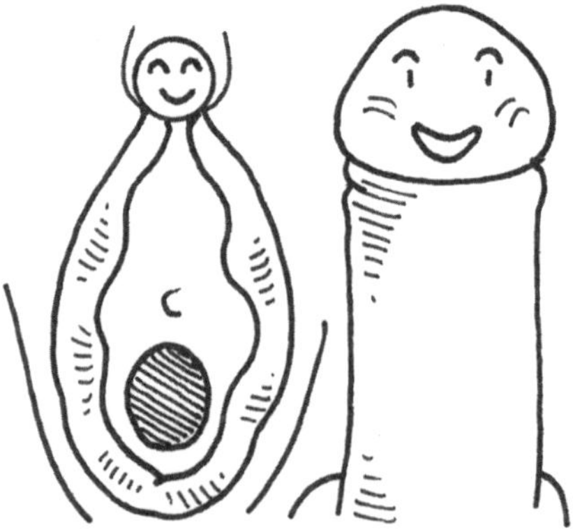

超大陰莖完全適合鬆弛的陰道。

■為了與相適度好的性器邂逅

一般大小的陰莖和一般鬆緊度的陰道們如果能彼此相愛做愛好幾次後，彼此都性器就能夠逐漸水乳交融了。就像陰莖的大小可以分成S、M、L一樣，陰道如果也可以分成S、M、L，在這範圍之內就能相互配合，相適性也會逐漸變好。

此外，像我一樣進行過許多實際體驗採訪後。讓我也常常遇到一拍即合的陰道。我勃起時的陰莖大小和對方女性的陰道深度與寬度都能比其他女生還要舒服地被擦弄。

性格和性器若能一拍即合的話雖然是一種理想，但是如果像我這樣和許多女性接觸之後說不定就能找到了。

■過度溼潤的陰道

過度溼潤，而且量還很多。愛液可以是潤滑油、潤滑液，而大量的潤滑油產生溼潤滑溜的感覺也會很舒服。陰莖的滑溜和陰道口的滑溜相互摩擦的感覺很棒。

對於那些煩惱愛液多就會弄髒床單的女性，只要對她說：「這就是你有感覺的證據，我也會覺得很興奮」就煩惱全消了。

此外，太過溼潤而使摩擦感不高的女性陰道可使用第三章中所介紹的矽膠胸墊來加粗陰莖根部即可。

我為數眾多的實際體驗採訪中也遇到一些容易濕潤、愛液量多的女性，她們的興奮度和快感度都很高。

●過度溼潤很舒服……

我（三井京子）也是屬於愛液量多的女生。雖然這跟體質有關，但是愛液的量也可以是興奮度和快感度的指標。

在旅館做愛時，炮友總是會在我臀部下方鋪一塊浴巾。「今晚京子的陰道也會氾濫成災」被這麼一說，我就濕了。

第二回合時，我還是有去洗澡，如果不把陰道撐開來沖洗的話，可是會有味道散發出來的。炮友說這樣子就好了，但如果弄得太髒的話，就無法安心浸淫在舔陰的快感之中了。過度溼潤的陰道還是要保持清潔，比較重要。

■如果陰道不溼潤的話

還不能熟悉做愛而緊張的時候，也會有女性是無法溼潤的。此外，明明有感覺，愛液的量卻很少的體質也是存在的。為了要消除緊張、讓對方放鬆，可以從前面介紹的按摩方式開始也能有助於愛液的增量。

有些女性雖然有感覺，但因為體質的關係，愛液分泌量不多。在我的實際體驗採訪中，如果充足進行完前戲之後，愛液的量還是不多時，我就會使用潤滑液。

煩惱愛液分泌量少的女性可以用潤滑液來代替愛液，交合就不會有問題了。潤滑液在藥局都有販售，由於是小瓶包裝，因此攜帶也很方便。那種滑溜感會讓彼此獲得比愛液更好的舒服感。

■如果跟名器交合的話

所謂的名器（譯註：形容女性生殖器官很厲害）是存在的。俗稱為「千隻蚯蚓（形容女生私處彷如千隻蚯蚓鑽動，是很厲害的意思。）」是指整個陰道的皺摺多，且藉由性運動會蠕動並摩擦陰莖。陰道內部的溫度高，所以龜頭被溫暖的皺摺摩擦的話，連我也會早洩。

交合之後第一次遇到像「千隻蚯蚓」這樣的陰道時，就要使用第一章所介紹的方法，如果忍不住就要拔出來。再以舔弄吸吮陰道繼續給予刺激，然後再次交合。

女友或太太如果是「千隻蚯蚓」的話，就要準備冰水，在快要忍不住之前，浸泡冰水來冷卻，然後再交合。冷卻的陰莖插進灼熱的陰道會很舒服，彼此都能發現一種出乎意料得快感。

■偏上、偏下類型的陰道

全裸女性站立時，一般來說是看不到陰道的。這當然是因為陰道的位置本來就在胯股之間。不過陰道卻也有偏上、偏下的類型。

陰莖插入時，陰道口的位置會比想像的還要上面或下面。藉此可瞭解陰道是偏上還是偏下的位置。

觀察全裸站立的女性，只要看得到陰道裂縫處就算是偏上。看不到就是正常或是偏下。以前偏上的陰道會被稱為名器，不過現在已經不會有功能上的差異了。換句話說，並不需要在意偏上或偏下。順道一提，正常的位置應該是偏中。

我的實際體驗採訪中也發現每個女生陰道的顏色形狀、花瓣的大小都有天壤之別的差異。其中雖然也會有偏上或偏下的類型，但對於交合來說並不會有任何問題。

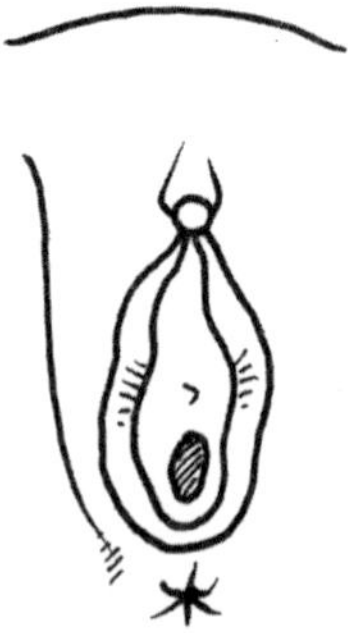

偏下的陰道

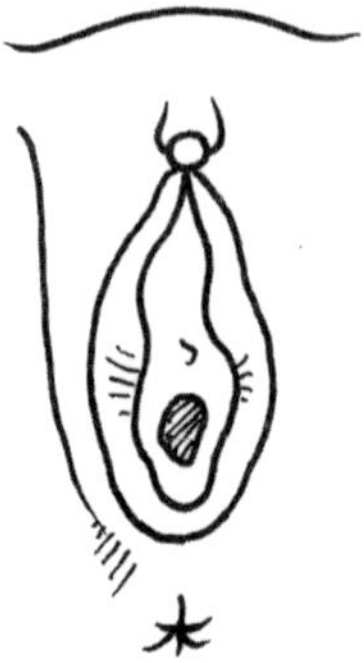

一般偏中的陰道

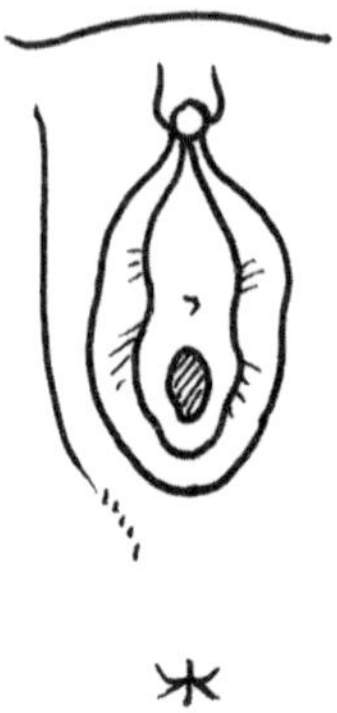

偏上的陰道

■偏上、偏下類型的插入

正如透過上頁下面的插圖就能瞭解，偏上、偏下的陰道洞口比起偏中的類型來說都會有上下差異。如果女友或太太的陰道，由於很熟悉，所以應該不會有插錯洞，不小心插進尿道口或肛門的情況發生，但是如果是第一次面對偏上或偏下的陰道時就必須留意了。

如果是我，第一次做愛時我就會先舔弄陰道，並撐開陰道來確認位置，但一般來說女性都會害羞而不敢在一開始就把陰道整個暴露出來。因此，插入時可用手捧著陰莖沿著陰道的裂縫處往下磨蹭，如此就能滑溜地進入了。偏下的陰道則要在臀部下方放置枕頭，如此就能讓陰道變成偏中或偏上了。

偏上、偏中、偏下也能順利插入

如果是已經很熟悉的陰道，大致都會知道陰道的位置並且能夠順利地交合，不過在面對初次做愛的女性對象，透過龜頭來掌握位置就沒問題了。只要握著龜頭沿著裂縫處磨蹭，就能滑溜地進入並順利地交合。

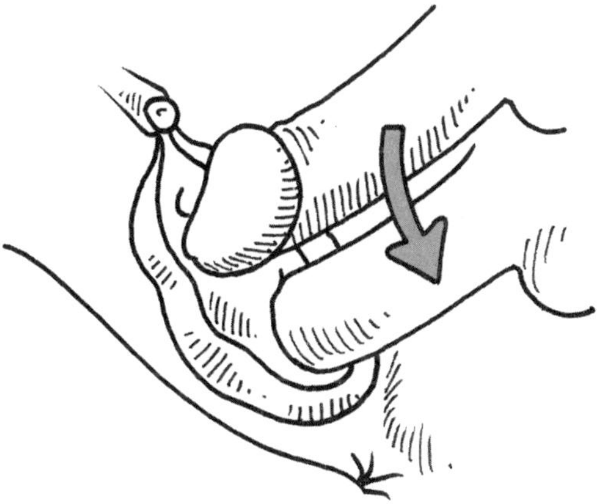

●我的陰蒂大小是16ｍｍ

我（三井京子）的陰道在對著鏡子張開大腿來觀察之後發現是處於標準的位置，也就是偏中的類型。炮友也會要我張開大腿來觀察，他也覺得我是正常的類型。

讓炮友這麼一說，愛液量就又增多了，「京子小姐的陰道好舒服」，這對女性而言是多麼令人開心的讚美，此時愛液比平時溢出得更多了。

順便就讓炮友幫我測量勃起時的陰蒂，結果發現居然有16ｍｍ左右。怪不動會這麼舒服啊。陰蒂勃起時的快感好像因此多了兩倍左右。這和龜頭一樣，不論大小還是可以感覺愉悅。

■萬一無法勃起的話

享受女性的身體，並在腦海裡盡情想著淫蕩的事情時，陰莖就會老實地反應。

不過有別於年輕的時候，中高年族群卻因積累著各種壓力，有時候陰莖並無法率直地將淫蕩的信號從性中樞神經傳遞出去。

如果太太每天對你發牢騷的話，你應該更加如法專注在性愛之中吧。

從我的採訪體驗來看，讓太太舒服的丈夫，幾乎不會被太太發牢騷。

因此，在那之前，充足地取悅太太、女友是很重要的。

想要她渴望陰莖到無法自拔的話就要一起合作。

●無法勃起的陰莖就找色情店女郎？

在她被取悅而渴望陰莖到無法自拔的狀態之下，萬一你無法勃起的話，就讓她幫你勃起，這樣女性什麼都會配合你。快勃起吧～（微笑。）

雖然本書中也有提過了，無法勃起的陰莖可使用性場所常用的69式是有效的。我的經驗也告訴我這能夠100%讓我完美地勃起。

這對交合時萎縮的陰莖也有效。我的情況是會讓男生仰躺著，透過女性上位的69式來讓他品嘗陰道，並全神貫注地給予陰莖快感。

即便是你的太太，只要你能讓她舒服，她就會讓你舒服。請閉上眼睛品嘗太太的陰道，然後做其他的想像。揉搓臀部並磨蹭來萌生淫蕩的想像。只要伸出一隻手揉搓胸部就會更加淫蕩，請浸淫在陰莖的快感之中吧。

那麼，騎在上面的太太、女友要持續集中刺激龜頭內側喔。男性的陰莖是一種不可思議的生物。即便萎縮著，只要持續給予刺激的話，很快就會開始勃起了。

用力吸吮龜頭部位之後，就在龜頭內側加上三根手指並以大拇指來用力夾住摩擦吧。吸吮、套弄的反覆進行之後，陰莖就會完全地勃起。此時用力吸吮龜頭部位，並大動作地進行真空吸吮，如此就能準備迎戰了。就用喜歡的體位來交合吧。

■交合時畏縮的話就拔出來摩擦

三井京子解說在交合時萎縮之後，透過性場所的69式是有效的，不過拔出陰莖一邊品嘗陰道，一邊試著摩擦自己的陰莖也可以恢復自信。

當自己覺得萎縮的時候，就在完全萎縮之前拔出，可以吸吮或舔弄陰蒂，或是一邊品嘗陰道，一邊用力摩擦龜頭。在萎縮之前拔出是有效的，半勃起狀態的陰莖能夠立刻勃起的機率會提高。

同樣，在交合前處於半勃起狀態的時候，透過女性上位的69式就能輕鬆達到完全勃起了。在完全萎縮之前行動是關鍵所在。

在完全萎縮之前的半勃起狀態時拔出

對陰莖而言，陰道裡面是最舒服的。然而在途中會萎縮可能是因為精神層面的問題。陰莖在陰道裡面開始萎縮時，就算再怎麼衝刺也無法恢復勃起力道。在完全萎縮之前，使用性場所的69式，或是試著

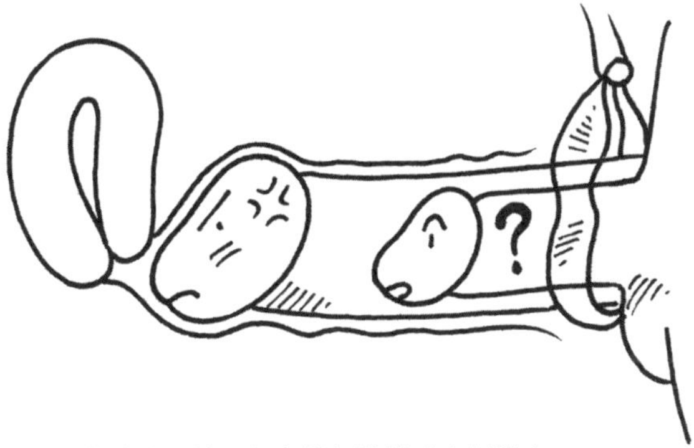

交合時萎縮的話就要在半勃起狀態時立刻拔出。

一邊品嘗陰道，一邊擦弄自己的陰莖。半勃起狀態的陰莖會因為套弄而提高恢復的機率。我自己在把完全萎縮的陰莖套弄到勃起時，也需要花上一段時間，不過套弄半勃起狀態的陰莖卻可以立刻勃起。

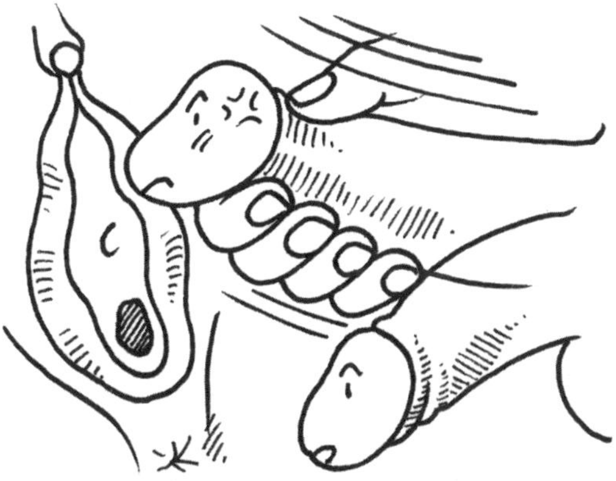

套弄半勃起狀態的陰莖就能勃起。

●生理期時的性愛是NG的

坦白說，生理期時的性愛是不會舒服的。包括我在內，女性在生理期的時候都會比較憂鬱。因為每個女生的體質不同，伴隨不同程度的極疼痛，因此就不會有想要做愛的感覺。

偶爾也會有一些瘋狂的女性反而在生理期比較興奮，但一般來說是不會有這樣的情形的。此外，雖然有些男性會對被經血弄髒的陰道興奮地舔弄，或對被經血弄髒的內褲異常興奮，但這也是很罕見的。

我的陰道明明隨時保持溼潤，但到了生理期不論再怎麼清洗乾淨被舔弄，都還是無法專注於快感之中。即便如此仍然覺得心癢難耐的話，就用手和嘴巴來解決吧。

■年輕陰道多皺摺

我因為工作的關係已經看慣許多年輕的私處了，不過中高年族群如果遇到太太以外的年輕女性，說不定也是一個不錯的際遇。她們跟太太最大的不同就在於水嫩剔透有彈性的肉體吧。

之後陰道如果也興奮的話，花片（花瓣）就會盛開，看起來就很美味。沒錯，確實很美味。年輕時花瓣會有如開花一般地張開，大陰唇也富含脂肪地膨脹，陰蒂也保有勃起力。接著最棒的是，陰道裡的皺摺年輕有彈性，真的很舒服。

反覆經過性交或生產之後，皺摺就會耗損，等到50歲左右不再有生理期（停經），大陰唇的脂肪就會減少，花瓣、陰道壁和陰蒂也會萎縮而失去彈性。

即便和太太做不來，但如果對象是年輕女性就能勃起。對年輕肉體感覺興奮，但卻沒有與實際年齡相符的沉穩心態，交合之後立刻就忍不住射精了，這都是因為年輕女性的陰道實在太舒服了。

男性的勃起力衰弱，但是只要透過技巧就能彌補這方面的不足。尤其是對象為年輕女性的時候，透過《口交&舔弄高潮指導手冊》的驅使，讓對方快要高潮的時候再交合即可。

比起年輕有勃起力的陰莖，就算沒彈性還是可以藉由技巧來彌補的中高年族群的陰莖更能夠取悅女性。中高年族群可以仔細品味陰道，並透過持續不間斷的愛撫來讓女性獲得極大的歡愉。

■熟女陰道的情況

對於35歲到45歲之間的熟女陰道，可以從一般的性愛方式開始進行，接著突然把大腿打開並舔弄吸吮陰蒂，總之只要積極、淫蕩地進行，效果就會非常大。

年輕女性會覺得害羞，但是熟女會裝作害羞而依舊會把雙腿打開。總之她們喜歡陰道被撐開來舔弄（也喜歡口交），過程越淫蕩，她們就越濕。

熟女已經不是年輕的女生了，她們會散發出獨特且淫蕩的氣味。雖然已經沒有年輕女性的陰道皺摺，但是對於陰道口的快感卻能有更多的感受，陰莖莖部一旦擦弄到陰道口，就會舒服錯亂不已。男性也會興奮地想要射精。

●陰莖要讚美陰道

當女生被插入時說出「啊～老公的陰莖實在太舒服了」，應該會讓你開心地想要射精了吧。就算是女性也是如此，當男生說出「好濕啊，啊～京子（我）的陰道好舒服」時，反而會讓我的愛液溢出得更多，並很快就到達高潮。

一邊舔弄陰道，一邊讚美陰道也是很有效果的。「京子（我）的陰道好像很好吃喔」被這麼一說之後，他邊看邊舔弄的感覺也會讓我的興奮度倍增。

看著陰道舔弄並給予讚美，交合之後一邊擺動腰部，一邊要再一次讚美陰道喔。對方也會興奮地誇獎你的陰莖讓她好舒服。

■陰道的香味、臭味？

寫到「香味」時，就會用香水味道之類的香味。而寫到「臭味」時，則會用在令人不舒服的臭味上。陰道散發出來的味道是香味還是臭味，雖然這兩者讀起來都一樣（譯註：日文「香味」、「臭味」音讀是一樣的）。幾乎所有男性都覺得陰道的味道是香味，但有一些狂熱份子的男性則會把這股味道視為臭味而興奮不已。即便是健康乾淨的陰道還是會有味道，其味道的強度因人而異，日本人一般都較淺淡的味道。產生味道的原因之一是陰道本身，有人說聞起來像是一種起司的臭味。如果覺得有臭味的話，只要把陰道裡清洗乾淨，就不會有臭味了。

另一個產生味道的原因則是因為陰道變髒了。愛液的髒污或陰道、花瓣連接處的陰垢都會產生味道。只要把整個陰道仔細清洗乾淨就能讓味道改變。

●香水對陰道的效果卓越

我自己在等炮友來的時候，總是會在內褲接觸陰道的部份輕輕地～噴上香水。

在旅館裡脫到只剩內褲之後，炮友就會把鼻子埋進胯股之間去嗅聞氣味，接著興奮地把我的內褲脫掉，此時陰道已經整裝待發，準備好要讓他取悅我了。

已經熟悉太太的陰道也只要輕輕地～噴上香水，陰道就會搖身一變，勃起力也會與平時大不相同。就算是自己的太太，只要你比平常還要用心地舔弄讓她舒服，她也會比平常還要用心地舔弄吸吮陰莖。

炮友曾對我說過，他偶然在一台客滿的電車上聞到跟我噴在陰道上的香水一樣的味道，一想到之後就勃起了。當晚我就接到他邀約的簡訊了。

太太，如果他不想做愛的話，就讓寢室瀰漫著香水的香味吧。如此在條件反射（譯註：因為過去的經驗而產生的後天性反射行動）的作用之下，說不定就能讓丈夫把你撲倒了。也別忘了在陰道噴上香水喔。

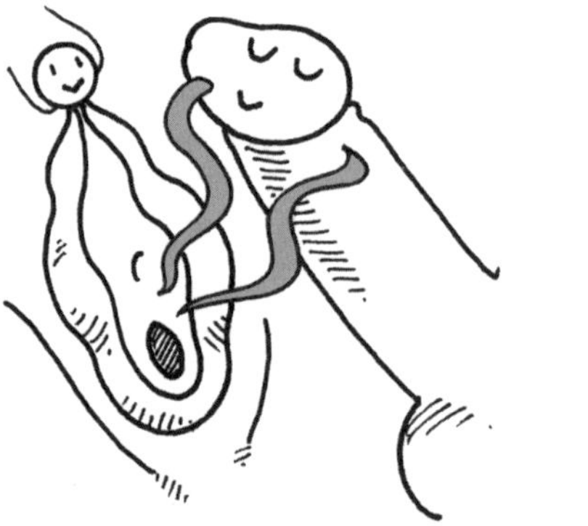

在陰道噴上香水的效果顯著。光是嗅聞味道就能條件反射地勃起？

■我也是藉由香水來提昇勃起力

陰道那股輕微的氣味雖然會令人興奮，但經過多數的實際體驗採訪之後發現，有些女性的陰道卻散發出一股微微的香水味。

從陰道散發出香水味的話，我也會因為條件反射的作用而使陰莖勃起。舔弄的方式也會變得貪婪，實際體驗採訪的女性對象也會因興奮及快感而處於忘我的狀態。

在私處噴香水的女性，包含三井京子在內，都是喜歡做愛的。她們都知道有香水味的陰道可以吸引男生幫她舔弄得很舒服。我也會因為有香水味的陰道而使勃起力比平時還高。另外，香水的使用只要讓陰道有輕微的香味散發就好，如果噴太濃厚的話可是會變成臭味的。

■如果是真的很臭的陰道

偶然在居酒屋遇到情投意合的對象並發展到肉體關係時，一定會讓女生去洗澡。一開始先輕吻之後就揉搓著胸部並愛撫乳頭，然後揉搓兩邊的胸部並愛撫兩邊的乳頭。

從女生的頸部到手腕，再一邊用手指愛撫左邊乳頭，一邊吸吮並用舌頭挑弄右邊的乳頭。空出來的右手伸到陰道裡，以手指去刺激陰蒂，進而形成三點刺激。女生在有感覺的時候，就用三隻手指揉搓整個私處，並把手指試著插入陰道裡。在女生沒有察覺的情況之下，將陰道裡的手指抽出來試著嗅聞手指的臭味。

如果是真的很臭的陰道就有問題了。清洗的方式如果馬虎的話，就會因為蒸發而發臭，因而佈滿許多細菌。這樣的陰道嚴禁舔弄或插入的行為。陰莖可能會有黏膜感染的問題。

如果是我的話就會避免進行性行為，但是要是真的很想做的話，就要避開舔陰和口交的行為，並戴上保險套趕快結束。

不乾淨的陰道可能也會寄生著毛蝨。這就算是帶著保險套也無法預防感染。它會透過性運動時陰毛相互接觸轉移過去。

嗅聞手指的臭味，如果發現是異常的臭味就要留心了。請打開燈，張開雙腳來進行陰道的肉眼診察。如果有發紅發炎情況，跟對方說聲抱歉，並趕快離開旅館。如果還是因為酒醉而衝動做愛的話，請及早到醫院就醫比較妥當。

如果索性認為性病就跟交通意外一樣，會中的還是會中，那麼這是你自己要負責的。最近一般年輕女性罹患性病的比例正往上提昇。尤其是十幾歲到二十五歲的女性要特別注意。

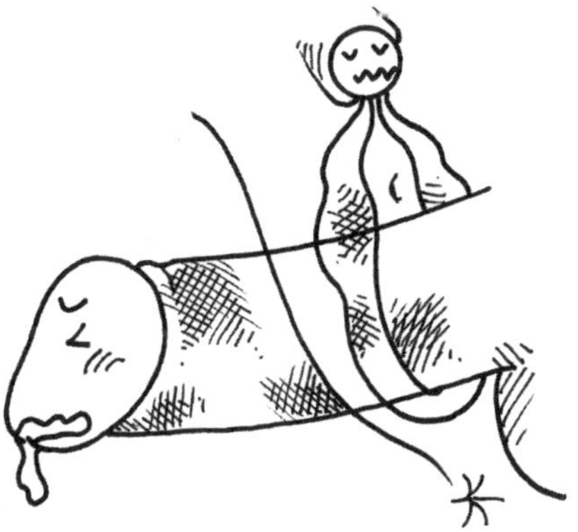

罹患不同性病的男女如果因此使性病互相傳染的話，就會變成很糟糕的事了。

■臉與陰道的關係

不分年紀，男性就是會對漂亮的女孩子無法招架。為了討好而拼命地努力，為了得到她就變得積極主動。雖然還不到美女的地步，但是我在實際體驗採訪中發現，最近的女生都很漂亮，美女也很多。

讓男性說說看意見之後，絕大多數的男性都說：「抽插美女的陰道比較令人興奮，舔起來也比較舒服吧」。男生對可愛的臉、漂亮的臉都會直接跟陰道做聯想。

比起一般人而言，和許多女性發生關係的我有著與眾不同的意見。不論再怎麼漂亮的女藝人或美女演員，都還是會放屁、上廁所的，應該也會自慰吧。如果她們有過非愛情的肉體關係的話，應該也都是跟一般人一樣吧。

■心與陰道的關係

實際體驗採訪中也有過對象是真的很漂亮的女生。不過也有過那種不能說是可愛的女生，也不算美豔的女性對象。如果要問不會把漂亮的臉直接聯想成陰道很舒服的我喜歡哪一種的話，那種不會被年輕男生吸引的女性比較令人舒服而溫柔，同時也很細心。因為我的愛撫而害羞地浸淫在快感之中的女生們都會被我的技巧驅使而到達高潮。

我自己覺得心和陰道才是直接相通，溫柔、細心的女性陰道舔弄起來就會有舒服的感覺。結束之後，別說是工作了，連我都能感受到一股愛意。

■只要四肢交合就會懂

女性跟男性相較之下，人口比例大約少了5％，這似乎是全世界的現況，所以至少有5％的男性是無法結婚的。

會有「漂亮的臉蛋＝陰道很舒服」這樣把臉蛋和陰莖直接做聯想的男性很有可能就會單身一輩子。我曾經透過實際體驗採訪讓一個美女模特兒呈狗爬式，並從後面來攻陷她。

在不看臉的情況下，我從背部到臀部進行交合，並同時揉搓著臀部來擺動腰部。就算沒有看到臉，肉體就是肉體，陰道就是陰道，到底是不是美女，其實都是一樣的。到達這種領域之後，才能夠真正理解性愛這種東西。

●比臉更重要的是性愛～

辰見老師所言甚是。比起女性而言，男性比較會拘泥於對方的臉蛋上。我的朋友的朋友是那種在女生眼裡也是相當出色的美女。

她的丈夫就是所謂的醜男，所以常被別人閒言閒語她選男人的口味很獨特。不過聽朋友說，她丈夫的精力旺盛而且陰莖勃起的程度也很好，比起之前交過的那些帥哥們，他的性能力更好。此外，她還說丈夫又溫柔又會幫忙做家事。

心＝陰道、心＝勃起的陰莖，而不是臉蛋喔。我也和一位滄桑的上班族大叔有過一次肉體關係，那時我簡直舒服得像要升天了，讓我高潮了好幾次。

●鬆弛陰道、短小陰莖的相適性

這一對是因為採訪而認識到的夫妻，他們住在東京已經八年了，但是兩個人給我的感覺就像是昨天才剛從家鄉上京一樣。同為26歲的夫妻倆並沒有改掉家鄉的方言口音，也不覺得有什麼不妥的。

太太說：「偶就素醜女啊，那裡也很鬆弛的」。

丈夫說：「偶也素醜男啊，那話兒也素又短又小。」

兩個人說話的樣子實在很難在文章上呈現，所以就由我來代為介紹吧。女生說自己的陰道鬆弛、男生說自己的陰莖短小，都太謙虛了，雖然不能算是帥哥美女，但臉蛋可不等於＝性器啊，他們說每天晚上都會做愛，所以過得很開心。這不是很令人羨慕嗎。

●女友如果是處女的話

當時一看就知道她是處女。就算知道許多性資訊與豐富的性知識，但真正要做愛時卻紅著臉並激烈地喘息著，還有些發抖。男生都會對還是處女的女生感到興奮。不過，請冷靜且溫柔地對待她吧。如此一來，她也能慢慢地主動把大腿打開了。

處女也會自己去想像初體驗的感覺。請一邊播放著可以營造氣氛的背景音樂，並同時從輕吻開始進行吧。

從營造氣氛到脫對方衣服的方式，以及一連串巧妙的程序流程，請參考從下頁開始介紹的「性愛步驟指導手冊」中的內容來進行，如此就算是處女也會濕的。

❤ 女人的真心話

理想的進行方式

不論什麼樣的女人，只要到了這個地步，就會想要快速巧妙地脫掉衣服。然而，透過進行如夢裡所描繪的性愛，隔著罩衫輕輕地觸碰胸部，女生被這樣子觸摸是無法抵抗的。

淫蕩的揉搓方式雖然無法到達高潮，但是輕揉地觸摸會讓女性感覺興奮。不過先不要去揉搓大腿或是把手伸進裙裡。我（三井京子）雖然即使在這裡被揉搓大腿或把手伸進裙裡的話，也會做出抵抗且感到愉悅，但是對於第一次做愛的人或還不習慣做愛的人來說，接下來進行深吻的部份會比較保險。

巧妙營造氣氛的接吻之後，就會想要進行深吻。女性會更加興奮地把自己交付給男生，而好的氣氛則會讓她忘掉害羞的感覺，被脫掉衣服的時候也會覺得興奮。

■《性愛步驟指導手冊》

她睜開眼睛。膨脹的褲襠很顯眼。

張大嘴巴讓舌頭交融纏繞的深吻。

抬起她的下巴並再次接吻。

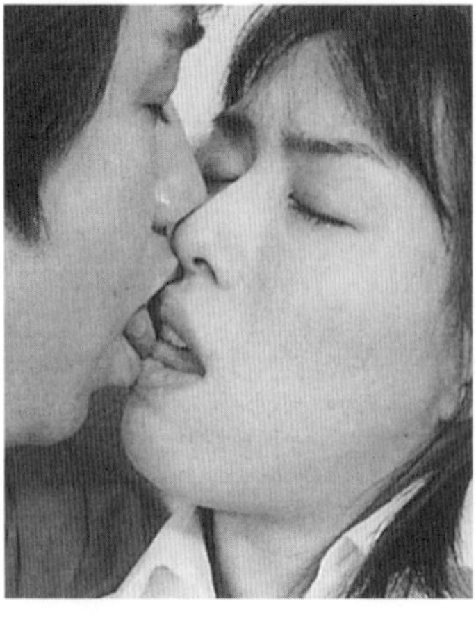
用舌頭去挑弄她的舌頭之後，她也會給予相同的回應。

回應淫蕩的舌頭動作

不論男女都會因為淫蕩的感覺而燃起性愛的慾火。就算是三井京子，也會被突如其來的深吻弄得慾火焚身吧。

進行到這裡之後，舌頭纏繞的淫蕩深吻是很有效果的。已經陶醉於性愛預感的她原來的害羞感都會消失，整個人的身心早已託付給你了。

深吻是為了要帶起氣氛，也就是為了要脫掉她的衣服所要進行的步驟。請不要持續太久，才能在氣氛濃烈的狀態下脫去衣服。

第一次的深吻時，當男生用力吸吮舌頭時，女生也會給予回應，並且更加用力地吸吮男生的舌頭。有時候可能會伴隨著一些疼痛，所以必須要拿捏得當。

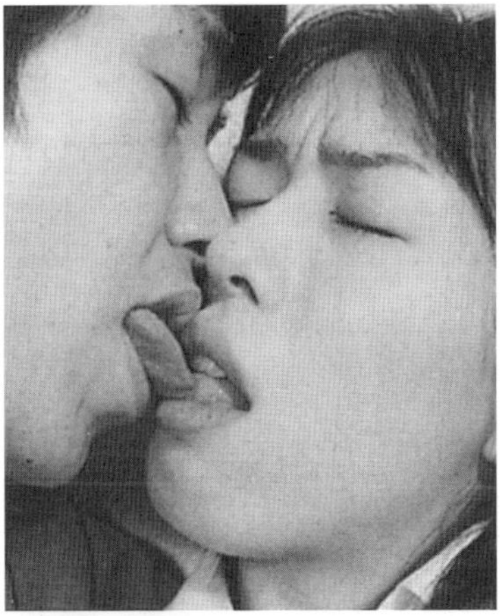

彼此去用舌頭品味其中的觸感。

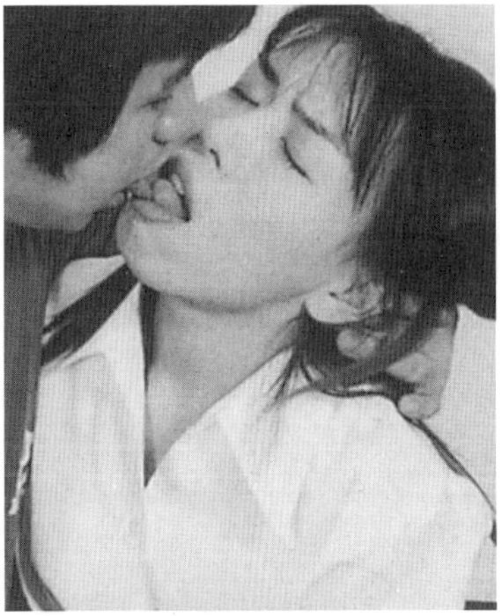

用舌尖摩擦般地來舔弄她的舌頭。

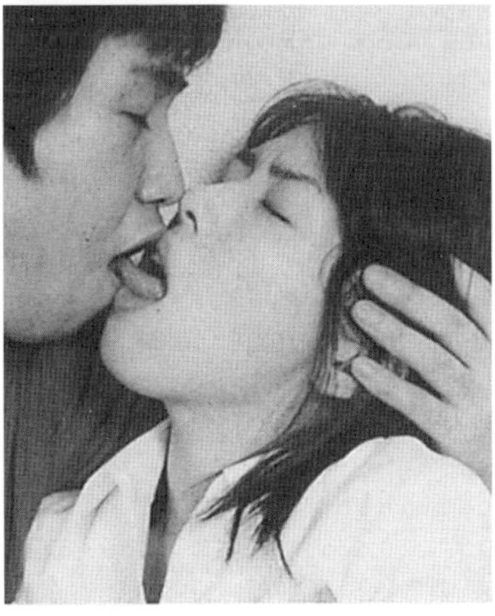

從輕吻開始去脫掉她的衣服。

她給予回應也把舌頭伸出來。

※照片、文章皆摘錄自《性愛步驟指導手冊》

一邊輕吻一邊脫去衣服

忘我地進行深吻之後，就會連時間都拋之腦後，音樂也停了下來。還不習慣的伴侶可能會親到嘴唇都紅起來了，所以深吻要拿捏得當，請一邊輕吻，一邊脫去她的衣服吧。

不用太過慌張，只要到這個步驟之後就會比較有信心，也會比較快而輕鬆地脫掉對方的衣服了。

一邊被輕吻，一邊女方也會自然地配合男方的動作，一起把衣服都脫掉。男方也會一邊輕吻，一邊順勢專注在脫衣服的動作上，所以請從容不著急地去脫吧。

本書先前已經介紹過脫罩衫和裙子的方法了，之後也會介紹脫T恤、毛衣和褲子的方法。

一邊輕吻一邊解開左邊袖口的鈕扣。

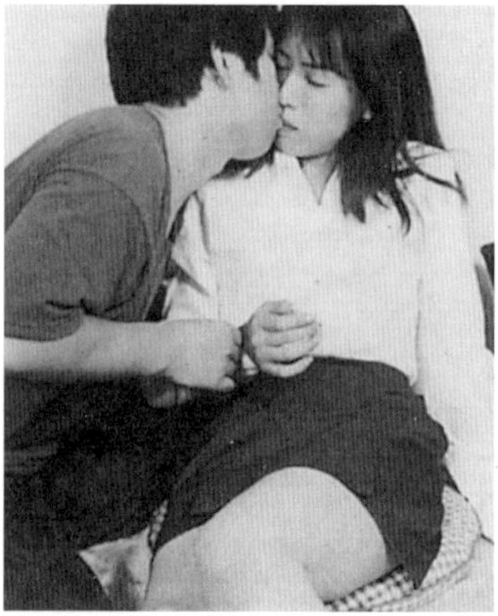

以同樣的方式解開右邊袖口的鈕扣。

❤女人的真心話

讓女生興奮的脫衣方式

女方已經不會覺得害羞了。在男方的引導和音樂的薰陶之下，感覺好像在夢裡一樣心滿意足。雖然已經說過很多次，女性就是會對男人的溫柔和美妙的氣氛完全無法招架。

一邊被親吻，一邊被脫去衣服也是女性夢想的最棒劇本。她會覺得自己是世界上最幸福的人，並且會對男方產生極大的信賴感。

就算脫的方式有些笨拙，但是女方也會自然地幫助男方更容易把她的衣服脫掉。只要進展到這個步驟，就已算是成功一半了。女方也會漸漸地把整個人交付給男方。

雖然先前已經提過當女方有預感要做愛時，為了讓男方好脫，就不會穿著褲襪，但幾乎所有女性都會不經意地穿上褲襪。請你在約會時試著觀察看看。年輕女生會有這樣的傾向。

從罩衫正中間的扭扣開始往上解開。

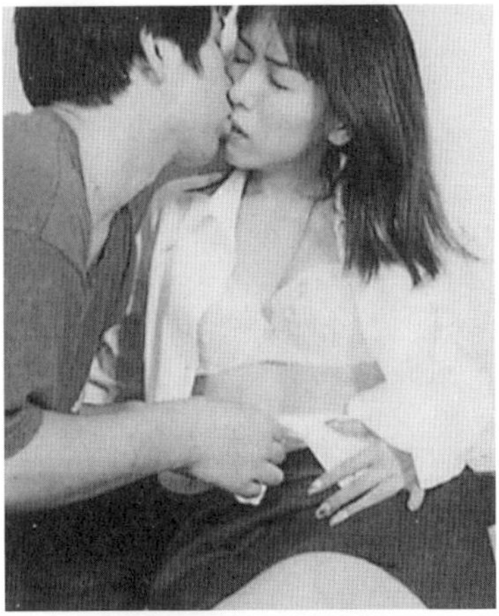

再從正中間開始往下解開扭扣。

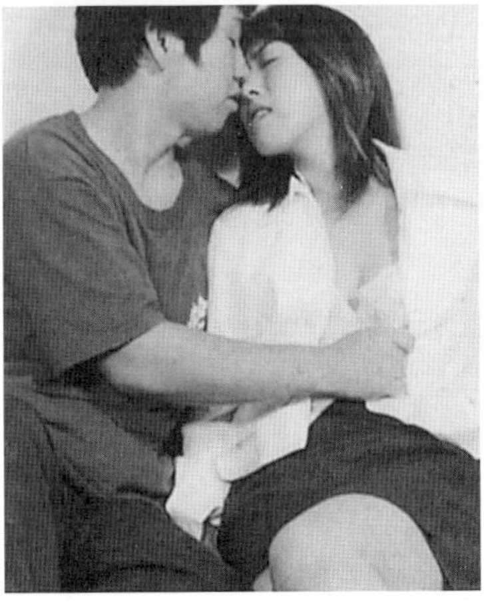

將罩衫下擺從裙子裡拉出來。

從右肩脫掉罩衫。

她的肩膀會自然地移動，讓你更好脫。

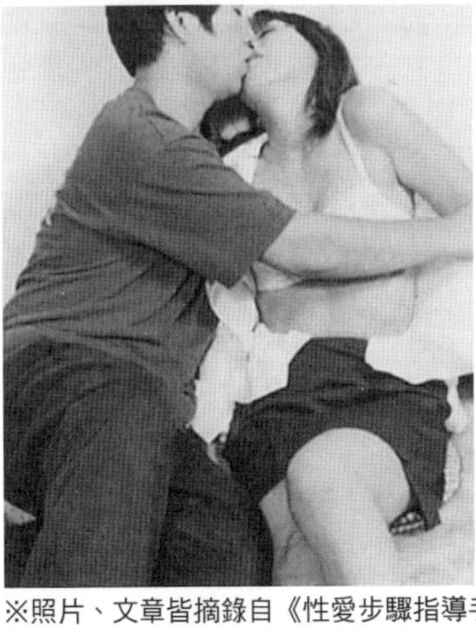

她的手臂會自然地從袖子裡伸出來。

※照片、文章皆摘錄自《性愛步驟指導手冊》

用單手拉開罩衫讓胸罩露出來。

右肩也以同樣方式脫去。

她會自然地移動手臂讓你更好脫。

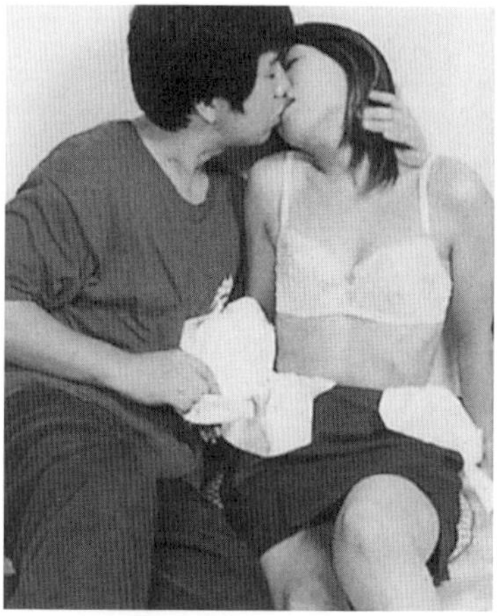

她的甜美香氣會誘發出興奮感。

在胸罩上輕輕地觸摸。

一邊接吻一邊解開胸罩。

解開胸罩的瞬間，她自己就會有所感覺。

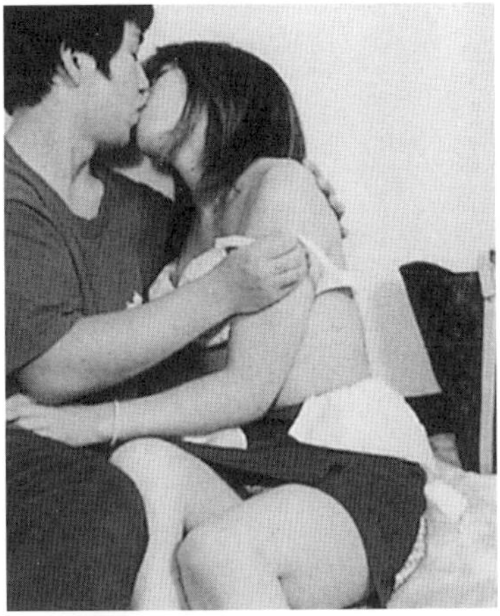

她也會有感覺地索吻。

慢慢地拉下胸罩的肩帶。

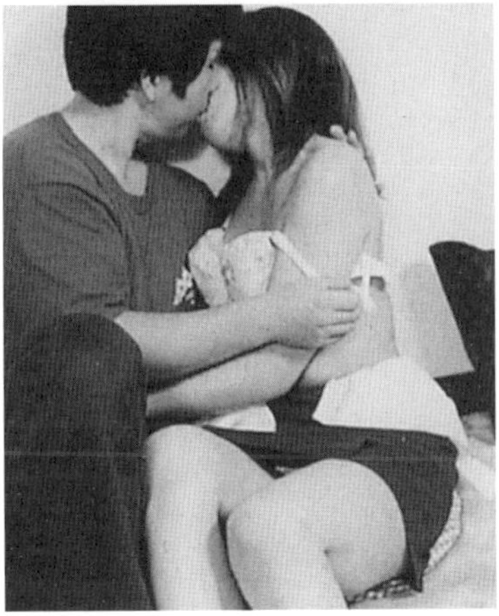

一邊親吻一邊看著胸部也可以。

女人的真心話

一定要全裸

就算動作笨拙，一旦像這樣上半身都全裸之後，不論是什麼樣的女性都不會再覺得害羞了。到那時候，應該就可以直接把下半身脫光。自然順勢地被觸摸胸部也會感覺很舒服。

包含我在內，要說到女人的真心話時，全裸的時候感覺比較像「砧板上的魚」一樣反而會舒服地想要做愛，讓羞恥心都煙消雲散了。

就這樣直接撲倒之後，先不要把裙子脫掉，而是先把內褲脫掉，並愛撫著那裡，也會讓男方有美好的遐想吧。不過對於處女或經驗不多的女生來說，就要先全裸才行。

彼此全裸地緊緊抱在一起之後，全身就能感覺到彼此的溫度。對於處女或經驗不多的女生來說，肌膚的溫度會讓精神上有深度的結合。

※照片、文章皆摘錄自《性愛步驟指導手冊》

胸部與性器

就如男性看見自己的陰莖並不會覺得好看一樣，女性看到自己的陰道也不會覺得美麗。此外，男性一看到陰道就會興奮地想像肉體的結合（交合）。女性一看到陰莖也會一樣想像著肉體的結合。

此外，胸部對男性來說會有種如憧憬一般的美好想像。而對於女性來說，胸部和陰道不一樣，被喜歡的人觸摸會比交合還要能感覺到精神上的快感。當然，乳頭的快感也會很強大。

包含我在內，幾乎所有男性都會有這樣的經驗：約會途中在暗處一邊親吻女生一邊摸著她的胸部，幾乎所有女生都不會拒絕。不過一把手伸進裙子裡卻會被拒絕。

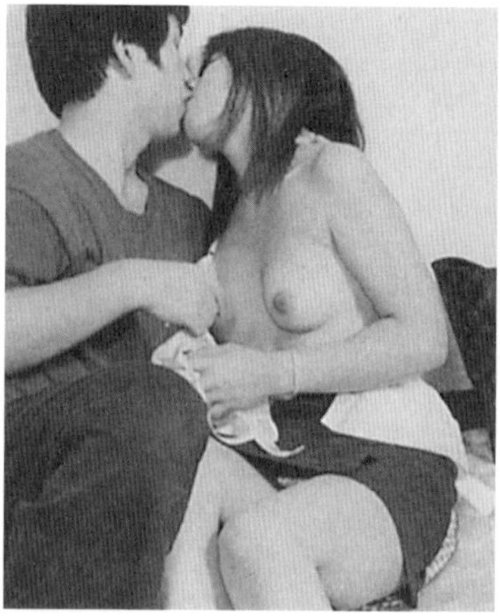
對他而言美麗又炫目的胸部。

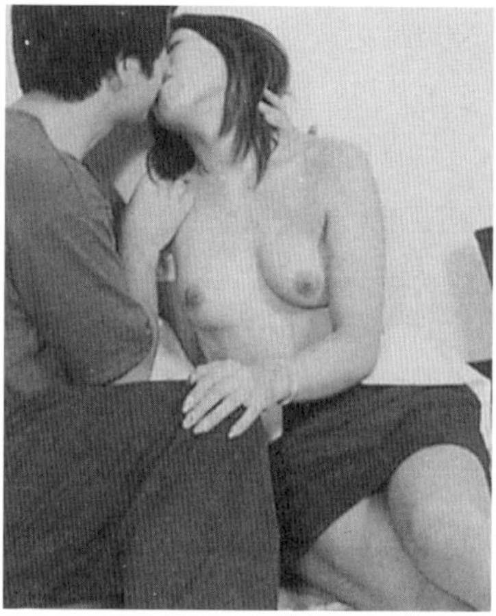
感受得到她的溫度和肌膚的味道。

女人的真心話

胸部是若隱若現的延伸

這和男性的露出狂是完全不同的，走光會帶給女生一種快感。穿著露出度高的服裝或泳衣時，那種被注目的感覺是有快感的。

與其說她就算被注目也不會在意，不如說是一種想要被看的心情。被用情色眼光視姦的感覺確實不愉快，但是若隱若現地被注目卻會有一種類似快感的感覺。

胸部被看見只是一種若隱若現的延伸，女性性器被看到的話雖然會覺得害羞，但是胸部雖然是有感覺的部位，因為不是性器，所以可以安心地被看見而能感受到快感。

如果第一次做愛就被男方看見性器，還用嘴巴愛撫的話，別說是快感，甚至還會引發強烈的羞恥心而讓整個性愛都白費了，因此只要一開始先注目胸部並用嘴巴去愛撫，大致來說就不太會有羞恥心了。

立刻揉搓胸部也可以

就如前頁三井京子所說的一樣，上半身全裸之後，就算突然觸摸胸部，女方也不會抵抗。享受輕觸揉搓的感覺也不錯吧。

愛撫胸部的方式已經介紹過了，不過用手指扭弄乳頭也沒問題。等到習慣性愛之後，將上身抬起並含弄乳頭就能產生快感，不過在沒有餘力的情況之下，就算不去做這個動作也不會對整個過程有任何阻礙。

反而一邊揉搓胸部一邊接吻稍微久一點會更好吧。她的胸部觸感柔軟有彈性，乳頭挺立的感覺也會很舒服。

女生的胸部會因為被男生揉搓而使情緒高漲，彼此也都會積極地接吻。

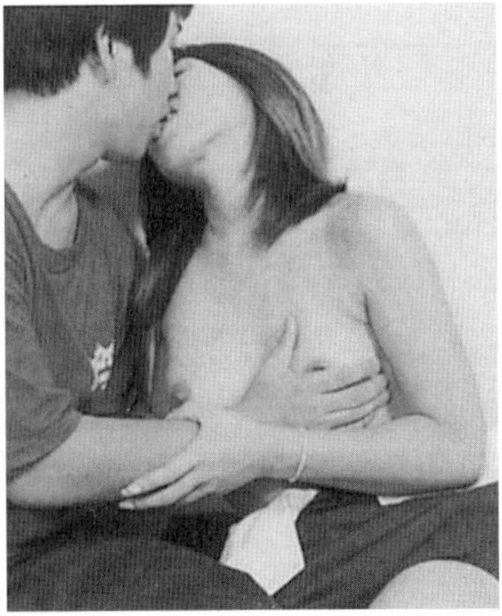

輕輕揉搓著胸部會比較好。

被揉搓的時候女生也會積極地接吻。

女人的真心話

胸部渴望著快感

就如辰見先生在上面所言。一旦上半身全裸之後，處女或不習慣做愛的女性也會很樂意被愛撫胸部。

從中間的照片可看到一邊親吻一邊揉搓胸部並愛撫乳頭會是女性渴望的事，害羞的心情也會完全消失。

將女生稍微往上抬起，並用手指愛撫一邊的乳頭，同時吸吮另一邊的乳頭，就會是一種極佳的愛撫方式。雖然已經提過好幾次了，高度的快感會使害羞感被快感的美好完全消除。

反而快感和伴隨著快感而來的興奮感一旦下降，到最後都還是會讓害羞感佔了上風，理想的性愛也會因此煙消雲散。

所以請一邊接吻，一邊用雙手包覆著胸部來揉搓，藉以帶給兩邊乳頭快感。聽到了嗎？男朋友。

※照片、文章皆摘錄自《性愛步驟指導手冊》

●「性愛步驟指導手冊」是共同著作書籍

辰見老師的《性愛步驟指導手冊》是和我一起共同著作的。

是一本很暢銷的書。把女友邀來家中，營造好氣氛之後，用女性喜歡的「看手相」來握住她的手，一邊看手相，一邊四眼相接，然後自然地接吻。嗯～真是美好的過程，不是嗎？

女性被巧妙地脫去衣裳之後，就會滿心期待地濕了。接著如預期地被愛撫之後，肯定很快就會高潮了。

就算是處女，只要照著《性愛步驟指導手冊》去做，就能把緊張感變成興奮感，下面溼潤得讓陰蒂也變得敏感，並且能夠順利地插進去。即便有些疼痛，一旦從處女之身完美地畢業之後，只要一個禮拜的做愛時間，女生自己就習慣，不管是舔陰還是口交就都可以接受了。

全裸之後的愛撫法、陰蒂的愛撫法、處男也可以順利插入的方法等都會把手、腳、陰莖的每一個動作，詳細地解說。

如此一來女友就可能成為你的奴隸，一個月之後女友的陰道就能迎來高潮了吧。這就是女人的幸福啊。

我特別對於美好的氣氛無法招架，我的處女之身也是在舒服美好的氣氛之下畢業的。

■有活力的陰莖能讓你積極面對人生並努力向上

我的座右銘是「有活力的陰莖能讓你積極面對人生並扶搖直上」。意思是陰莖如果有活力，什麼事都能變得積極，人生才能扶搖直上。性生活圓滿的伴侶，包含夫妻在內，大家都能變得積極又開朗！

■如今，新婚初夜的心得

現在婚友社實在很熱門。很多男性都是高學歷高收入，但是卻不受女性歡迎。有很多女性可以和男人站在一樣的位置工作競爭，並沉溺於工作和玩樂之中，等到發覺，卻已過三十。

婚友社裡的男性很多並沒有和女生有過很多關係，或者完全沒有。但女生則會因為玩樂而和男生有過關係，但卻不到結婚的地步。當然，在諮詢所中如果配對成功的話，男性的性經驗會比較少，而女性的性經驗會比較豐富。

女性會依收入、學歷、外表

（包括身高）來挑選，並接受介紹幾位男性，然後不知為何就妥協成為伴侶。

不知道是不是因為女性只要被要求，身體就會妥協配合，所以男性會特別介意新婚初夜。我自己就是那種想做就直接上旅館的類型，所以不算是婚友社類型的男人。

婚友社類型的男性因為很重視新婚初夜，所以有很多一到關鍵時刻就緊張失敗的案例。我（辰見）的話只會覺得興奮，並不會緊張。

因此，我要給婚友社類型的男性一些建議。配對成功之後，經過一段交往期來萌生愛苗之後再進行結婚典禮。當晚如果沒有喝醉的話就可以享受新婚初夜了。

除了要溫柔細心地對待之外，把新婚妻子當作只是一位女性、女性的肉體來看待。這麼想的話，就會比較輕鬆，興奮感也會壓過緊張感，讓陰莖硬起來。你並不需要去考慮如何讓對方有感覺。以男性的本能去做愛就可以了。

對方不是愛妻，而是一個令人興奮的女性肉體。從接吻開始進行，只要揉搓胸部就會因為它的觸感而感覺興奮，陰莖也會呈現備戰狀態。

用手指溫柔地扭弄、搓捏乳頭，再溫柔地吸吮乳頭並用舌頭舔弄磨蹭，之後胸部的快感就會慢慢地擴散到全身，陰道也會漸漸濕了起來。

不要想著要去帶給新婚妻子快感，要品味肉體並以歡愉的感覺去進行。將手臂環繞在新婚妻子後腦杓，用手指一邊愛左邊的乳頭，一邊享受這種觸感，然後吸吮舔弄右邊的乳頭並加以品嘗。

空出來的右手伸到新婚妻子的臀部，並從後面將內褲脫下，新婚妻子也會自動把腰部往上提起，以配合你的動作。脫掉內褲之後，撫摸陰毛、大腿並享受這種觸感，然後慢慢地把她的雙腳打開。

只要陰蒂的位置需要在事前把本書，或本書中介紹的指南書所傳授的知識好好地記在腦海裡。只有陰蒂要準確地擦弄並以畫圓的方式來搓捏。再將手指稍微插入陰道裡，以確認溼潤的程度。

溼潤的手指一邊搓捏摩擦陰蒂，一邊用手指擦弄左邊乳頭，並吸吮右邊乳頭，之後新婚妻子的陰道也會處於備戰狀態了。此時讓新婚妻子的手握住陰莖來引導。

新婚妻子會害羞地握住陰莖，但是光是握住不擦弄就會覺得興奮了。戴上事先藏在床頭的保險套，並單手握住陰莖貼著陰道來尋找洞口。在找到的洞口附近讓陰莖如擦弄般地來回移動，接著滑溜地插入洞口。

之後就浸淫在陰道的快感之中，並同時叫著新婚妻子的名字，而新婚妻子也會興奮地回應你。

新婚初夜的時候，一開始建議避免進行舔弄陰道或口交的行為。新婚妻子即便男性經驗豐富，也很有可能會被她拒絕，這會對性愛的過程會造成巨大的障礙。

一開始的性愛如果能夠順利進行的話，以後慢慢地就能進行一些興奮的行為了。只要參考本書就可以了。

●我（三井京子）的新婚初夜

各位可能已經知道了，我離過一次婚。正確來說，我在結婚之前就有過性經驗了，不過女生在和男生第一次做愛的時候，就算是經驗豐富的女生也會裝得很淑女。

在結婚之後的第一個晚上做愛如果說是新婚初夜的話，那我的新婚初夜就在我喝到醉茫茫的情況之下主導了整個性愛過程。我套弄著陰莖並給予口交，大腿大開並讓他舔弄我的陰道。

我的技巧好像比想像中要來得厲害，丈夫在插入之前就射精了。這雖然不是最主要的離婚原因，但確也是原因之一。這也是很舒服的事情，所以女人性能力強也沒什麼不好的，對吧？

●當女人擅長性愛的話

我（三井京子）很會做愛。而且是非常厲害（笑）。我和第一次跟我做愛的男性，都會以被動的姿態乖乖地按兵不動，不過做了幾次之後，就露出狐狸尾巴了。

我結婚的時候並沒有在工作（性愛關係）。當然也沒有外遇或不倫關係。各位男性讀者之中相信也會有太太或女友是喜歡做愛，而且口交技巧很好的人吧。

我一位男性朋友的太太的就是那種喜歡做愛、口交技巧也好的人。彼此的性經驗都很豐富，而且也不隱瞞這些事情，直接打開天窗說亮話。

一聽完那位男性說的話之後，那些傳到我耳裡的行為讓我的陰道感覺好像熱起來一樣。他們因為膝下無子，所以晚上兩個人都會全裸一起喝酒。

揉著乳頭、揉著私處、然後再揉著陰莖，你們應該懂吧。總之，太太的口交技巧好像很厲害，酒過三巡之後行為也變得很銷魂，直接就在沙發上交合了。

雖然他們拒絕我現場採訪他們倆在晚上全裸喝酒的過程，但是他們真是一對令人羨慕的夫妻。各位男性讀者，女人如果很會做愛的話，就可以進行一些很興奮的行為。

這對夫妻有時還會看對方小便、洗澡以及做各種興奮的行為。他們還有車震過，偶爾也會到飯店裡去做愛。順道一提，這對夫妻是高收入的雙薪家庭。

■如果對方喜歡做愛就試著把全身交付給對方

性愛作家這種工作有時也會遇到喜歡性愛且技巧高超的女性對象。我所負責的實際體驗採訪結束之後，我就會把身體任憑這位性能力高超的女性使喚。我並沒有一直去主導性愛的過程，而是我一直被她主導著，這也是一種新鮮又興奮的行為。

我仰躺著跟自己的陰莖一起放鬆之後，他就提起我的上身，並同時瘋狂地接吻，我則從下面去托住那兩粒水潤豐盈的胸部，並揉搓去享受那種觸感。

喜歡做愛的女性在接吻的時候也是很激烈的。舌頭伸進來跟我的舌頭交纏在一起。她搖晃著下半身，用下腹部去刺激陰莖。我用單身一邊搓揉胸部，一邊用另一隻手磨蹭背部或臀部。

她的舌頭離開我的嘴唇並來回舔弄我的頸部、胸部、腋下、乳頭，然後延伸到腹部、下腹部。我的龜頭被她的手擦弄著，所以我就閉上眼睛並浸淫在快感之中。

不久後他就用嘴巴含住，並且好像瞭解陰莖舒服的部位一樣地持續口交著。被這樣單方面地服務，身為男人實在是一大滿足。給予服務的她其實也對這樣服務的行為感到興奮，陰道已經都濕了。

我的腳一張開後，她就從龜頭到睪丸來回舔弄個好幾遍。他甚至撐著我的雙腳讓我做出懸空吊腰體位，接著一邊擦弄龜頭一邊舔弄我的肛門。

肛門的中心部位一被舔弄磨蹭之後，肛門就因為快感而緊縮起來，這種快感也傳遞到龜頭而使陰莖變得硬繃繃的。不行～～好舒服啊。從肛門、睪丸到陰莖莖部舔弄完之後，就對龜頭進行真空式口交。

她180度回轉變化成女性上位的69式。我一邊浸淫在陰莖的快感，一邊磨蹭揉搓著她的大屁股，並同時品嘗陰道的滋味。

就算是我也要忍不住了，但對她而言卻是一種興奮的行為，她把保險套戴上我那硬梆梆的陰莖並騎了上去。

「快動、快動、快動」她一邊這麼說，一邊猛烈地擺動腰部。單方面浸淫在快感和興奮之中的我一邊看著她興奮的表情，一邊從下面揉搓著晃動的胸部，我就把陰莖任憑她的腰部擺動處置了。一射精之後，腰部的擺動就漸漸緩了下來，連最後一滴精液都被壓榨得一乾二淨。呼～真銷魂。

●偶爾就把身體交付給對方吧

只要把你自己交給我，你就能上天堂囉。我也喜歡做愛而且技巧也很高潮。尤其是口交。

各位男性讀者，偶爾也試著把自己交付給太太或女友吧。感覺會出乎意料地新鮮，並且還能瞭解她的性癖好而興奮不已。尤其是長年待在身邊的妻子，更要試著把自己交付給她喔。你會感受到一種新鮮的興奮感。

你的太太也同樣會品嘗到一種新鮮的興奮感，必能藉此燃起久違的慾火。有時興奮且激烈地接吻，或是藉著這樣的興奮趕來激烈地吸吮舔弄陰莖，太太的陰道也會跟著濕成一片。如果她濕了，就會變得渴望陰莖。她會騎在你身上激烈地擺動腰部。

■性愛的例行公事也講究工夫

45歲～55歲的時候我還要幫我那自大的小孩付學費，但是由於不景氣的影響，使我的年收入減少，連零用錢也減少了。因為不知道何時會被裁員，自己也一直處於忐忑不安的狀態，而無性生活也讓我的陰莖變得遲鈍了，它已經不是性器，而只是一種排尿器官。

「喂，老公，今晚來做吧。」

就算她這麼說我也沒什麼興趣。就這樣，自己的壓力也越積越多而無能為力。

如果對象是年輕女孩的話，壓力應該就能紓解了吧，不過我也沒錢，什麼事都不能做。餐廳的伙食費、購物、旅館費。爸爸的零用錢一個月3～4萬日圓根本派不上用場。就算去了性風俗店，至少也要花上一萬日圓。全套服務的話就要2萬日圓。這根本就是零用錢的一半了。

性愛的對象只有太太而已。不過性愛的例行公事如果也講究工夫的話，就會有被療癒的感覺，而讓明天變得更有活力。陰莖突然不可思議地變得很有活力，思考也更清晰了。我的例子確實是有效的。我自己雖然不會跟太太進行實際體驗採訪，對象大多會是年輕的女生，但是我對她們都是工作的關係，請不要見怪。

首先夫妻要先聊天對談。不論如何，孩子自己獨立生活之後，剩下的就只有夫妻兩個人了。夫妻要彼此幫助彼此，後半輩子才能享受人生。公司如果也景氣不好的話，就直接坦承，未來的事情也要兩個人一起思考。

公司也不景氣、丈夫也不開心，夫妻之間就會因此變得冷淡了。不要一個人自己煩惱，不要鑽牛角尖。只要跟太太談過之後，出乎意料地女性會比你還要能毫不猶豫地下判斷。妻子對於能夠坦承以對的丈夫反而會更開心，夫妻之間的羈絆會更深。

在孩子都不在家的夜晚，桌上比平時多了許多菜，夫妻倆小酌一番。對感謝的話語無法招架的女性說「謝謝妳」，就會成為今晚性愛的暗示。

意識到這一點的太太多少也能接受一些變態的舉動了。從我的經驗來看，角色扮演的方式會讓墨守成規的性愛有了新鮮感。

我讓太太穿上正式的套裝，把房間燈光調暗與ＯＬ（太太）密會。在風俗店進行角色扮演的話就會有上癮般地興奮感。太太也對好久沒有這麼興奮的丈夫感到興奮。我用絲襪把太太綁住限制她的自由，並把腳大大地撐開來舔弄也很舒服。

●想像訓練能提昇勃起度

我曾和美好的四、五十歲中年歐吉桑交往過。當我一說「你想怎麼做就怎麼做」，歐吉桑就洗完澡，卻不讓我洗澡，衣服還穿著就做了。

「真的想怎麼做都可以嗎」他邊說邊隔著衣服摸著胸部，並把手伸進裙子裡揉搓大腿。歐吉桑也玩了角色扮演。

雖然已經不年輕了，但是仍保有豐滿肉體的ＯＬ（三井京子）被癡漢騷擾的戲碼。他把浴衣前面解開，陰莖已經往上挺起了。歐吉桑將陰莖帶到我的手裡，他讓我握著那已經有年紀但卻還活力十足的陰莖，並把自己的手疊在我的手上來擺動著。

這也是一種猥褻行為的角色扮演吧。一邊擺動著手，一邊用空出來的手急忙地在胸部、下腹部、裙子裡來回游移著。接著他讓我站起來之後，他自己也站了起來，並用胯股之間的陰莖磨蹭我的下腹部，同時拉起我的裙子並用雙手如癡漢一般地摸著我的兩片屁股。

我的耳邊聽得到歐吉桑紊亂的氣息。噴在脖子上的香水味應該也給他一些刺激了吧。他用陰莖激烈地磨蹭我的下腹部。

接著歐吉桑一跪下就把裙子撩起來並把臉埋進內褲用力地嗅聞著。他的鼻子就像深呼吸一樣嗅聞時，我也萌生一種情色的感覺而興奮起來了。一想到接下來會發生的事情就讓我都濕了。

接著歐吉桑把我帶到床上並說：「你假裝睡著。」我就像睡美人一樣睡著了。不過他卻沒有親吻我，而是突然把我的雙腳撐開，並隔著內褲用力嗅聞陰道的味道。

內褲的三角地帶我也用香水噴了一點點上去了。興奮的歐吉桑隔著內褲舔弄著陰道。我還是依舊假裝睡著。

不過陰道卻老實地濕了。不知道是歐吉桑的唾液，還是我的愛液，內褲的三角地帶整個溼透了。歐吉桑接著移動到我的上半身，並隔著衣服揉搓著胸部……。

●勃起度的持續提昇

他隔著衣服摸著胸部，並享受著當癡漢的感覺。歐吉桑感覺好像我吃了安眠藥一樣真的睡著了吧。他的手解開著我罩衫上的鈕扣，而我也感受得到他一邊顫抖的感覺。

罩衫的鈕扣被解開之後，她就掀開罩衫並把臉埋進我的胸部嗅聞著。歐吉桑真是喜歡女生的味道啊。

他聞著乳溝的味道，也聞著胸罩的味道。他隔著胸罩用雙手揉著，接著讓我躺下來並把胸罩解開。

仰躺之後把胸罩取下時，不知道是不是因為我豐滿的胸部太耀眼了，他一直盯著不放。接著兩手粗魯地揉搓著兩邊的胸部，並吸吮著乳頭。女生在這個時候就會被激發出母性本能而開心不已。

一直被揉搓吸吮著之後，快感就會漸漸擴散到全身。做愛時的歐吉桑時的那種糾纏不休的感覺我可是很歡迎的喔。

歐吉桑比起全裸，好像半裸會讓他更加興奮。不出聲地假裝睡著也會讓我很興奮喔，我一個勁地忍耐著扮演睡美人。

睡美人在被親吻的那一刻就會從沉睡中甦醒。雖然他不是王子，但是歐吉桑游移到我的胯股之間一直盯著內褲看，並擦弄著大腿根附近。比起直接看著陰道來說，透過內褲來看胯股之間反而更能激發想像力而感覺興奮。

歐吉桑隔著內褲的淫蕩行為結束之後，就讓我趴在床上。他用兩手抓住我那兩片肉感有彈性的臀部，並享受著屁股肉的觸感。

「年輕女生（就是我）的緊實度真好～」他一邊說一邊把鼻子埋進臀部的裂縫處。因為那天並沒有上大號，所以就繼續扮演著睡美人。

他從後面把內褲脫下一半，並直接搓揉磨蹭著屁股。再同時聞著肛門的味道。之後再讓我仰躺著，將內褲一點一點地往下拉，接著把臉一邊磨蹭陰毛一邊嗅聞氣味，然後咬著陰毛並輕輕地拉扯。

我覺得陰毛大概是被拔掉吃進歐吉桑的嘴裡了。不會是還吞進去了吧？真是變態，不過蠻興奮的。

他突然把我的內褲脫掉，用力舔弄我的陰道。身為睡美人的我也不禁興奮又舒服地發出喘息聲了。啊～。

歐吉桑舔弄陰道的感覺既頑強又舒服。吃了安眠藥睡著的ＯＬ實在太過舒服，所以就醒來了。他忘我地一直跟我索求這條已弄髒的內褲。因此我就沒穿內褲地回家了。

歐吉桑說她有太太也有小孩，但他還要留著我的內褲嗎？如果他有時候拿出來聞聞看，藉以滿足對我的想念，那我會很開心。

各位都已經瞭解角色扮演確實

能讓勃起度提昇了吧。不過對象如果是我的話，勃起度可能本來就會提昇了吧。

170頁的「陰莖就是人生的指標」中已經介紹過勃起角度的部份了，角色扮演可讓原本是0°（水平）的角度提升到15°或30°。請努力加油吧。

●透過體位的變化來獲得不同的摩擦感

我推薦情侶夫妻們可以閱讀本書。像我一樣能有舒服性愛的女人就會變得更加淫蕩而舒服，並且會自己撐開陰道，大腿，抱歉，或是將臀部朝著對方來催促陰莖插入。

用正常位去交合之後，拔出陰莖並直接呈狗爬式，從後方來抽插。之後再離開床上，站立著用雙手貼著牆以翹出臀部，用後立位來一邊被對方揉搓胸部，一邊被往上頂撞。

視當天的氣氛，有時候可以再拔出陰莖回到床上，用騎乘位來往高潮邁進（微笑）。

女人喜歡陰莖插入陰道那一瞬間的快感。滑溜地插入並摩擦陰道口，多次變換體位，再享受滑溜插入瞬間的感覺。我也會一直變換體位。

滑溜地擦弄陰道口，陰莖移動著讓陰莖莖部去擦弄陰道口。透過體位的變換，正常位的快感、狗爬式後背位的快感，後立位的快感、騎乘為的快感，每一種所產生的興奮度和快感度都有不同的愉悅感。

你的陰莖如果夠力的話，請讓太太或女友享受體位的歡愉吧。她主動做出狗爬式並催促陰莖插入的姿態既淫蕩又舒服吧。一換成騎乘位之後，臀部的擺動也會很淫蕩，對你來說非常熟悉的太太也能表露出一種新鮮感。

176頁的「如果陰道鬆弛的話」大致上出現了後背位閉腳形，就算不鬆弛，這種招式也會很有效果。

此外，他用雙手貼住花瓣來縮緊陰道口也會很有效果。啊～～～，好像很舒服耶。

各位男性讀者，陰莖真的很舒服（笑）。只要參考本書來進行的話，你勃起的陰莖就會讓陰道渴望到無法自拔。無法自拔的陰道就會被你的陰莖擦弄而邁向高潮的頂點。

我三井京子一邊打著電腦一邊

興奮到內褲都濕了。啊～我要休息一下。

■體位的變化是為了讓陰莖休息

之前解說過陰莖如果忍不住的話，就拔出來再舔弄陰道，但是體位的變化其實能夠讓陰莖獲得休息。

三井京子從正常位主動變為狗爬式，並要求用後背位交合之後，就從後面舔弄陰道，讓陰莖能稍微休息一下即可。一邊舔弄著肛門，一邊將手指插入並同時摩擦陰蒂，接著左右搖晃臀部以催促陰莖插入。接著再交合來讓陰莖游移。

三井京子接著要推薦的體位是後立位，從三井京子的陰道正面，來回不停地吸吮陰蒂讓陰莖獲得片刻的喘息。此外，三井京子搖晃他的臀部，並催促對方從後面交合。從後面緊貼地擺動腰部，並用雙手大肆揉搓胸部，藉以浸淫在興奮與快感之中。

三井京子的陰道已經處於顫抖的狀態了。他拔出陰莖、回到床上再仰躺著，三井京子無法自拔地用手握住陰莖貼著陰道並將腰部往下沉。

騎乘位是一種女性容易獲得快感的體位，我腦海中也浮現一邊搖晃豐滿的胸部，一邊淫蕩地擺動腰部的三井京子。就跟三井京子一邊撰寫原稿一邊濕成一片一樣，我有時也會一邊撰寫原稿一邊勃起。

共同作者都濕了、也勃起了，這樣的指南書才能真正勃（？）得彼此的歡心。各位讀者也會勃起，或濕得氾濫成災吧。陰莖勃起、陰道溼潤，接著陰蒂也勃起，然後再交合讓彼此都獲得歡愉。

■最後真實的談話

現在這個社會很不景氣。我自己覺得從２００２年開始進入到２００３年有急遽惡化的情形。撰寫本書的時候是２００３年的９月，但是到了新的一年２００４年卻還是沒有恢復景氣的話，可能就到了忍耐的極限了吧。

我（辰見拓郎）也已經五十幾歲，還有一個大學生的小孩了。我要付房貸，在泡沫經濟崩壞後的努力奮鬥中也欠了銀行一些債務。就如同那些在泡沫經濟崩壞之後努力奮鬥而生存下來的人一樣，我也付出了很大的代價。

書末有我的簡介，在泡沫經濟

時期，我是以藝術指導自居經營一家設計事務所，不過卻受到泡沫經濟崩壞的衝擊。所幸因為我很努力，所以很快地把事務所關閉，並轉職成為作家直至今日。太努力而搞到自己破產的朋友也不在少數。

工作上有來往的朋友在泡沫經濟時代時，在銀行勸誘之下接受七千萬日圓的融資買下一間一億日圓的房子，但是泡沫經濟崩壞之後，那棟房子只賣了三千萬日圓。股票、房地產、公寓投資、土地買賣，所有醉心於泡沫時代的人們幾乎都和剛才我提到的那位朋友一樣的下場。泡沫時代時完全沒有任何投資動作的人反而都存活下來了。

我身邊也常聽到一些上班族的悲慘故事。減薪、取消紅利、而且還得一邊付房貸，一邊供應孩子的學費，這樣的生活實在太勉強了。然而這就是現在這個社會的現實。

我要說關於一個住在我家附近的朋友的故事。他48歲，比我小三歲。太太42歲，長女是大學生、長男則是高中生，是一個四人家庭。兩個孩子念得都是私立學校。

某一天，他到公司（中小企業）去上班，公司的大門前聚集了許多同事。上面有一張公告寫著公司破產的內容，令他錯愕不已。

一開始和同事們一起吵著發生什麼事，但是知道真相之後就意志消沉地用手機打進公司裡，但卻沒有人接電話，打去上司家中也聯絡不上。他和同事們在附近的公園討論將來的事情，但卻沒有一個結果，所以他就說要回家了。

在他公司倒閉一週後我才知道他的際遇。某一次我到西新宿的出版社去開會，回程在電車上看到他就去向他搭話了。

他看起來沒有精神的樣子讓我有些擔心，所以就約他到附近的居酒屋去，在那裡我聽他說了全部的事情。

就算一直到就業媒合中心去出勤（？），但因為已經48歲了，薪水並不會太多，而且也找不到工作。

他因為無法跟太太坦白而感到煩惱，我建議他最重要的事情還是要跟身為另一半的太太坦白所有的事情。再這樣下去的話，他會因為壓力而讓精神狀況也到達臨界點，家庭崩壞的危機就會迎面而來。

男人這種生物只要一被妻子擔心，就會在明明稱不住的情況下，依舊虛張聲勢地說沒事。但是之後卻還是進退維谷地陷入困境。

我的朋友在我勸說之後當晚就把一切的事情都跟太太老實說清楚了。「正是在這種時候，夫妻才要一起努力啊」被太太這麼一說，他大哭了一場。

太太就是會這樣子。因為是太太所以才可以依賴。我家那位太太也是如此。光靠男人的門面和志氣是無法扶持一個家的。

他的太太了不起的是把在二樓的小孩都叫到客廳，當我全家四個人就一起討論今後的事情。太太也在孩子面前感謝從以前到現在都為家人打拼的他。她很乾脆地說：「我也會去打工，你們也一樣要打工來貼補家用。如果不想的話，那就不能算是家人了。」

其中令人驚訝的是每天都很叛逆的長男。他讓父親和母親都對他改觀了，他向高中提出申請，並開始在便利商店打工。長女也獲得獎學金並在居酒屋打工。太太也去打工了。他現在則在立食蕎麥麵屋（站著吃的蕎麥麵專賣店）的連鎖店裡努力地工作。

之後我也約他好幾次到居酒屋，跟他聊了近況。他跟我說當上班族的時候，自己的眼裡都沒有家人。現在和家人的對話變多了，家人之間的情感也加深了。

由於我是一位性愛作家，和太太的性生活圓滿的男人只要從對話中就可以知道了。全家四個人一起討論未來的那一晚，他說他和太太也上床了。他真的體會到太太是另一半的意義，而充滿愛意地與太太做愛。

由於兩個人已經好久沒做愛了，他說那一次以新的另一半的身份來做愛的感覺實在很新鮮。雖然現在他的年收入不到上班族時代的二分之一，但是長女、長男也會一起幫忙補貼家計，現在他們好像已經把房子賣了。

如果和太太的性生活圓滿的話，就沒問題了。因為是朋友的關係，在書出版的時候我也會送他一本。當然，他們好像也有照著做喔。

我在附近的超市中遇到他們夫妻倆的時候，他深深地向我道謝了，而太太也紅著臉輕輕向我打招呼。嗯，應該有照著做了。

後記

漸漸地，性愛會變得歡愉又舒服

各位讀者，覺得如何呢？只要購買閱讀本書中所介紹的《性愛步驟指導手冊》、《口交&舔弄高潮指導手冊》，並且活用本書的話，就會如虎添「莖」，原本是如虎添翼。你只要能建立自信，身為分身的陰莖也有自信地勃起到最大限度。漸漸地，性愛會變得歡愉又舒服。

本書中所登場的女性們除了三井京子以外，大家都是一般的普通人。尤其是和我實際體驗採訪的ＯＬ陽子小姐、變成那樣興奮舒服的淫亂人妻熟女Ｋ子小姐更是如此。兩個人都因為舒服的性愛而變得開朗了。此外也變得更正面積極了。各位讀者（男女），舒服地被療癒關係著明天的活力。

超級性愛作者聯名合作，辰見拓郎、三井京子

我偶然發想到的世界首創手指添附交合，以及三井京子發明，同樣也是世界首創的方式——透過矽膠胸墊成為女友喜歡的陰莖等等。身為超級性愛作家的我（辰見拓郎）和三井京子聯名合作，再透過淫蕩的發想和想像力的結晶而讓本書出版發行。各位讀者（男女）在一邊勃起或是濕潤一邊閱讀的時候，我也會用執筆之手代替陰莖努力地反覆勃起、射精。當然，我也會透過訓練來鍛鍊下半身。因此，在下次的新作再見了。噗滋！

我（三井京子）也愈來愈能享受性愛歡愉並覺得舒服

各位讀者在一邊閱讀本書一邊勃起或是陰道濕潤的時候，我也會在下次的作品中讓陰道濕起來，愈來愈能享受性愛歡愉並覺得舒服。舒服的性愛複合運動。交合、同時插入手指。自在地加粗陰莖的方法等等，性愛的過程會隨時進化並變得更加舒服。

從本書所登場的一般女性來看，他們真的體會到舒服的性愛，並且變得開朗積極，而因此感激不已。身為一個性愛作家，製作性愛的指導手冊而因此被感謝會讓我開心地都濕了。辰見老師說他也開心地有勃起的感覺了（笑）。

三井京子下次的著作仍未確定，不過請大家拭「莖」以待

我下次的新作還是白紙一張，目前仍未確定。在撰寫本書後記的時候，出版設的負責編輯並沒有問我還要不要跟辰見老師一起共同著作。不過各位讀者，在不久的將來一定會在下一次的新作中見面的。因此，我承諾下一本一定是能讓大家從字裡行間感受我陰道淫潤程度而勃起的書。

我一邊撰寫，陰道也一邊淫潤的書，應該帶給男性讀者很大的刺激吧。你們能夠購買閱讀我的書，並且讓陰莖被刺激而勃起，這實在是超、超開心。作品暢銷而讓好幾萬根陰莖堅硬勃起，感覺就像我被也好幾萬根陰莖直接刺激一樣，真的很興奮。因此我們在下次的新作再見了。

京子的陰、道敬上（微笑）

國家圖書館出版品預行編目資料

超性愛指導手冊：sex步驟的190種建議 / 辰見拓郎, 三井京子合著 ； 劉又菘譯. -- 初版. -- 臺中市：晨星, 2016.03
面； 公分. --（十色sex；45）

ISBN 978-986-443-085-7（平裝）

1.性知識

429.1　　　104024422

十色sex 45

超性愛指導手冊：sex 步驟的 190 種建議

SEX 結合！ 190 のアドバイス

作者　辰見拓郎&三井京子
譯者　劉又菘
總編輯　莊雅琦
編輯　王大可
文字校對　游薇蓉
封面設計　陳其煇

可掃描QRC
至線上填回函

創辦人　陳銘民
發行所　晨星出版有限公司
407台中市西屯區工業30路1號1樓
TEL：04-2359-5820　FAX：04-2355-0581
行政院新聞局局版台業字第2500號
法律顧問　陳思成律師
初版　西元2016年3月15日
再版　西元2022年4月15日（四刷）
讀者服務專線　TEL：02-23672044 / 04-23595819#212
FAX：02-23635741 / 04-23595493
E-mail：service@morningstar.com.tw
網路書店　http：//www.morningstar.com.tw
郵政劃撥　15060393（知己圖書股份有限公司）
印刷　上好印刷股份有限公司

定價 290 元
ISBN 978-986-443-085-7

SEX KETSUGO! 190 NO ADVICE by Takuro Tatsumi, Kyoko Mitsui Copyright © Takuro Tatsumi, Kyoko Mitsui 2003 All rights reserved.
Original Japanese edition published by DATAHOUSE
This Traditional Chinese language edition published by arrangement with DATAHOUSE, Tokyo in care of Tuttle-Mori Agency, Inc., Tokyo through Future View Technology Ltd., Taipei

（缺頁或破損的書，請寄回更換）
版權所有，翻印必究